植物学野外实习指导

廖富林　杨和生　李　诺　等　编著

科学出版社
北京

内 容 简 介

植物学野外实习是植物学实践教学的重要组成部分，是培养学生野外观察能力和创新实践能力、培育团队精神、培养应用型人才的重要环节。加强学生野外实践能力的培养，对于提高生物科学、园林等专业人才培养质量起着重要的作用。为了在较短的实习时间内充分利用教学资源及大自然丰富的植物材料，使学生的植物学野外工作能力得到较全面的锻炼和提高，编著者根据培养学生创新思维和实践能力、适应将来植物学野外工作的需要，特编写本实习指导。本书主要介绍植物学野外实习的组织、标本的采集和制作、植物鉴定，以及粤东地区600种常见维管植物等。

本书可作为华南地区高等院校植物学野外实习的教材和参考书，同时也可供农业、林业、园艺、食品、化工、药学、轻工及旅游等相关专业的工作人员参考。

图书在版编目（CIP）数据

植物学野外实习指导 / 廖富林等编著．—北京：科学出版社，2019.9

ISBN 978-7-03-062148-1

Ⅰ.①植…　Ⅱ.①廖…　Ⅲ.①植物学 - 教育实习 - 高等学校 - 教学参考资料　Ⅳ.① Q94-45

中国版本图书馆 CIP 数据核字（2019）第 181232 号

责任编辑：刘　畅　刘　丹 / 责任校对：严　娜

责任印制：徐晓晨 / 封面设计：铭轩堂

科学出版社 出版

北京东黄城根北街 16 号

邮政编码：100717

http://www.sciencep.com

北京建宏印刷有限公司印刷

科学出版社发行　各地新华书店经销

*

2019年9月第 一 版　开本：787×1092　1/16

2021年1月第二次印刷　印张：22

字数：520 000

定价：168.00元

（如有印装质量问题，我社负责调换）

《植物学野外实习指导》
编著者名单

廖富林　杨和生　李　诺　牟利辉
杨期和　许良政　刘德良　廖仲英

前 言

植物学是针对生物科学、园林、生态学等专业的学生开设的一门实践性强的专业基础课。按照教学大纲的要求，植物学包括理论课、实验课和野外实习三个部分。其中，实验课和野外实习是植物学主要的实践教学环节，实验课强调学生的操作技能并注重自学能力的培养，野外实习则强调将理论知识和研究技术综合应用于野外实践，是学习本学科的基本研究方法。

本书的主要特色是：①注重野外实习的实用性，强调了实践调查的方法和注意事项；②介绍完整实用的植物腊叶标本制作方法；③收录的植物种类以粤东地区常见维管植物为主，辅以原色植物图片，使读者更容易识别。此外，为方便读者查阅，书中附有梅州地区维管植物名录，可扫描二维码查询，栽培植物前加“*”号标注。在本书的科名排列中，蕨类植物按秦仁昌系统排列，裸子植物按郑万钧系统排列，被子植物按哈钦松系统排列；属名与种名按拉丁字母顺序排列。

野外实习因专业、课程类别有所不同，一般安排一至两周时间。目前各院校的植物学野外实习多根据各自的教学实际情况因地制宜进行，因实习点地处于不同地理位置，分布的植物种类千差万别，为了便于粤东地区实习的开展，特编写本教材。

由于编著者水平和经验有限，教材中的不足在所难免，恳请读者赐正。

编著者

2019 年 8 月于梅州

目 录

第一章

绪　　论

高等教育的任务是培养具有创新精神和实践能力的高级专门人才，培养学生创新能力关键在于加强实践性教学环节。植物学野外实习是植物学的实践教学环节，它可以锻炼和培养学生观察能力、分析问题和解决问题的能力；对提高学生的实践能力、科学研究和创新能力等具有重要的不可替代的作用。野外实习不仅能巩固和深化学生在课堂所学的理论知识，丰富其知识，培养学生的独立工作能力，而且通过接触自然环境中的生活植物，认识植物与环境的关系，利用各种各样的活材料可使课堂所学的抽象分类具体化，从而大大提高学生对植物所属的科、属、种的鉴别能力。同时，野外实习也是培养学生热爱自然、保护环境、珍惜资源、团结合作等思想意识和进行爱国主义教育的重要途径。

第一节　实习目的

（1）复习巩固和验证课堂上讲授的理论，把理论和实际密切结合起来。能够根据课堂学习内容，理论联系实际，巩固、验证和加深课堂教学中所学的基本概念、基础理论和基本方法。

（2）扩大和丰富植物分类学的知识范围，识别更多的野生植物种类。学会运用检索表、植物志、图鉴等工具书鉴定和认识植物的方法，并对采集的植物标本进行鉴定。

（3）要求学生能正确分析植物与环境的辩证关系，并了解植物的利用和保护的原则。能够熟悉植物野外的生存环境，结合植被、气候和土壤等重要生态因子，认识植物的分布、生长发育和变异等与环境的关系，了解植物分布的地带性规律，正确认识植物与环境之间的辩证关系。

第二节　实习的主要内容

（1）利用植物学课堂讲授的植物分类学理论知识，认识200种野生植物，并掌握其科、属、种的主要识别特征，并编写出实习地常见植物名录。

（2）掌握解剖植物花果的技能，学会利用检索表及植物志等工具书进行植物的检索、鉴定。

（3）掌握植物标本的采集和制作的一般流程，以小组为单位，制作一套植物腊叶标本。

（4）观察分析植物的生长发育、分布及形态变异与环境的关系，了解常见植物群落的组成及其数量特征。能识别常见的植被类型，学会植物学野外调查的一般方法。

第三节　实习的基本要求

严格按照实习指导老师的要求实施植物学野外实习计划。实习主要分为以下三个阶段，基本要求如下。

第一是采集阶段，野外采集、观察、记录、压制标本。以小组为单位，组内分工明确，在老师指导下进行初步的识别鉴定。

第二是鉴定阶段，在实验室，利用检索表及工具书对采集到的植物通过解剖、放大镜或显微镜进行鉴定和描述。

第三是总结阶段，对野生植物的特征和生态环境进行总结描述，撰写专题实践论文，并上交制作完成的腊叶标本。

第四节　实 习 工 具

（1）调查工具：望远镜、手机版的全球定位系统（Global Positioning System，GPS）及奥维互动地图、钢卷尺、单反相机、激光测距仪、光度计、干湿温度计、铅笔、样方绳等。

（2）采集工具：高枝剪、枝剪、镐头、便携式手锯、手套、采集袋、自封袋、标本夹、吸水纸、号码牌、记录本等。

（3）鉴定工具：放大镜、解剖镜、镊子、解剖针、刀片、工具书等。

（4）防护工具：雨衣、遮阳帽、水壶、风油精、创可贴、消毒药品、防蛇护腿等。

第五节　植物学野外实习注意事项

（1）遵从“安全第一”的原则，防护装备及用具要准备充分，实习过程中不允许有冒险行为，不允许擅自攀援危险地方，不能随便采食野果。

（2）开展实习前要尽可能详细地了解目标区域的自然环境、地理、交通、治安、人文等情况，做好充分的准备。遵守当地的有关政策、法令，尊重当地风俗习惯，尽量不干扰当地的经济和生活，与周围群众搞好关系。

（3）服从管理，一切行动听指挥。学生在实习期间，一定要严格服从带队老师的安排，不得擅自离队。保护自然环境，爱护一草一木，按有关规定采集标本，不得滥采标本，不准随便乱丢植物枝叶。另外，要遵守野外林区防火规定。

第二章

植物标本的采集和制作

腊叶标本就是将植物全株或部分（通常带有花或果等繁殖器官）干燥后装订在台纸上予以永久保存的标本。植物腊叶标本可为植物分类学、植物资源的开发利用和保护提供重要的科学依据，如物种的信息，包括形态特征、地理分布、生态环境、物候期、化学成分等。学会采集和制作植物标本是培养植物分类学实践能力和进行植物识别、分类的重要步骤，也是今后从事相关教学和科研工作的基本技能。在植物标本采集的过程中，不但要掌握采集的方法，还要能够观察、研究植物的形态、物候期、生态环境和分布规律等。植物标本因保存方式的不同可分许多种，有腊叶标本、液浸标本、玻片标本等。本书主要介绍维管植物腊叶标本制作的方法。

第一节　植物标本的采集方法

1. 植物标本采集的时间和地点

各种植物生长发育的时期是不同的，因此必须在不同季节外出，才可能得到各类不同时期的标本。采集地点也很重要，要根据不同植物的生境要求来确定采集地点。例如，要注意喜阳植物与喜阴植物、高海拔植物与低海拔植物等区别，这样才能采到需要的不同类别的植物标本。

通常情况下，植物标本应该尽量完整地采集，但有些植物非常高大，不容易采全，这时就要选择具有重要分类信息的部位。

2. 植物标本采集应注意的问题

要确定采集植株能代表其分类特征的部位，要使整个植株的形态、大小和其他特征在标本内得到最真实的反映，好的标本应包括各种器官和各发育阶段的大量样本。一般而言，花和果实是大部分植物类群分类的最重要的依据，因此，在采集标本时，应该尽量选择具有花或果实的植株为对象。为了采集到最合适的植物标本，在采集时要注意以下细节和事项。

（1）因为植物的花和果实是鉴定的主要依据，所以采集植物时要尽可能选择正在开花或者结果的植株。同时要体现分枝方式，保存附着的叶柄、腋芽和托叶，尽量保持复叶的完整性。

（2）如果植株很大，如芭蕉科、棕榈科植物，在充分体现识别特征的要求上，可以将叶、茎、花、果、根所对应的部位分别剪取与台纸规格相适应的大小。同一植株分为不同台纸的，一定要统一编号，以备查阅。采集记录要完整地记录该植株的株高、株径、叶长等形态信息。高大的草本则可以折成“Z”字（图 2-1）。如果植株过小，则应采集多个植株装满一张台纸（图 2-2）。

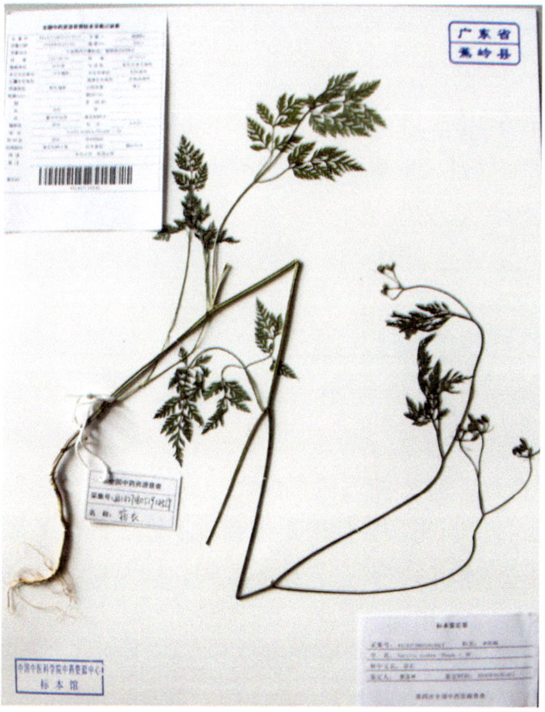

图 2-1　高大的草本可折成“Z”字

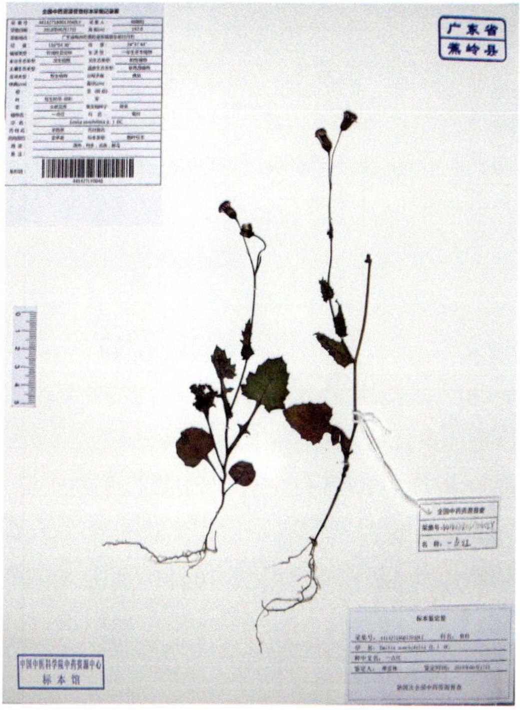

图 2-2　过小植株可多个装满台纸

（3）不同叶型的，基生叶、茎生叶都要采集；雌雄异株植物，雌雄株要分别采集。有些科属植物鉴定时对叶、花、果的采集有专门要求。例如，菊科不仅要有花，也要有叶；禾本科要有花序；十字花科要有果。

（4）采集完整的植株，还指要采集健壮的，虫咬、畸形的植株不采。

（5）同种植物的不同生态型也尽量采集全，因为不同生境下植物的生长表现有差异。观察和记录采集地环境，对于了解植物的变异规律有重要的参考依据。

（6）叶、花、果过于密集的，可适当剪除部分，但要留叶柄或果柄。枝条的剪取还要注意保留芽鳞。先花后叶的种类，在同一株上要分别采集花和叶。草本植物的采集，还要采集根部。

（7）寄生植物要和寄主一起采集，并在采集记录中注明寄主植物。例如，无根藤、蛇菰、桑寄生、菟丝子等都寄生在其他植物体上，采集这类植物时必须连寄主上被寄生的部分同时采下来，并记录其寄生。

（8）水生植物的采集，有地下茎的要采集地下部分，这样才能显示花柄和叶柄的着生方式。浮水或沉水植物，提出水面后要立即放在吸水纸中压制，否则干燥后很难展开。

（9）蕨类植物的鉴定依据是孢子囊群的外形及排列、叶的形状和根茎特点等，所以要采全株，要连同根茎一同挖出。金毛狗等叶片超大的蕨类，可以采集叶片的一部分，但叶尖、叶基、中脉等部位要有。要记录实际叶片的长度、裂片数量等数据。

（10）多肉植物压制时，可以将采集的标本用沸水杀死，再进行压制。鳞茎、球茎或果实较大时，可将果实纵切后再进行压制。

（11）标本采集的细节记录的最终目的是物种鉴定，有些特征如果干燥后容易消失或不易观察，则需在采集时对这类部位特殊保存。例如，马兜铃科、萝藦科、凤仙花科等植物的花需要浸入 50% ～ 70% 乙醇溶液里；酢浆草科、萝藦科、旋花科的果实成熟后容易开裂而导致种子散落，需用线缠绕果实。

第二节　采集编号与记录

除了标本本身，有关植物的生境、群落特征，叶、花、果的颜色，采集地坐标，采集日期等信息对于鉴定植物来讲也是至关重要的。因此，野外采集植物，不能仅仅是剪取植物，还要尽量记录相关信息，并编号，最好还要拍照或者录音频、视频。标本记录，有时还包括对当地人的调查采访，如该植物的地方名、用途等。

标本的标签一般用铅笔填写，用线绑在标本的枝干上。填写内容包括采集人、采集号、采集地点、采集日期等，并根据观察、解剖等方式对所采集的植物做初步鉴定，鉴定有困难的，可以暂时鉴定到科属。采集号要按顺序连贯编写，同一个地方同时采集的同种植物，应编为同一编号。

除了填挂植物标签，还要做好植物采集的野外记录。野外记录主要填写采集地的生态环境（包括海拔、坐标、坡度、坡向、郁闭度、主要伴生植物等），植物生态习性（包括生长状态，是否花期、果期），植物性状（包括株型、株高、树皮特征及气味、花的颜色、果实颜色及形状、叶的形态及颜色、叶背有无白粉等）。

植物采集标签如图 2-3 所示。

采 集 人：
采集时间：
地　　点：
第　　号

图 2-3　植物采集标签（4cm×2cm）

野外记录表如图 2-4 所示。

（×× 省）植物

采集人 / 号		年　月　日
产地：		
生境：（如森林、草地、山坡等）		
海拔：	性状：	体高：
分布：		
胸高直径：	树皮：	
叶：（正反面的颜色或有毛否）		
花：（花序、颜色等）		
果、种子：（颜色、性状）		
学名：	科名：	
土名：		
附记：（特殊性状等）		

图 2-4　野外记录表

植物定名标签如图 2-5 所示。

×× 标本室

中文名____________________

学　名____________________ 科名____________________

采集人____________ 产地____________ 号数____________

鉴定人____________________ 日期____________________

图 2-5　植物定名标签（10cm×7cm）

第三节　标本的压制

标本的质量好坏对于其价值有着决定性的作用，因此要按照科学规范的压制步骤来进行操作，否则不仅无法得到一份有效的标本，还在一定程度上浪费了人力物力。标本采集后，要立即压制，否则因水分失去而导致叶、花萎缩，无法展示植物的形态。

压制前，首先要用枝剪对标本疏剪，多余的、重叠的、密集的枝叶适当剪除，但是为了展示叶的着生方式，叶柄要尽量保存。要注意不使多数叶片重叠，叶片要正面和反面的都有，以便观察叶的正、反面上的特征，如蕨类植物的部分孢子叶下面朝上；落下来的花、果和叶要用纸袋装起来，和标本放在一起。留下的部分大约25cm×35cm，以适应将来台纸的规格（30cm×40cm）。豆科等植物的羽状复叶采集后容易闭合，很难再展开，所以需要采集后当场压制。多肉植物应纵切后将内部组织挖出后压制。花部分容易损坏的植物（如凤仙花科、鸢尾科等），可以将花冠单独取下，分开压制。茎花植物，应将花果连同枝干剪下，过于粗的树干，可以只剥下树皮。

标本压制的步骤：先用一块标本夹作为底板，然后将吸水纸与已经整理好的标本间隔放置。每层放吸水纸的多少可根据植物的含水量来调整，一般3～5张。果实或者枝干膨大的部位，可用折叠吸水纸在其周围垫高后再铺纸。10～15份标本与吸水纸间隔放置后，上面加另外一块标本夹，用绳子捆紧（图2-6）。第一次压制的标本要尽量捆紧，使标本得以压平，而且与吸水纸接触紧密，容易干燥。最后放置在通风处，在天气潮湿的情况下，可以用鼓风机对着捆绑好的标本吹，使其快速干燥，以免发霉。

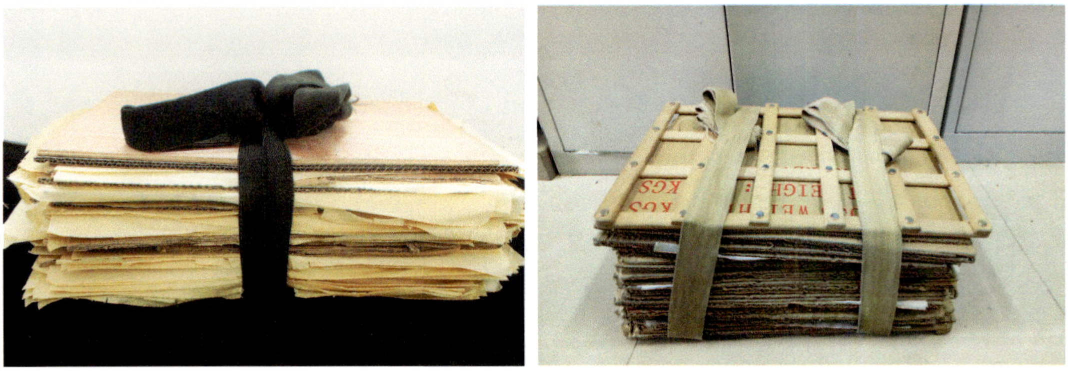

图2-6 标本夹用绳子捆紧

第四节 标本的干燥

标本的干燥是标本制作的重要环节。压制的标本在刚开始几天，每天要换纸2～3次，3天后每天换纸1次，以后可以根据标本干燥情况改为几天换纸1次，直到干燥完成为止。最初几次换纸，还要注意标本的整形，将皱折的部分展开。换下的吸水纸放置在阳光下曝晒或者用烘箱烘干，可重复使用。换纸的时候要轻拿轻放，先揭掉上面一层湿的吸水纸，换上干燥纸，然后用手托住下面的吸水纸连同标本一起翻转过来，再揭掉湿纸，换上干燥好的吸水纸。尽量不要在纸上平移标本，以免损伤。换纸时还应注意，一定要换干燥而无皱褶的纸。纸不干，吸水力就差，有皱褶会影响标本的平整。

除了上述的吸水干燥法外，还有一种加热干燥法。具体做法是将标本置于干燥箱内（图 2-7）或干燥架上，用热风机等加热工具进行加热，通过热空气在瓦楞板之间流动来干燥标本。干燥后的标本用密封箱加干燥剂的方式进行贮藏(图 2-8)。加热干燥省时省力，适合大规模标本采集和潮湿地区的工作。缺陷是干燥标本常常较脆易碎，花脱落，有些类群在干燥过程中变色严重等。所以，在腊叶标本制作教学中一般不使用这种方法。

图 2-7　干燥箱干燥标本

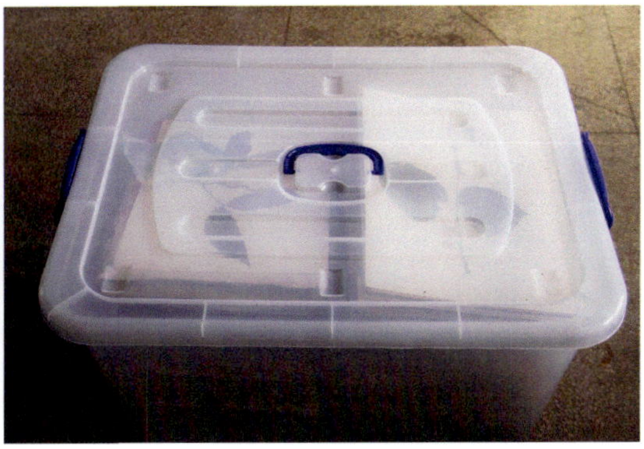

图 2-8　密封箱加干燥剂贮藏标本

第五节　植物标本的消毒和装订

1. 标本的消毒

标本压干后，往往会有啃食植物的害虫及其虫卵，有些还带有病菌，因此必须消毒杀死虫卵和真菌孢子，以防后期标本被虫蛀掉。通常用的消毒剂是 1% 的升汞（$HgCl_2$）溶液。消毒时，可用喷雾器直接往标本上喷消毒液，或将消毒液倒在大搪瓷盘里，消毒液的剂量以能浸没标本为宜，将压干的标本放入浸渍片刻，然后用长柄镊子夹出，放回吸水纸上夹入标本夹。标本消毒也可以用熏蒸法，具体做法是：把标本放进消毒箱内，然后将盛有高锰酸钾的烧杯置于消毒箱内，往烧杯内倒入两倍于高锰酸钾的 40% 甲醛溶液后迅速盖好消毒箱。熏蒸 0.5 ～ 1h 即可达到灭菌目的。标本存贮室最好安装紫外灯，定期打开进行全面灭菌。

2. 标本的装订

用白色台纸（规格为 30cm×40cm 的白板纸），将干燥消毒后的标本在台纸上选好适当位置，一般是朝上放置或者稍微偏斜。要留出台纸的左上角和右下角，用于黏贴野外采集记录和定名签。放置标本时，要注意尽可能反映植物真实的形态特征。标本装订使

图 2-9 信息完整的标本

用线装与胶黏相结合的方法。具体做法是：在叶片朝下面涂抹少量白乳胶，黏贴在台纸上，然后在标本上选取 3 ～ 5 个固定点，用针线穿过台纸进行缝制固定。再将花、果的解剖标本，树皮等附件固定在台纸合适的地方，易脱落的花、果装入牛皮纸袋内，贴在台纸合适的地方，以便必要时取出观察研究。每张台纸只能放置一种植物标本，标本较大的植物，如姜科、棕榈科植物等，则可以将一种植物分几张台纸装订。

标本装订后，在右下角贴上定名签，介绍文字要简明扼要，要标明中文名、学名、科名、采集人、产地、采集号数、鉴定人和鉴定日期，中文名以《中国植物志》为依据，左上角贴上野外采集记录（图 2-9）。

第六节 植物标本的保存

完成装订的标本必须妥善保存，否则可能因虫蛀、鼠咬或者发霉等造成标本损失。所以凡经上台纸的植物腊叶标本，经正式定名后，都应放进标本柜中保存。标本柜要求密封、防潮。通常采用二节四门的标本柜，柜分上下二节，每层高 100cm，宽 70cm，深 45cm。为了减少标本的磨损，入柜的标本最好用牛皮纸做成的封套按属套好，在封套的右上角写上属名，以便查阅。标本柜内每格放置樟脑球等防虫剂。

腊叶标本在标本柜内一般按分类系统排列。当前一般使用哈钦松系统等将各科进行排序，编以一个固定的号，如番荔枝科 57 号、樟科 58 号、防已科 66 号……编号、科名及科名的拉丁学名标识在标本柜外面，各科的属名则按照属的拉丁学名首字母排序。这样对于使用标本室做研究的师生来说查阅起来比较方便。

此外，在取放标本时，因标本之间互相摩擦也会使标本局部脱落、破碎。要求在操作时轻拿轻放，需要取一叠标本中的某一份标本时，必须整叠取出，放在桌上再逐份翻阅，切忌从中硬抽。为减少标本之间的磨损，每一份台纸上可用硫酸纸黏贴，将标本逐份分开。

第七节　植物浸制标本的制作方法

对于柔软多汁、不易干燥或干燥后易变形的植物材料，多采用浸泡的方法制作标本。浸制过程包括固定和保存两个步骤，根据植物材料颜色的不同可采用不同的制作方法。浸制标本使用的仪器与试剂有：烧杯、量筒、石棉网、电磁炉、不锈钢盆、剪刀、镊子、玻璃棒、天平、磨口标本瓶、醋酸铜、甘油、亚硫酸、氯化锌、乙醇、甲醛、硼酸、蒸馏水、硫酸铜。

第三章

植物鉴定

标本鉴定一般分为三步。第一步是现场初步鉴定，所以外出的带队老师中应该有熟悉当地植物分类的。第二步是标本装订前，对初步鉴定的标本进行确认，对未鉴定的标本进行鉴定。第三步是请植物分类学专家对未确定的标本进行鉴定。鉴定到科的标本，再根据《中国植物志》或者地方植物志进行分属和分种检索，直到确定种名。

植物鉴定是学生学习植物学的基本技能。运用植物检索表来鉴定植物是提高学生识别科、属、种的有效方法，因此每位学生都需要掌握植物检索表的使用。

1. 植物分类的形态学术语

植物系统分类是以进化原则为依据，植物在长期演化及自然选择下，其形态特征与亲缘关系和进化程度是一致的、统一的，因此植物的形态特征是传统分类的主要依据。尤其是花、果，其遗传相对稳定，受生态环境的影响较小，是植物分类的首要识别标准。叶等营养器官，受生态环境的影响变化较大，在鉴定时仅供参考。

在鉴定植物时，还应区别主要性状与次要性状。例如，花的构造是主要性状，花瓣大小、数目、色彩是受植物个体及环境影响的，属于次要性状。因此在对照检索表时，要注意允许种内的性状变异范围等。

植物学中常见的形态学术语及分类如下。

1）根

根是由种子幼胚的胚根发育而成，向地下伸长，使植物体固着在土壤里，并从土壤中吸取水分和营养物质。根一般不分节，不生芽。一株植物全部根的总称为根系。根据发生部位不同，根可分为定根和不定根，定根包括主根和侧根两类。

2）茎

植物的茎在形态、质地、习性等方面是多种多样的。根据植物性状，可将植物分为木本植物、草本植物和藤本植物；根据植物生长环境，可分为陆生的、水生的、附生的。根据生长习性，可将茎分为直立茎、缠绕茎、攀缘茎、平卧茎、匍匐茎等。种子植物的分枝有三种类型：单轴分枝，主干由顶芽不断地向上伸展而成；合轴分枝，主干的顶芽生长一个时期后，生长迟缓、死亡或分化为花芽，而由近顶芽的腋芽代替原有顶芽继续生长，发育成新枝；假二叉分枝，具有对生叶的植物，在顶芽停止生长或分化为花芽时，由其下方两侧的腋芽同时发育形成二叉状分枝。

3）叶

叶是由芽的叶原基发育而成，有规律地着生在枝（茎）的节上，是植物进行光合作用，制造有机营养物质和蒸腾水分的器官，常常从叶序、叶形、叶尖、叶基、叶缘、叶脉等方面进行描述。

叶序是叶在茎或枝条上的排列方式。常见的有互生叶序、对生叶序(一节上的2片叶，与上下相邻一节的2片叶交叉成十字形排列，称为交互对生)、基生叶序、轮生叶序、簇生叶序。

叶形是指单叶的整体形状，是识别植物的重要依据。根据叶的长宽比分为圆形、阔椭圆形、长椭圆形、倒卵形、倒披针形、倒阔卵形、矩圆形、卵状披针形等。另外还有一些特殊叶形，如针型、管形、三角形、戟形、盾形、扇形、肾形等。

叶尖是指叶片尖端的形状。根据尖端收缩程度及形态变化，常见的形状有渐尖、急尖、钝形、尾尖、倒心形、截形、微缺、具短尖、具骤尖等。

叶基是指叶片的基部通过叶柄或直接与茎连接，亦称下部，可分为心形、戟形、耳垂形、箭形、楔形、截形、圆形、匙形、抱茎、穿茎等。

叶缘是指叶片的边缘。常见的叶缘有以下几种：全缘、波状、锯齿状、重锯齿状、牙齿状、圆齿状、皱缩状、刺毛状、纤毛状等。

叶脉在叶片上呈现出各种有规律的脉纹的分布称为脉序。常见的脉序类型有：网状脉（包括羽状脉和掌状脉）、平行脉（包括直出平行脉和横出平行脉）、射出脉、叉状脉、单一主脉等。

（1）叶的类型分为单叶与复叶。单叶指一个叶柄上只有一个叶片，叶脉直接连于叶柄，如樟树、柚木。一个叶柄上生有2至多数叶片的称复叶。复叶的叶柄称为叶轴，也称总叶柄，叶轴上所生的叶片称小叶。小叶的柄，称为小叶柄。根据小叶在总叶柄上着生的排列情况不同，复叶可分为羽状复叶、掌状复叶和单身复叶。

复叶常见的有以下几种类型。

羽状复叶：小叶排列在叶轴的两侧，类似羽毛状。羽状复叶又分为：奇数羽状复叶，顶端生有一顶生小叶，小叶总数为单数的羽状复叶，如野漆；偶数羽状复叶，顶端生有两片顶生小叶，小叶总数为偶数的羽状复叶，如麻楝。羽状复叶又因叶轴分枝情况，再分为一回、二回、三回和多回羽状复叶。一回羽状复叶，即叶轴不分枝，小叶直接生在叶轴左右两侧，如麻楝等；二回羽状复叶即叶轴分枝两次，再生羽状排列的小叶，如凤凰木等；小叶柄上再次分枝，叫三回羽状复叶，如幌伞枫。

掌状复叶：小叶都生在叶轴的顶端，向各方展开而成手掌状的叶，如鸭脚木。

三出复叶：叶轴上着生3个小叶，如果3个小叶柄是等长的，称为三出掌状复叶，如葛。

单身复叶：叶轴顶端只着生一个小叶，叶轴顶端与小叶连接处有关节，称为单身复叶，如柚子叶。

（2）叶的质地分为革质、膜质、草质、肉质、纸质等。叶表面的毛分为毡毛、绵毛、柔毛、腺毛、绢毛、刚毛、缘毛、星状毛、丁字状毛等。

4）*花及花序*

（1）完全花的结构包括花萼、花冠、雄蕊、雌蕊四部分，如果缺少任何一部分，则称为不完全花。

花萼位于花的最外轮，多为绿色，由萼片组成，萼片结构与叶相似。萼片彼此完全分离的叫离萼；部分或完全合生的叫合萼，基部联合部分称为萼筒，上部分离部分称为萼裂片。

花冠就是花瓣的总称，根据花瓣的数目、花瓣的离合、花冠筒的长短、花冠裂片的形状和深浅等不同特征，分为蔷薇花冠、十字形花冠、蝶形花冠、唇形花冠、漏斗形花冠、管状花冠、舌状花冠、钟形花冠、高脚碟状花冠、坛状花冠。

雄蕊由花丝和花药两部分组成，位于花被的内方或上方，在花托上呈轮状或螺旋状排列。常见类型有离生雄蕊、单体雄蕊、二体雄蕊、多体雄蕊、二强雄蕊、四强雄蕊、聚药雄蕊、冠生雄蕊等。

雌蕊由子房、花柱、柱头等部位构成。根据组成雌蕊的心皮数目、离合情况可分为单雌蕊、离生雌蕊、复雌蕊。

花程式和花图式：用一个公式或图案把花的各部分组成、排列位置和相互关系表示出来，前者称为花程式，后者称为花图式。

a. 花程式是用一些字母、符号和数字，按一定的顺序列成公式，以表述花的特征。花各部分的代号，一般用每一轮花部名称的第一个字母，通常表示如下：Ca 或 K 表示花萼，Co 或 C 代表花冠，A 代表雄蕊群，G 代表雌蕊群，如果花萼、花冠无明显区分，可用 P 代表花被。花各部分的数目用阿拉伯数字表示，写于字母的右下方，来表示各轮的实际数目。如果缺少某一轮，可记下“0”，如果数目极多，可用“∞”表示。数字外加上“()”表示该部呈联合状态。如果某一部分不止一轮，可在各轮数字间加上“+”号。子房位置也可在公式中表示出来，如果是子房上位，可在 G 字下加一画“$\underline{G}$”；子房下位，则在 G 字上加一画“$\overline{G}$”；子房半下位，则在 G 字上下各加一画“$\underline{\overline{G}}$”。G 字右下角第一个数字表示心皮的数目，第二个数字表示子房室数，第三个数字表示子房中每室的胚珠数目，中间可用“:”号相连。用“*”表示辐射对称花，用“↑”表示两侧对称花。♂表示单性雄花，♀表示单性雌花，⚥表示两性花。示例说明如下。

紫藤花：⚥↑ $K_{(5)}\ C_{1+2+(2)}\ A_{(9)+1}\ \underline{G}_{1:1:\infty}$

表示两性花；两侧对称；萼片 5 枚，合生；花瓣 5 枚，分离，排成 3 轮，其中有 2 个花瓣联合；雄蕊 10 枚，9 枚联合，1 枚分离成二体雄蕊；子房上位，单雌蕊，一室，每室胚珠数不定。

b. 花图式用其横切面的简图来表示花的各部分的数目、离合状态、排列情况等，也就是花各部分在垂直于花轴平面所作的投影图。绘制花图式的规则如下：圆圈表示花着生的花轴，空心弧线表示苞片，实心弧线表示花冠，带横线条的弧线表示花萼。如果萼片、花瓣都是离生的，各弧线彼此分离；如为合生的，则以虚线连接各弧线。同时，应特别注意萼片、花瓣各轮的排列方式（如镊合状、覆瓦状、旋转状）及它们之间的相互关系（如对生、互生）。如萼片、花瓣有距，则以弧线延长来表示。雄蕊和雌蕊就以它们的实际横切形状表示。绘制时应表示出排列方式和轮数、分离或联合，以及雄蕊与花瓣之间的相互关系（对生、互生）。如雄蕊退化，则以虚线圈表示。雌蕊以子房的横切面来表示，绘制时应注意心皮的数目、结合情况（离生或合生）、子房室数、胎座类型及胚珠着生的情况等。花的各部分应绘在花轴和苞片之间。图中也可以看到联合或分离、整齐或不整齐的排列情况。

（2）花序是花在花序轴上的排列方式，花序生于枝顶端的叫顶生；生于叶腋的叫腋生。花序分为无限花序和有限花序两大类。

无限花序是指开花期间，花序轴顶端继续生长，并不断地产生花，花由花序轴下部依次向上开放，或周围的花先开放，向中心依次开放。其中花序轴不分枝，其上直接生长小花的类型叫做简单花序，包括总状花序、穗状花序、柔荑花序、肉穗花序、佛焰花序、伞形花序、伞房花序、头状花序、隐头花序等。花序轴具分枝，分枝上生长着简单花序的称为复合花序，包括圆锥花序、复穗状花序、复伞房花序、复头状花序。

有限花序是指花序中最顶端或最中心的花先开放，渐及下边或周围，花序轴不再延长。有限花序分为单歧聚伞花序、二歧聚伞花序、多歧聚伞花序、轮伞花序。单歧聚伞花序是指花序轴顶芽首先发育成花，然后在顶花下的一个侧芽发育成侧枝，其长度超过主枝后，顶芽又形成一朵花。这样主轴开花后，侧枝又在顶端开花，逐次继续下去，各次分枝的方向又有变化，包括螺旋状聚伞花序、蝎尾状聚伞花序。二歧聚伞花序是指花序轴顶芽形成一朵花后，在花下的一对侧芽同时萌发形成两个侧枝，每一侧枝继续以同样方式分枝开花，如此连续分枝，形成假二叉分枝式的花序。多歧聚伞花序是指花序轴顶芽形成一朵花后，在花下的数个侧芽发育成数个侧枝，每一侧枝顶端也只形成一朵花，各侧枝再以此方式继续分枝开花。轮伞花序是指聚伞花序着生在对生叶腋，花序轴及花梗极短呈轮状排列。

5）果实

果实根据其形态结构可分为单果、聚合果和聚花果。

（1）单果是由一朵花中的一个单雌蕊或复雌蕊发育而成。根据果皮及其附属部分成熟时果皮的质地和结构，可分为干果和肉质果两类。

干果成熟时果皮干燥。根据果皮开裂与否，可分为裂果和闭果。裂果果实成熟后果皮开裂，依心皮数目和开裂方式不同，又分为蓇葖果、荚果、角果、蒴果。常见的闭果有瘦果、颖果、翅果、坚果、分果、双悬果、胞果等。

肉质果成熟时，果皮或其他组成部分肉质多汁。常见肉质果有浆果、柑果、核果、梨果、瓠果等。

（2）聚合果是由一朵花中多数离生心皮雌蕊发育而来，每一雌蕊都形成一个独立的小果，集生在膨大花托上。因小果性质不同，聚合果可以是聚合蓇葖果也可以是聚合瘦果，或者是聚合核果。

聚花果是由整个花序发育而成的果实。花序中的每朵花形成独立的小果，聚集在花序轴上，外形似一果实。

2. 检索表基础知识

检索表是植物分类中识别和鉴定植物不可缺少的工具，是根据法国拉马克（Lamarck，1744 ～ 1829）二歧分类原则，把原来一群动植物相对的特征、特性分成对应的两个分支，再把每个分支中相对的性状又分成相对应的两个分支，依次下去直到编制到科、属或种检索表的终点为止。为了便于使用，各分支按其出现先后顺序，前边加上一定顺序的数字，相对应的两个分支前的数字或符号应是相同的。

植物检索表的编制常用植物形态比较方法，按照划分科、属、种的标准和特征，选用一对明显不同的特征，将植物分为两类，如双子叶类和单子叶类，又从每类中再找相对的特征再区分为两类，依此下去，最后分出科、属、种或品种。常见的植物分类检索表有定距式、平行式。

1）定距式

这是最常用的一种，每对特征写在左边一定的距离处，前有号码为 1，2……与之相对立的特征写在同样距离处，如此下去每行字数减少，距离越来越短，逐级向右收缩，使用上较为方便，每组对应性状一目了然，便于查找核对。只是如果种类较多时，行次偏斜，左空而右挤，行次变短，是其不足。举例如下。

1．植物体构造简单，无根、茎、叶的分化，无胚……………………………………低等植物
　2．植物体不为藻类和菌类所组成的共生体
　　3．植物体内含叶绿素或其他光合色素，自养生活方式……………………藻类植物
　　3．植物体内无叶绿素或其他光合色素，寄生或腐生………………………菌类植物
　2．植物体为藻类和菌类所组成的共生体……………………………………………地衣植物
1．植物体构造复杂，有根、茎、叶的分化，有胚……………………………………高等植物
　　　4．植物体有茎、叶和假根…………………………………………………………苔藓植物
　　　4．植物体有茎、叶和根
　　　　5．植物以孢子繁殖…………………………………………………………………蕨类植物
　　　　5．植物以种子繁殖…………………………………………………………………种子植物

2）平行式

与定距式检索表不同处在于每一对特征（相反的）紧紧相连，易于比较，在一行叙述之后为一数字或名称。举例如下。

1．植物体构造简单，无根、茎、叶的分化，无胚（低等植物）……………………………2
1．植物体构造复杂，有根、茎、叶的分化，有胚（高等植物）……………………………4
　2．植物体为菌类和藻类所组成的共生体…………………………………………地衣植物

2. 植物体不为菌类和藻类所组成的共生体……3
3. 植物体含有叶绿素或其他光合色素……藻类植物
3. 植物体不含叶绿素或其他光合色素，寄生或腐生……菌类植物
4. 植物体有茎、叶和假根……苔藓植物
4. 植物体有根、茎和叶……5
5. 植物以孢子繁殖……蕨类植物
5. 植物以种子繁殖……种子植物

注意事项：①待鉴定植物要尽可能完整，不仅要有茎、叶部分，最好还有花和果实，特别是花的特征对准确鉴定尤其重要。②在鉴定时，要根据看到的特征，从头按次序逐项检索，不允许跳过某一项而去查另一项，并且在确定待查标本属于某个特征两个对应状态中的哪一类时，最好把两个对应状态的描述都看一看，然后再根据待查标本的特点，确定属于哪一类，以免发生错误。

3. 鉴定植物的基本步骤

1）植物鉴定的准备

植物标本的鉴定，一般要以《中国植物志》及地方植物志为鉴定依据。解剖和观察植物的形态特征，运用检索表，按照科属种的特征描述先选用一对具有明显不同特征的植物，分为两类，再从每类中找出相对的特征再区分为两类，依此下分，最后分出科、属、种。所以，首先对需鉴定的植物标本的形态特征进行解剖观察，并用植物分类的形态学术语进行描述和记录。根、茎、叶的特征一般用肉眼观察，辅助以放大镜。花的观察则要增加解剖环节，先记录花的外形特征，然后从花柄，通过花萼、花冠、雄蕊、雌蕊，直到柱头的顶部，一步一步地完成各部分的解剖。

2）植物检索

植物标本鉴定的定名，必须遵循国际植物命名法规，这样不仅使命名方法统一和正确，又便于国际交流。法规规定：每一种植物只有一个合法的学名，其他名只能作异名或废弃处理；每种植物学名包括属名和种名，另加命名人。要特别注意的是，植物志主要收录的是国内野生及归化的植物种类，而人工引种和栽培的农作物及园林植物大部分没有收录，在鉴定这类植物时，要查找专门的栽培植物手册等进行检索。

在观察记录及选择好合适的植物志后，就可以根据检索表的编排顺序逐条由上向下查找，直到检索到需要的结果为止。在使用植物检索表时，首先要能用科学规范的形态学术语对待鉴定植物的形态特征进行准确的描述，然后根据待鉴定植物的特点，对照检索表中所列的特征，一项一项逐次检索，首先鉴定出该种植物所属的科，再用该科的分属检索表查出其所属的属，最后利用该属的分种检索表检索确定其为哪一种植物。

3）鉴定植物注意事项

检索表的结构都是以两个相对的特征编写的，而两个对应项号码是相同的，排列的位置也是相对称的。要全面核对两项相对性状，即在看相对的两项特征时，每查一项，必

须对另一项也要查看，然后再根据植物的特征确定到底哪一项符合要鉴定植物的特征，要顺着符合的一项查下去，直到查出为止。假若只看一项就加以肯定，极易发生错误。在整个检索过程中，只要查错一项，将会导致整个鉴定工作的错误。因此，在检索过程中，一定要克服急躁情绪，按照检索步骤小心细致地进行。在检索过程中，要求耐心细致，讲究科学性、准确性和唯一性。对一个初学者或分类学爱好者说来，要经常反复练习使用检索工具，检索鉴定的过程也是学习和掌握分类学知识的过程。

第四章

粤东山区几个植物学野外实习点简介

粤东山区几个植物学野外实习点主要位于梅州市，地处闽、粤、赣三省交界，属亚热带季风气候区，是南亚热带和中亚热带气候区的过渡地带。植物种类繁多，有2000多种高等植物，经考察采集和记载的有1084种，隶属于182个科598属。其中，蕨类植物19科29属41种；裸子植物7科11属14种；双子叶植物134科471属908种；单子叶植物22科87属121种。该区共有省级自然保护区6个，分别是丰溪省级自然保护区、七目嶂省级自然保护区、阴那山省级自然保护区、长潭省级自然保护区、铁山渡田河省级自然保护区及龙文—黄田自然保护区，面积共5.04万hm^2；市级自然保护区35个，面积共10.12万hm^2；县级自然保护区10个，面积共1.86万hm^2。

粤东山区植物学实习点主要有以下5个。

1. 阴那山省级自然保护区

阴那山省级自然保护区总面积682 hm^2，位于梅州市梅县区雁洋镇境内，属于亚热带常绿阔叶林森林生态系统。保护区内已知维管植物814种，其中材用植物67种、药用植物401种。列入重点保护的珍稀濒危野生植物有桫椤、白桂木、穗花杉、巴戟、秀丽锥等。

2. 铜鼓嶂

铜鼓嶂位于丰顺县砂田镇，海拔1559.5m，为粤东第一高峰，属于典型的亚热带高山植物群落。植物种类复杂多样，是观光游览和植物学教学的理想基地。铜鼓嶂共有野生种子植物163科598属1166种，其中裸子植物5科5属6种，被子植物158科593属1160种。

3. 五指石

五指石位于粤、赣、闽三省交界的平远县差干镇内。五指最高峰海拔460多米，具有丰富的野生植物资源，野生维管植物有151科424属725种，植被类型多样，由于生态环境特殊，存在着灌木乔木化及乔木灌木化等奇特的生态景观。

4. 丰溪省级自然保护区

丰溪省级自然保护区位于广东省东部的大埔县境内，地处闽粤交界处，距县城54km，距梅州市123km。区内有丰富的野生植物资源，植物种类繁多，现存155科745

种，以常绿阔叶林为主，森林覆盖率 97%，有国家一级保护野生植物桫椤，有濒临绝种的观光木、伯乐树、黏木等珍贵树种。中草药资源也相当丰富，有黄花倒水莲、五指毛桃、七叶一枝花、金银花、蜂斗草、灵芝等。

5. 长潭省级自然保护区

广东蕉岭长潭省级自然保护区位于广东省东北部，蕉岭县西北部，距县城约 10km。植被群落物种多样性指数高，群落上层以壳斗科、樟科、山茶科等为主，有丰富的森林资源，有维管植物 183 科 576 属 1092 种，其中野生维管植物 175 科 533 属 1005 种。

第五章

粤东维管植物常见科的识别要点

卷柏科 Selaginellaceae 陆生植物。茎通常背腹扁平，横走。叶小型，单叶，有中脉，腹面基部有一叶舌，通常在成熟时即脱落。孢子囊穗四棱柱形或扁圆形。孢子囊二型，单生于叶腋基部，1 室。孢子异型，大孢子通常 4 枚，小孢子多数，均为球状四面形。

木贼科 Equisetaceae 多年生草本。茎细长圆柱形，直立，有明显的节和节间，单茎或节上有轮生枝，中空，节间表面有纵沟脊；叶退化成管状而有锯齿的鞘，包围在节上。基部和顶端色较深，成黑褐色环。孢子囊多数，一型，着生于盾状鳞片形的孢子叶下面，在枝顶形成单独的椭圆形的孢子囊穗。孢子同形。

水龙骨科 Polypodiaceae 陆生或附生。根茎横走，被鳞片。网状中柱。叶同型或二型；叶柄与根茎有关节相连；单叶，全缘或羽状半裂至一回羽状分裂；网状脉。孢子囊群圆形或线形，或有时布满叶背，无囊群盖；孢子囊梨形或球状梨形；孢子两面形。

里白科 Gleicheniaceae 陆生植物。有长而横走的根茎，被鳞片或被节状毛。顶生羽片为 1 ～ 2 回羽状；末回裂片（或小羽片）为线形。叶为纸质或近革质。孢子囊群小而圆，无盖，由 2 ～ 6 个无柄孢子囊组成，生于叶下面小脉的背上，成 1 行(少有 2 ～ 3 行)排列于主脉和叶边之间。孢子囊为陀螺形，有一条横绕中部的环带，从一侧以纵缝开裂。孢子为四面形或两面形。

海金沙科 Lygodiaceae 陆生攀援植物。根茎颇长，横走，有毛而无鳞片。叶远生或近生，单轴型，叶轴无限生长，细长，缠绕攀援，常高达数米。羽片分裂为 1 ～ 2 回羽状复叶，近二型；不育羽片通常生于叶轴下部，能育羽片位于上部；不育小羽片边缘为全缘或有细锯齿。叶脉通常分离。能育羽片通常比不育羽片为狭，边缘生有流苏状的孢子囊穗，由两行并生的孢子囊组成，孢子囊生于小脉顶端。孢子囊大，多少如梨形。孢子四面形。原叶体绿色，扁平。

凤尾蕨科 Pteridaceae 陆生蕨类植物。根茎长而横走，密被狭长而质厚的鳞片，鳞片以基部着生。叶一型，少为二型或近二型，有柄；柄通常为禾秆色，光滑；叶片一回羽状或 2 ～ 3 回羽裂，从不细裂，草质、纸质或革质，光滑，罕被毛。叶脉分离或罕为网状，网眼内不具内藏小脉。孢子囊群线形，沿叶缘生于连接小脉顶端的一条边脉上，不具内盖，除叶边顶端或缺刻外，连续不断；孢子为四面形，透明，表面通常粗糙或有疣突。

铁线蕨科 Adiantaceae 陆生中小型蕨类。根茎或短而直立或细长横走，被有棕色或黑色、质厚且常为全缘的披针形鳞片。叶一型；叶柄黑色或红棕色，有光泽，通常细圆，坚硬如铁丝；叶片多为 1 ～ 3 回以上的羽状复叶或 1 ～ 3 回二叉掌状分枝，多光滑无毛。叶脉分离，自基部向上多回二歧分叉或自基部向四周辐射。孢子囊群着生在叶片或羽片顶部边缘的叶脉上，无盖；孢子囊为球圆形，有长柄，环带直立；孢子四面形，淡黄色，透明，光滑，不具周壁。

松科 Pinaceae 木本。叶针形或线形，螺旋状排列，单生或簇生；球果种鳞与苞鳞离生。

柏科 Cupressaceae 木本。叶鳞形或刺形，或同株两型，叶与种鳞均为交互对生或轮生；种鳞与苞鳞合生。

杉科 Taxodiaceae 常绿或落叶乔木。树干端直，大枝轮生或近轮生。叶螺旋状排列，披针形、钻形、鳞状或条形。球花单性，雌雄同株，球花的雄蕊和珠鳞均螺旋状着生；雄球花小，单生或一簇生枝顶；雌球花顶生或生于去年生枝近枝顶。球果当年成熟；种子扁平或三棱形，周围或两侧有窄翅，或下部具长翅；胚有子叶 2 ～ 9 枚。

木兰科 Magnoliaceae 木本。单叶互生，托叶大，脱落后留存枝上有环状托叶痕。花大，生单生枝顶或叶腋，两性，萼片和花瓣很相似，分化不明显（统称花被），排列成数轮，分离，花托柱状；雄蕊、雌蕊均为多数，分离，螺旋状排列。果实为聚合果，背缝开裂，稀为翅果或浆果。种子胚小，胚乳丰富。

番荔枝科 Annonaceae 乔木、灌木或攀援灌木。叶为单叶互生，全缘，羽状脉，无托叶。花辐射对称；花瓣 6 片，2 轮，每轮 3 片，覆瓦状或镊合状排列；雄蕊多数，螺旋状着生。成熟心皮离生；种子通常有假种皮。

樟科 Lauraceae 木本。鳞芽或裸芽。叶全缘，有多数含芳香油或黏液的细胞，羽状脉、三出脉或离基三出脉。花通常小，辐射对称。果为浆果或核果；子叶大，胚近盾形，胚芽十分发达，具 2 ～ 8 片叶，常被疏柔毛。

毛茛科 Ranunculaceae 草本。叶基生、互生，稀对生（铁线莲属），分裂或复叶。花两性，整齐，5 基数；花萼和花瓣均离生；雄蕊和雌蕊多数，离生，螺旋状排列于膨大的花托上。瘦果聚合或聚合蓇葖果。

木通科 Lardizabalaceae 木质藤本。叶互生，掌状或三出复叶；叶柄和小柄两端膨大为节状。花辐射对称，通常组成总状花序或伞房状的总状花序，萼片花瓣状，6 片；花瓣 6，蜜腺状。果为肉质的蓇葖果或浆果；种子多数，卵形或肾形。

防己科 Menispermaceae 藤本。叶螺旋状排列，无托叶，单叶，常具掌状脉。花通常小而不鲜艳，单性，雌雄异株；萼片通常轮生，每轮 3 片；花瓣通常 2 轮。核果；种子通常弯。

远志科 Polygalaceae 一年生或多年生草本，或灌木或乔木。单叶全缘，有托叶。花两性，左右对称；萼片 5，其中 2 片常为花瓣状；花瓣不等大，下面一瓣为龙骨状，花丝合生成一鞘。蒴果。

堇菜科 Violaceae　草本。单叶互生，有托叶。萼片 5，常宿存；花瓣 5，下面一枚常扩大，基部囊状或有距；子房上位，侧膜胎座。蒴果或浆果。

蓼科 Polygonaceae　草本稀灌木或小乔木。鞘状包茎或叶状贯茎。花两性，单被花。瘦果或坚果，瘦果三棱形或凸镜形，包于宿存的花萼内。

苋科 Amaranthaceae　多草本。无托叶。花小，单被，花被片干膜质；雄蕊常与花被片同数且对生。常为盖裂的胞果。

酢浆草科 Oxalidaceae　草本。指状复叶或羽状复叶。萼 5 裂，花瓣 5，雄蕊 10，下位，基部合生，花柱 5，中轴胎座。蒴果或肉质浆果。

凤仙花科 Balsaminaceae　草本。最下的一枚萼片延伸成一管状的距。肉质蒴果，弹裂。

瑞香科 Thymelaeaceae　多木本。树皮柔韧。单叶全缘。花萼花瓣状，合生，花瓣缺或鳞片状；雄蕊萼生，花药分离。浆果、核果或坚果。

紫茉莉科 Nyctaginaceae　草本、灌木或乔木。单叶，对生、互生或假轮生，全缘，无托叶。花辐射对称；有的苞片色彩鲜艳。瘦果状掺花果包在宿存花被内。

山龙眼科 Proteaceae　乔木。叶互生；无托叶。花两性，稀单性；花被片 4 枚；雄蕊 4 枚。蓇葖果、坚果、核果或蒴果；种子 1 ～ 2 颗或多颗，无胚乳。

苏铁科 Cycadaceae　常绿木本。茎通常无分枝。叶两形，鳞叶小，被褐色毛，营养叶大，羽状深裂，集生于茎顶，幼时拳卷。孢子叶球生茎顶端，雌雄异株。

南洋杉科 Araucariaceae　常绿乔木。叶螺旋状着生或交叉对生。雄球花圆柱形；雌球花单生枝顶。球果苞鳞木质或厚革质；种子与苞鳞离生或合生。

胡椒科 Piperaceae　草本、灌木或攀援藤本。叶互生，单叶，两侧常不对称。花小，密集成穗状花序或由穗状花序再排成伞形花序。浆果小，具肉质、薄或干燥的果皮。

葫芦科 Cucurbitaceae　草质或木质藤本。叶掌状分裂。花单性，雌雄同株或异株，花药药室常曲形折叠，子房下位。瓠果。

山茶科 Theaceae　乔木或灌木。叶革质，互生，羽状脉，无托叶。花瓣 5 至多片；雄蕊多数，子房上位，柱头与心皮同数。果为蒴果；胚乳少或缺，子叶肉质。

猕猴桃科 Actinidiaceae　乔木、灌木或藤本。毛被发达，多样。叶为单叶，互生，无托叶。花序腋生。花辐射对称；萼片 5 片，覆瓦状排列；花瓣 5 片，覆瓦状排列。果为浆果或蒴果；种子具肉质假种皮，胚乳丰富。

桃金娘科 Myrtaceae　乔木或灌木。单叶对生或互生，全缘，常有油腺点，无托叶。花两性，萼片 4 ～ 5 或更多；花瓣 4 ～ 5；雄蕊多数。果顶端常有凸起的萼檐。

野牡丹科 Melastomataceae　草本、灌木或小乔木。枝条对生。单叶，侧脉通常平行。花两性，辐射对称，通常为 4 ～ 5；花瓣通常具鲜艳的颜色；药隔通常膨大，下延成长柄或短距。蒴果或浆果，通常顶孔开裂，与宿存萼贴生；种子极小。

杜英科 Elaeocarpaceae 常绿或半落叶木本。叶为单叶。花瓣 4 ～ 5 片，镊合状或覆瓦状排列；雄蕊多数，分离，生于花盘上或花盘外，顶端常有药隔伸出成喙状或芒状。果为核果或蒴果，有时果皮外侧有针刺；种子椭圆形。

锦葵科 Malvaceae 草本、灌木至乔木。叶互生，叶脉通常掌状，具托叶。花两性，辐射对称；萼片 3 ～ 5 片；花瓣 5 片，彼此分离，但与雄蕊管的基部合生。蒴果，常几枚果爿分裂；种子肾形或倒卵形。

大戟科 Euphorbiaceae 乔木、灌木或草本。叶互生，单叶，稀为复叶；具羽状脉或掌状脉；叶柄长至极短，基部或顶端有时具有 1 ～ 2 个腺体。花单性，单花或组成各式花序，通常为聚伞或总状花序。果为蒴果，常从宿存的中央轴柱分离成分果爿，或为浆果状或核果状；种子常有显著种阜。

交让木科 Daphniphyllaceae 乔木或灌木。无毛；小枝具叶痕和皮孔。单叶互生，常聚集于小枝顶端，全缘，多少具长柄，无托叶。花序总状。核果卵形或椭圆形，外果皮肉质，内果皮坚硬。

蔷薇科 Rosaceae 草本、灌木或乔木。茎常有刺及明显的皮孔。叶互生，常有托叶。花两性，整齐，5 基数；蔷薇形花冠，周位花。梨果、核果、瘦果或蓇葖果。常有根瘤。

含羞草科 Mimosaceae 乔木或灌木，很少草本。二回羽状复叶，互生，小叶全缘；具托叶。穗状、总状或头状花序；花小，辐射对称；花瓣与萼齿同数，镊合状排列；雄蕊 5 ～ 10 或多数，花丝细长。荚果；种子具少量胚乳或无胚乳，子叶扁平。

苏木科 Caesalpiniaceae 乔木、灌木或草本。单叶或复叶。花两侧对称；花瓣上升覆瓦状，即上方的 1 花瓣最小，位于最内方；雄蕊 10 或较少。荚果。

蝶形花科 Papilionaceae 乔木、灌木或草本。多羽状复叶或羽状 3 小叶，有时有卷须。花两侧对称，花萼 5 裂；蝶形花冠，花瓣下降覆瓦状排列，即上方 1 片最大，称旗瓣，位于最外方，两侧两瓣较小，称翼瓣，最内 2 瓣最小，稍合生，称龙骨瓣。荚果。

金缕梅科 Hamamelidaceae 常绿或落叶乔木和灌木。叶互生，具羽状脉或掌状脉。花排成头状花序、穗状花序或总状花序；萼裂片 4 ～ 5，镊合状或覆瓦状排列。果为蒴果，常室间及室背裂开为 4 片；种子多数。

壳斗科 Fagaceae 木本。单叶互生，托叶早落，羽状脉直达叶缘。花单性，雌雄同株，无花瓣；雄花为柔荑花序；雌花单生或簇生；子房下位。坚果，包于壳斗（木质化的总苞）内。

桑科 Moraceae 木本。常有乳汁。单叶互生；托叶早落。花小，单性，单被，4 基数。坚果、核果集合为各式聚花果。

荨麻科 Urticaceae 草本。茎韧皮纤维发达。叶内有钟乳体。花单性，单被，聚伞花序。核果或瘦果。

冬青科 Aquifoliaceae 常绿、落叶乔木或灌木。单叶互生，聚伞花序。花小，花萼分裂，宿存；雄蕊与花瓣互生，花丝粗短，花药2室；子房上位，花柱短或缺。核果有分核，分核背面维管束形成各种雕纹，为分类的主要特征；种子具丰富胚乳。

鼠李科 Rhamnaceae　木本。有刺。单叶，常互生，叶脉显著，常有托叶。花瓣着生于萼筒上并与雄蕊对生，花瓣常凹形，花盘明显；基生胎座。常为核果。

葡萄科 Vitaceae　攀援木质藤本，稀草质藤本，具有卷须。叶互生。花小，排列成伞房状多歧聚伞花序、复二歧聚伞花序或圆锥状多歧聚伞花序，4～5基数。果实为浆果，有种子1至数颗；胚小。

芸香科 Rutaceae　木本，茎常具刺。复叶或单生复叶，叶具透明腺点。外轮雄蕊常与花瓣对生；花盘发达，在雄蕊内方；子房上位。柑果、蓇葖果等。

楝科 Meliaceae　乔木或灌木。叶互生，通常羽状复叶，小叶基部多少偏斜。花辐射对称，通常组成圆锥花序。果为蒴果、浆果或核果。

无患子科 Sapindaceae　常羽状复叶。花杂性，花瓣内侧基部常有毛或鳞片，花盘发达，位于雄蕊的外方，3心皮子房。种子常具假种皮。

槭树科 Aceraceae　乔木或灌木。叶对生，具叶柄，无托叶。花序伞房状、穗状或聚伞状；花小，绿色或黄绿色。果实为小坚果，常有翅，又称翅果。

清风藤科 Sabiaceae　乔木、灌木或藤本。叶互生，单叶或羽状复叶，无托叶。花排成腋生或顶生的聚伞花序或圆锥花序。果为核果。

漆树科 Anacardiaceae　木本，树皮苦。羽状复叶，互生，无托叶。花单性或杂性，花盘环形，子房上位，2～5裂，近进分离；雄蕊与花瓣同数或2倍，花丝基部常有鳞片。

胡桃科 Juglandaceae　木本。叶互生，奇数羽状复叶，无托叶。花单性，单被，雌雄同株；雄花为柔荑花序；子房下位。坚果核果状或具翅。

五加科 Araliaceae　乔木、灌木或木质藤本。叶互生，托叶通常与叶柄基部合生成鞘状。花整齐，聚生为伞形花序、头状花序、总状花序或穗状花序。果实为浆果或核果，外果皮通常肉质；种子通常侧扁。

伞形科 Umbelliferae　常为灌木。单叶互生。花冠整齐或稍不整齐；雄蕊常为花冠裂片的倍数，常逆二轮，分离，自腺性花盘发出，花药常孔裂；雌蕊心皮4～5，中轴台座，胚珠多数。

杜鹃花科 Ericaceae　乔木或灌木。叶革质，互生，不裂；无托叶。花单生或成总状、圆锥花序或伞形花序；花萼4～5，宿存，花冠常5裂。蒴果、浆果或核果；种子小。

紫金牛科 Myrsinaceae　灌木、乔木。单叶互生，通常具腺点或脉状腺条纹。总状花序、伞房花序、伞形花序、聚伞花序；花通辐射对称；花冠通常仅基部联合或成管。浆果核果状；种子具丰富的肉质或角质胚乳。

安息香科 Styracaceae　乔木或灌木。单叶，互生，无托叶。总状花序、聚伞花序或圆锥花序；花辐射对称；花萼杯状、倒圆锥状或钟状；花冠合瓣。核果而有一肉质外果皮或为蒴果，具宿存花萼；种子无翅或有翅，有一宽大种脐。

山矾科 Symplocaceae 灌木或乔木。单叶，互生，通常具锯齿。花辐射对称，排成穗状花序、总状花序、圆锥花序或团伞花序，很少单生；萼裂片镊合状排列或覆瓦状排列，通常宿存；花冠裂片分裂至近基部或中部，花丝呈各式连生或分离。果为核果，顶端冠以宿存的萼裂片。

夹竹桃科 Apocynaceae 多木本，具汁液。单叶对生或轮生。花两性，花冠喉部常有附属物；冠生雄蕊，花药矩圆形或箭头形，贴生在柱头上。多蓇葖果；种子有翅或长丝毛。

茜草科 Rubiaceae 单叶对生或轮生，常全缘。具托叶 2，位于叶柄间或叶柄内侧。合瓣花，子房下位，2 室。蒴果、核果或浆果。

忍冬科 Caprifoliaceae 常木本。叶对生，无托叶。花两性，4 ～ 5 基数；合瓣花，裂片 4 ～ 5；子房下位。浆果、蒴果或核果。

菊科 Asteraceae 常草本。叶互生，无托叶。头状花序，有总苞；合瓣花，聚药雄蕊；子房下位，由 2 心皮构成。下位瘦果，顶端常有冠毛或鳞片。

报春花科 Primulaceae 草本。单叶，互生，基部半抱茎，无托叶。花两性，辐射对称，穗状花序、头状花序或圆锥花序；萼筒具 5 棱，花冠高脚碟状，雄蕊 5，子房 1 室。蒴果包埋于宿存萼内。

茄科 Solanaceae 多草本。单叶互生。花两性，花萼合生，宿存，果时常增大；雄蕊冠生，与花冠裂片同数而互生；花药常孔裂；子房上位，心皮 2，合生。浆果或蒴果。

玄参科 Scrophulariaceae 多草本。单叶，常对生。花两性，左右对称；萼片 4 ～ 5，宿存；花冠合瓣，常二唇形，裂片 4 ～ 5；常二强雄蕊；心皮 2，2 室。蒴果，具宿存花柱。

紫葳科 Bignoniaceae 木本。叶对生，无托叶。唇形花冠，雄蕊与花冠裂片互生，常 4 枚或 2 枚发育，具花盘，子房上位。蒴果，种子多数，种子两端有翅或毛。

列当科 Orobanchaceae 寄生草本。无叶绿素；茎常单一。叶互生，退化为鳞片状。花萼佛焰苞状，花两性，唇形花冠，花冠筒弯曲，雄蕊 4 枚，二强雄蕊冠生，子房上位。蒴果，侧膜胎座。

车前科 Plantaginaceae 草本。叶基生，基部成鞘。穗状花序，花 4 基数，花单生于苞片腋部，花冠干膜质。蒴果或坚果。

爵床科 Acanthaceae 草本、灌木或藤本。叶对生，无托叶，叶片、小枝和花萼上常有条形或针形的钟乳体。花两性，左右对称；花冠合瓣，具长或短的冠管。蒴果室背开裂为 2 果爿。种子扁或透镜形。

马鞭草科 Verbenaceae 常木本。叶对生。基本花序为穗状或聚伞花序，花萼宿存，花冠合瓣，多左右对称，雄蕊 4，冠生，子房上位，花柱顶生。核果或蒴果状。

唇形科 Lamiaceae 多草本，常含芳香油。茎 4 棱。叶对生，无托叶。花两性，花冠唇形，轮伞花序，二强雄蕊，雌蕊2心皮合生子房裂成4室，花柱生于子房裂隙的基部。4 个小坚果。

鸭跖草科 Commelinaceae　湿生草本。茎多簇生。叶基生或同时茎生，常具叶耳。花 2 基数。蒴果 3 瓣裂。

百合科 Liliaceae　草本，具鳞茎、根茎或球茎。花 3 基数；花被片 6 枚，花冠状；子房上位，3 室，中轴胎座。蒴果或浆果。

天南星科 Araceae　草本，具根茎或块茎，有对人的舌有刺痒或灼热感的汁液。叶基部常具膜质鞘。肉穗花序，佛焰苞常具色彩。浆果。

棕榈科 Palmae　灌木、藤本或乔木。茎通常不分枝，单生或几丛生。叶大型，互生，叶柄基部通常扩大成具纤维的鞘。花小，组成分枝或不分枝的佛焰花序（或肉穗花序）。果实为核果或硬浆果；种子通常 1 颗。

兰科 Orchidaceae　草本。须根附生有肥厚的根被。花左右对称，有唇瓣，雄蕊和雌蕊合生成合蕊柱，花粉结合成花粉块，子房下位，常为侧膜胎座。蒴果；种子极多，微小。

莎草科 Cyperaceae　草本。秆三棱柱形，实心，无节。叶常 3 列互生，有封闭的叶鞘。小坚果。

第六章

粤东习见维管植物

石松科

垂穗石松 *Palhinhaea cernua*（L.）Vasc. et Franco f. *cernua*

石松科 Lycopodiaceae

垂穗石松属 ***Palhinhaea***

鉴别特征： 中型至大型土生植物。主茎直立，圆柱形，光滑无毛，多回不等位二叉分枝；主茎上的叶螺旋状排列，稀疏，钻形至线形，通直或略内弯，基部圆形，下延，无柄，先端渐尖，边缘全缘，中脉不明显，纸质。侧枝上斜，多回不等位二叉分枝，有毛或光滑无毛；侧枝及小枝上的叶螺旋状排列，密集，略上弯，钻形至线形，基部下延，无柄，先端渐尖，边缘全缘，表面有纵沟，光滑，中脉不明显，纸质。孢子囊穗单生于小枝顶端，短圆柱形，成熟时通常下垂，淡黄色，无柄；孢子叶卵状菱形，覆瓦状排列，先端急尖，尾状，边缘膜质，具不规则锯齿；孢子囊生于孢子叶腋，内藏，圆肾形，黄色。

分布： 浙江、江西、福建、台湾、湖南、广东、香港、广西、海南、四川、重庆、贵州、云南等地。

卷柏科

深绿卷柏 *Selaginella doederleinii* Hieron.

卷柏科 Selaginellaceae

卷柏属 ***Selaginella***

鉴别特征： 土生，近直立，基部横卧。主茎禾秆色，有棱，常在分枝处生出支撑根，侧枝密，多回分枝。叶全部交互排列，二型，纸质，表面光滑，边缘不为全缘，不具白边。主茎上的腋叶卵状三角形，分枝上的腋叶对称，狭卵圆形至三角形，边缘有细齿。中叶不对称或多少对称。侧叶不对称。孢子叶穗四棱柱形；孢子叶卵状三角形，边缘有细齿，白边不明显，龙骨状；孢子叶穗上大、小孢子叶相间排列，或大孢子叶分布于基部的下侧。大孢子白色；小孢子橘黄色。

分布： 浙江、福建、台湾、广东、广西、贵州、云南、四川、湖南、江西。越南、日本也有分布。

江南卷柏 *Selaginella moellendorffii* Hieron.

卷柏科 Selaginellaceae

卷柏属 *Selaginella*

鉴别特征：土生或石生，具横走地下根茎和游走茎，着生鳞片状淡绿色的叶。主茎禾秆色或红色，2～3回羽状分枝，小枝较密。叶交互排列，二型，草质或纸质，光滑，具白边。孢子叶穗紧密，四棱柱形，单生于小枝末端；孢子叶卵状三角形，有细齿，具白边，先端渐尖，龙骨状；大孢子叶分布于孢子叶穗中部的下侧。大孢子浅黄色，小孢子橘黄色。

分布：云南、安徽、福建、广东、广西等地。

翠云草 *Selaginella uncinata* (Desv.) Spring

卷柏科 Selaginellaceae

卷柏属 *Selaginella*

鉴别特征：土生，主茎先直立而后攀援状。主茎自近基部羽状分枝，无关节，禾秆色，侧枝5～8对，二回羽状分枝，小枝排列紧密。叶全部交互排列，二型，草质，表面光滑，具虹彩，边缘全缘，明显具白边。孢子叶异形，卵状三角形，边缘全缘，具白边，先端渐尖，龙骨状；大孢子叶分布于孢子叶穗下部的下侧或中部的下侧或上部的下侧。大孢子灰白色或暗褐色；小孢子淡黄色。

分布：安徽、重庆、福建、广东、广西、贵州、湖北、湖南、江西、陕西、四川、香港、云南、浙江。

木贼科

节节草 *Equisetum ramosissimum* Desf.

木贼科 Equisetaceae

木贼属 ***Equisetum***

鉴别特征: 多年生草本。根茎细长，入土深，黑褐色。茎细弱，绿色，基部多分枝，上部少分枝或不分枝，粗糙具条棱，叶鳞片状，轮生，基部联合成鞘状。孢子囊长圆形，有小尖头；孢子叶六角形，中央凹入。以根茎或孢子繁殖。

分布: 我国各地。

观音座莲科

福建观音座莲 *Angiopteris fokiensis* Hieron.

观音座莲科 Angiopteridaceae

观音座莲属 ***Angiopteris***

鉴别特征: 植株高大。根茎块状，直立，下面簇生有圆柱状的粗根。叶柄粗壮，干后褐色。叶片宽广，宽卵形；羽片 5 ～ 7 对，互生，狭长圆形，基部不变狭，羽柄长 2 ～ 4cm，奇数羽状；小羽片 35 ～ 40 对，对生或互生，披针形；叶脉开展，下面明显，一般分叉，无倒行假脉。叶为草质，上面绿色，下面淡绿色，两面光滑。叶轴干后淡褐色，光滑，腹部具纵沟。孢子囊群棕色，长圆形，由 8 ～ 10 个孢子囊组成。

分布: 福建、湖北、贵州、广东、广西、香港。

里白科

芒萁 *Dicranopteris dichotoma*（Thunb.）Berhn.

里白科 Gleicheniaceae

芒萁属 *Dicranopteris*

鉴别特征：根茎横走，密被暗锈色长毛。叶远生，叶轴 1 ～ 2（3）回二叉分枝；腋芽小，卵形；各回分叉处两侧均有一对托叶状的羽片，平展，宽披针形，生于二回分叉处的较小；末回羽片披针形或宽披针形。叶为纸质，上面黄绿色或绿色，沿羽轴被锈色毛，后变无毛，下面灰白色，沿中脉及侧脉疏被锈色毛。孢子囊群圆形，1 列，着生于基部上侧或上下两侧小脉的弯弓处，由 5 ～ 8 个孢子囊组成。

分布：江苏（南部）、浙江、江西、安徽、湖北、湖南、贵州、四川、西藏、福建、台湾、广东、香港、广西、云南。

中华里白 *Hicriopteris chinensis*（Ros.）Ching

里白科 Gleicheniaceae

里白属 *Hicriopteris*

鉴别特征：植株高约 3m。根茎横走。叶厚纸质，上面绿色，沿小羽轴有分叉的毛，下面灰绿色，沿叶脉和叶边有密星状毛，以后脱落。叶片矩圆形，长约 1m，宽约 20cm，开始有 1 对二回羽状深裂的羽片。第二年顶芽发育成主轴，主轴上再生出顶芽，如此历年连续形成多对侧生羽片。羽片矩圆形；小羽片披针形，羽裂几达羽轴；裂片宽约 3mm，顶端钝，常微凹，全缘，干后略反卷。侧脉分叉。孢子囊群生于分叉侧脉的上侧 1 条小脉，在主脉两侧各排成 1 行。

分布：福建、广东、广西、贵州、四川。越南北部也有分布。

海金沙科

海金沙 *Lygodium japonicum* (Thunb.) Sw.

海金沙科 **Lygodiaceae**

海金沙属 ***Lygodium***

鉴别特征: 草本。叶轴上面有2条狭边，羽片多数，对生于叶轴上的短距两侧，平展。不育羽片尖三角形，长宽几相等，二回羽状；主脉明显，侧脉纤细，从主脉斜上，1～2回二叉分歧，直达锯齿；叶纸质，干后褐绿色。两面沿中肋及脉上略有短毛。能育羽片卵状三角形，二回羽状。孢子囊穗排列稀疏，暗褐色，无毛。

分布: 江苏、浙江、广东等地。

用途: 药用价值，通利小肠，疗伤寒热狂，治湿热肿毒。

桫椤科

桫椤 *Alsophila spinulosa* (Wall. ex Hook.) R. M. Tryon

桫椤科 **Cyatheaceae**

桫椤属 ***Alsophila***

鉴别特征: 茎干高达6m或更高。叶螺旋状排列于茎顶端；茎段端和拳卷叶及叶柄的基部密被鳞片和糠秕状鳞毛；叶柄通常棕色或上面较淡，连同叶轴和羽轴有刺状凸起，背面两侧各有一条不连续的皮孔线，向上延至叶轴；叶片大，长矩圆形，三回羽状深裂；叶纸质，干后绿色。孢子囊群生于侧脉分叉处，靠近中脉，有隔丝，囊托凸起；囊群盖球形，薄膜质，外侧开裂，易破，成熟时反折覆盖于主脉上面。

分布: 福建、广东、香港等地。

陵齿蕨科

团叶陵齿蕨 *Lindsaea orbiculata* (Lam.) Mett.

陵齿蕨科 Lindsaeaceae

陵齿蕨属 *Lindsaea*

鉴别特征：多年生草本。叶近生；叶柄栗色，基部近栗褐色，上部色泽渐淡，上面有沟，下面稍圆，光滑；叶片线状披针形，一回羽状，下部往往二回羽状；叶草质，干后灰绿色，叶轴禾秆色至棕栗色，有4棱。孢子囊群连续不断成长线形，或偶为缺刻所中断；囊群盖线形，狭，棕色，膜质，有细齿牙，几达叶缘。

分布：广东、海南、广西等地。

乌蕨 *Stenoloma chusanum* Ching

陵齿蕨科 Lindsaeaceae

乌蕨属 *Stenoloma*

鉴别特征：根茎短而横走，粗壮，密被赤褐色的钻状鳞片。叶近生，叶柄禾秆色至褐禾秆色，有光泽；叶片披针形，先端渐尖，基部不变狭，四回羽状；羽片15～20对，互生，一回羽状或基部二回羽状；叶脉上面不显，下面明显；叶坚草质，干后棕褐色，通体光滑。孢子囊群边缘着生，每裂片上1枚或2枚，顶生1～2条细脉上；囊群盖灰棕色，革质，半杯形，近全缘或多少啮蚀，宿存。

分布：浙江（南部）、福建、台湾、安徽（南部）、江西、广东、海南、香港、广西、湖南、湖北、四川、贵州、云南。

用途：药用。

凤尾蕨科

剑叶凤尾蕨 *Pteris ensiformis* Burm. var. *ensiformis*

凤尾蕨科 Pteridaceae

凤尾蕨属 *Pteris*

鉴别特征: 根茎细长，被黑褐色鳞片。叶密生，二型；柄与叶轴同为禾秆色，光滑；叶片长圆状卵形，羽状，羽片 3 ~ 6 对，对生，上部的无柄，下部的有短柄；不育叶三角形，尖头，羽状，小羽片 2 ~ 3 对，对生，密接，无柄，斜展，长圆状倒卵形至阔披针形，先端钝圆，基部下侧下延下部全缘，上部及先端有尖齿；能育叶的羽片疏离(下部的相距 5 ~ 7cm)，通常为 2 ~ 3 叉；侧脉密接，通常分叉。叶干后草质，灰绿色至褐绿色，无毛。

分布: 福建、台湾、广东、广西、云南、四川。

用途: 全草入药。

傅氏凤尾蕨 *Pteris fauriei*

凤尾蕨科 Pteridaceae

凤尾蕨属 *Pteris*

鉴别特征: 植株高 50 ~ 90cm。根茎短，直立或斜升，被深褐色鳞片。叶簇生；叶片卵形或卵状三角形，二回深羽裂（或基部三回深羽裂）；裂片 20 ~ 30 对，互生或对生，通常下侧比上侧的略长，全缘；羽轴下面隆起，禾秆色，光滑，裂片的主脉上面有少数小刺；侧脉两面均明显，斜展；叶干后纸质，浅绿色至暗绿色，无毛。孢子囊群线形。

分布: 台湾、浙江、福建、江西、湖南、广东、广西、云南（东南部）。

半边旗 *Pteris semipinnata*

凤尾蕨科 Pteridaceae

凤尾蕨属 *Pteris*

鉴别特征：根茎长而横走，先端及叶柄基部被褐色鳞片。叶簇生，近一型；叶片长圆状披针形，二回半边深裂；顶生羽片阔披针形至长三角形，深羽裂几达叶轴，对生，开展，镰状阔披针形；侧生羽片4～7对，对生或近对生，开展；不育裂片的叶，有尖锯齿；羽轴下面隆起，下部栗色，向上禾秆色，上面有纵沟，纵沟两旁有啮蚀状的浅灰色狭翅状的边；侧脉明显，斜上，二叉或回二叉，小脉通常伸达锯齿的基部；叶干后草质，灰绿色，无毛。

分布：台湾、福建、广东、广西、湖南等地。

蜈蚣草 *Pteris vittata* L.

凤尾蕨科 Pteridaceae

凤尾蕨属 *Pteris*

鉴别特征：植株高20～150cm。叶簇生；柄坚硬，深禾秆色至浅褐色；叶片倒披针状长圆形，一回羽状；顶生羽片与侧生羽片同形，互生或有时近对生，下部羽片较疏离，斜展，无柄，不与叶轴合生，向下羽片逐渐缩短；基部羽片仅为耳形，中部羽片最长，狭线形，先端渐尖；基部扩大并为浅心脏形，其两侧稍呈耳形；叶干后薄革质，暗绿色，无光泽，无毛；在成熟的植株上除下部缩短的羽片不育外，几乎全部羽片均能育。

分布：我国热带和亚热带地区，以秦岭南坡为其在我国分布的北方界线。

铁线蕨科

扇叶铁线蕨 *Adiantum flabellulatum*

铁线蕨科 Adiantaceae

铁线蕨属 *Adiantum*

鉴别特征: 植株高 20 ~ 45cm。根茎短而直立，密被棕色、有光泽的钻状披针形鳞片。叶簇生，叶片扇形，2 ~ 3 回不对称的二叉分枝，中央羽片线状披针形，奇数一回羽状；小羽片 8 ~ 15 对，互生，对开式的半圆形（能育的），或为斜方形（不育的），能育部分具浅缺刻，裂片全缘，不育部分具细锯齿，顶部小羽片与下部的同形而略小，倒卵形或扇形。孢子囊横生于裂片上缘和外缘，以缺刻分开；囊群盖半圆形或长圆形，上缘平直，革质，褐黑色，全缘，宿存。

分布: 台湾、福建、江西、广东、海南、湖南、浙江、广西、贵州、四川、云南。

用途: 清热解毒、舒筋活络、利尿、化痰、消肿、止血、止痛。

假鞭叶铁线蕨 *Adiantum malesianum* Ghatak

铁线蕨科 Adiantaceae

铁线蕨属 *Adiantum*

鉴别特征: 植株高 15 ~ 20cm。根茎短而直立，密被披针形、棕色、边缘具锯齿的鳞片。叶簇生，幼时棕色，老时栗黑色，略有光泽，基部被棕色鳞片，通体被多细胞的节状长毛；叶片线状披针形，一回羽状；羽片约 25 对，互生或近对生；叶干后厚纸质，褐绿色，上面疏被短刚毛，下面密被棕色多细胞的硬毛和短刚毛。孢子囊群每羽片 5 ~ 12 枚；囊群盖圆肾形，上缘平直，上面被密毛，棕色，纸质，全缘，宿存。

分布: 广东、海南、广西、湖南、贵州、四川、云南。

金星蕨科

华南毛蕨 *Cyclosorus parasiticus* (L.) Farwell.

金星蕨科 Thelypteridaceae

毛蕨属 *Cyclosorus*

鉴别特征：根茎横走，连同叶柄基部被鳞片。叶近生；叶柄长达40cm，深禾秆色，基部有一二柔毛；叶片长约35cm，长尾披针形；先端羽裂，二回羽裂，羽片12～16对，无柄；中部羽片披针形，羽裂达1/2或稍深，羽片20～25对，长圆形，全缘；叶脉明显，侧脉单一，每裂片6～8对；叶草质，干后褐绿色，脉间疏生短糙毛，下面沿叶轴、羽轴及叶脉密生具分隔针状毛，叶脉有腺体。孢子囊群生于侧脉中部以上；囊群盖密生柔毛，棕色，膜质，宿存。

分布：福建、台湾、广东、广西、云南、四川、湖南。亚洲热带其他地区也有分布。

三羽新月蕨 *Pronephrium triphyllum* (Sw.) Holtt.

金星蕨科 Thelypteridaceae

新月蕨属 *Pronephrium*

鉴别特征：植株高20～50cm。根茎细长，横走，黑褐色，密被灰白色钩状短毛及棕色带毛的披针形鳞片。叶疏生，一型或近二型；叶柄深禾秆色，基部疏被鳞片，通体密被钩状短毛；叶片卵状三角形，三出，侧生羽片1对（罕有2对），对生，长圆状披针形，全缘；顶生羽片远，较大；叶干后坚纸质；能育叶略高出于不育叶，有较长的柄，羽片较狭。孢子囊群生于小脉上，初为圆形，后变长形并成双汇合，无盖；孢子囊体上有2根钩状毛。

分布：台湾、福建、广东、香港、广西、云南（东南部）。

铁角蕨科

华南铁角蕨 *Asplenium austrochinense* Ching

铁角蕨科 Aspleniaceae

铁角蕨属 *Asplenium*

鉴别特征：植株高 30 ～ 40cm。根茎短粗，横走，顶端密被褐棕色全缘披针形鳞片。叶近生；叶片宽披针形，二回羽状，羽片 10 ～ 14 对，下部的对生，向上的互生，有长柄；基部羽片披针形，长尾渐尖头，一回羽状，小羽片 3 ～ 5 对，互生，上先出，基部上侧 1 片匙形，基部长楔形，与羽轴合生，下侧下延，两侧全缘；叶干后棕色，坚革质；叶轴及羽轴上面有纵沟。孢子囊群短线形，着生小脉中部或中部以上，每小羽片 2 ～ 6（9）枚，不整齐排列；囊群盖线形，开向主脉或开向叶缘，宿存。

分布：浙江、江西、福建、台湾、广东、广西等地。

倒挂铁角蕨 *Asplenium normale* Don

铁角蕨科 Aspleniaceae

铁角蕨属 *Asplenium*

鉴别特征：植株高 15 ～ 40cm。根茎直立或斜生，黑色，密被鳞片。叶簇生，栗褐色或紫黑色，略四棱形，基部疏被与根茎同样鳞片，向上渐光滑；叶片披针形，一回羽状，羽片 20 ～ 30（44）对，互生，无柄，中部羽片三角状椭圆形，基部不对称，内缘全缘，余部均有粗锯齿；叶干后棕绿色或灰绿色，草质或薄纸质，两面均无毛；叶轴栗褐色，光滑，上面有宽纵沟，下面圆，近先端常有 1 枚被鳞片的芽孢，在母株上萌发。孢子囊群椭圆形，伸达叶缘；囊群盖椭圆形，开向主脉。

分布：江苏、浙江、江西、福建、台湾、湖南、广东、广西、四川、贵州、云南、西藏。

长叶铁角蕨 *Asplenium prolongatum* Hook.

铁角蕨科 Aspleniaceae

铁角蕨属 *Asplenium*

鉴别特征：植株高20～40cm。根茎直立，顶端密被棕色窄边、黑褐色、全缘或有微齿牙的披针形鳞片。叶簇生；叶片线状披针形，二回羽状，羽片20～24对，下部的对生，向上互生，近无柄，下部羽片不缩短，中部的窄椭圆形，羽状，小；每小羽片或裂片有1条小脉，先端有水囊，不达叶缘；叶干后草绿色，肉质；叶轴与叶柄同色，顶端鞭状生根，羽轴与叶片同色，两侧有窄翅。孢子囊群窄线形，每小羽片或裂片1枚，着生小羽片中部上侧边；囊群盖同形，开向叶缘，宿存。

分布：甘肃、浙江、江西、福建、台湾、湖北、湖南、广东、广西、四川等地。

狭翅铁角蕨 *Asplenium wrightii*

铁角蕨科 Aspleniaceae

铁角蕨属 *Asplenium*

鉴别特征：植株高达1m。根茎短而直立，密被褐棕色全缘披针形鳞片。叶簇生，叶片椭圆形，一回羽状，羽片16～24对，基部的对生或近对生，向上的互生，披针形或镰状披针形，有粗锯齿或重锯齿，向上各对羽片与下部的同形，渐短；叶脉羽状，两面明显，小脉二回2叉，不达叶缘；叶干后草绿色或暗绿色，纸质；叶轴绿色，光滑，下面圆形，上面有纵沟，中部有时两侧有窄翅。孢子囊群线形，略外弯，生于上侧一脉，自主脉向外行几达叶缘，沿主脉两侧排列；囊群盖线形，全缘，开向主脉，宿存。

分布：江苏、浙江、江西、福建、广东、广西、四川等地。

乌毛蕨科

乌毛蕨 *Blechnum orientale* L.

乌毛蕨科 Blechnaceae

乌毛蕨属 *Blechnum*

鉴别特征： 根茎直立，粗短，木质，黑褐色。叶簇生于根茎顶端；柄坚硬，基部往往为黑褐色，向上为棕禾秆色或棕绿色，无毛；叶片卵状披针形，一回羽状；叶近革质，干后棕色，无毛。孢

子囊群线形，连续，紧靠主脉两侧，与主脉平行，仅线形或线状披针形的羽片能育（通常羽片上部不育）；囊群盖线形，开向主脉，宿存。

分布： 广东、广西、海南、台湾、福建、西藏等地。

苏铁蕨 *Brainea insignis*（Hook.）J. Sm.

乌毛蕨科 Blechnaceae

苏铁蕨属 *Brainea*

鉴别特征： 植株高达 1.5m。主轴直立或斜上，黑褐色，木质，坚实，顶部与叶柄基部均密被鳞片；鳞片线形，红棕色或褐棕色，有光泽，膜质。叶簇生于主轴的顶部，略呈二型；叶片椭圆状披针形，一回羽状；羽片 30 ～ 50 对，对生或互生，线状披针形至狭披针形，先端长渐尖，基部为不对称的心形；叶革质，干后上面灰绿色或棕绿色，光滑，下面棕色，光滑或于下部（特别在主脉下部）有少数棕色披针形小鳞片；叶轴棕禾秆色，上面有纵沟，光滑。孢子囊群沿主脉两侧的小脉着生，成熟时逐渐满布于主脉两侧，最终满布于能育羽片的下面。

分布： 广东、广西、海南、福建（南部）、台湾、云南。

用途： 本种形体苍劲，在广东已引种驯化为观赏蕨类，颇具盆景的韵味。

狗脊 *Woodwardia japonica*（L. f.）Sm.

乌毛蕨科 Blechnaceae

狗脊属 *Woodwardia*

鉴别特征：根茎粗壮，横卧，暗褐色。叶近生，叶柄暗棕色，坚硬，叶片长卵形，二回羽裂，顶生羽片卵状披针形或长三角状披针形；裂片 11 ～ 16 对，互生或近对生，边缘有细密锯齿；叶干后棕色或棕绿色，近革质。孢子囊群线形，着生于主脉两侧的狭长网眼上，有时也生于羽轴两侧的狭长网眼上，不连续，单行排列；囊群盖同形，开向主脉或羽轴，宿存。

分布：长江流域以南各地。

用途：药用；酿酒；治虫。

珠芽狗脊 *Woodwardia prolifera* Hook. et Arn.

乌毛蕨科 Blechnaceae

狗脊属 *Woodwardia*

鉴别特征：根茎横卧，黑褐色，与叶柄下部密被蓬松的大鳞片；鳞片狭披针形或线状披针形，红棕色，膜质，全缘或略具一二卷曲的缘毛。叶近生，长卵形或椭圆形，先端渐尖，二回深羽裂达羽轴两侧的狭翅；羽片 5 ～ 9（13）对，对生或上部的互生；叶脉明显，羽轴及主脉均隆起，沿羽轴及主脉两侧各有 1 行整齐的狭长网眼，其外还有 1 ～ 2 行不整齐的多角形小网眼；叶革质，无毛，羽片上面通常产生小珠芽。孢子囊群粗短，形似新月形，先端略向外弯，着生于主脉两侧的狭长网眼上，深陷叶肉内，在叶上面形成清晰的印痕；囊群盖同形，薄纸质，隆起，开向主脉，宿存。

分布：广西、广东、湖南、江西、安徽、浙江、福建、台湾。

肾蕨科

肾蕨 *Nephrolepis auriculata*（L.）Trimen

肾蕨科 Nephrolepidaceae

肾蕨属 *Nephrolepis*

鉴别特征：附生或土生。根茎直立，被蓬松的淡棕色长钻形鳞片，下部有粗铁丝状的匍匐茎向四方横展；匍匐茎棕褐色。叶簇生，叶片线状披针形或狭披针形，先端短尖，叶轴两侧被纤维状鳞片，一回羽状，羽状多数，互生；叶脉明显，侧脉纤细；叶坚草质或草质，干后棕绿色或褐棕色，光滑。孢子囊群成1行位于主脉两侧，肾形，少有圆肾形或近圆形；囊群盖肾形，褐棕色，边缘色较淡，无毛。

分布：全世界热带及亚热带地区。

用途：观赏蕨类；块茎富含淀粉，可食；亦可供药用。

水龙骨科

线蕨 *Colysis elliptica*（Thunb.）Ching

水龙骨科 Polypodiaceae

线蕨属 *Colysis*

鉴别特征：植株高20～60cm。根茎长而横走，密生鳞片。叶远生，近二型；不育叶叶片长圆状卵形或卵状披针形，顶端圆钝，一回羽裂深达叶轴；羽片或裂片6（3～11）对，对生或近对生；能育叶和不育叶近同形，但叶柄较长，羽片远较狭或有时近等大；叶纸质，较厚，干后稍呈褐棕色，两面无毛。孢子囊群线形，斜展，在每对侧脉间各排列成一行，伸达叶边；无囊群盖。孢子极面观为椭圆形，赤道面观为肾形；周壁表面具球形颗粒和缺刻状刺有时脱落，则表面光滑。

分布：江苏、安徽、浙江、江西、福建、湖南、广东、海南、香港、广西、贵州、云南等地。

伏石蕨 *Lemmaphyllum microphyllum* C. Presl var. *microphyllum*

水龙骨科 Polypodiaceae

伏石蕨属 *Lemmaphyllum*

鉴别特征： 小型附生蕨类。根茎细长横走，淡绿色，疏生鳞片；鳞片粗筛孔，顶端钻状，下部略近圆形，两侧不规则分叉。叶远生，二型；不育叶近无柄，近球圆形或卵圆形，基部圆形或阔楔形，全缘；能育叶柄长 3 ～ 8mm，狭缩成舌状或狭披针形，干后边缘反卷；叶脉网状，内藏小脉单一。孢子囊群线形，位于主脉与叶边之间，幼时被隔丝覆盖。

分布： 台湾、浙江、福建、江西、安徽、江苏、湖北、广东、广西、云南。

羽裂星蕨 *Microsorum dilatatum*（Bedd.）Sledge

水龙骨科 Polypodiaceae

星蕨属 *Microsorum*

鉴别特征： 植株高 50 ～ 100cm。根茎粗而横生，被卵状披针形鳞片，全缘。叶远生；叶柄基部有关节；叶片卵形，宽 15 ～ 30cm，深羽裂，叶轴两侧有阔翅，下延达叶柄基部；裂片宽 1.5 ～ 4.5cm，向基部略变狭，全缘；叶脉明显，内藏小脉单一或分叉。孢子囊群细小，近圆形或不定形，散生于网脉连接处；无囊群盖。

分布： 江西、福建、台湾、广东、广西等地。

用途： 可治关节痛、跌打损伤、疝气、无名肿毒。

江南星蕨 *Microsorum fortunei*（T. Moore）Ching

水龙骨科 Polypodiaceae

星蕨属 *Microsorum*

鉴别特征：附生，植株高30～100cm。根茎长而横走，顶部被鳞片；鳞片棕褐色，卵状三角形，顶端锐尖，基部圆形，有疏齿，筛孔较密，盾状着生，易脱落。叶远生；叶片线状披针形至披针形，顶端长渐尖，基部渐狭，下延于叶柄并形成狭翅，全缘，有软骨质的边。孢子囊群大，圆形，沿中脉两侧排列成较整齐的一行或有时为不规则的两行，靠近中脉。孢子豆形，周壁具不规则褶皱。

分布：长江流域及以南各地，北达陕西和甘肃。

用途：全草供药用，能清热解毒、利尿、祛风除湿、凉血止血、消肿止痛。

膜叶星蕨 *Microsorum membranaceum*（D. Don）Ching

水龙骨科 Polypodiaceae

星蕨属 *Microsorum*

鉴别特征：附生或很少土生，植株高50～80cm。根茎横走，密被鳞片；鳞片暗褐色，卵形至三角形，粗筛孔状，盾状着生。叶近生或近簇生；叶柄短，具棱，禾秆色，基部被鳞片；叶片阔披针形至椭圆状披针形，顶端渐尖，基部下延成狭翅，几达叶柄基部，全缘或略呈波状；叶干后绿色，膜质或薄纸质。孢子囊群小，圆形，着生于叶片小脉连接处，不规则地散布于侧脉间。孢子囊隔丝通常为两细胞，小而不明显。孢子豆形，周壁具孔穴状不规则褶皱。

分布：台湾、广东、广西、海南、四川、贵州、云南、西藏等地。

石韦 *Pyrrosia lingua*（Thunb.）Farwell

水龙骨科 Polypodiaceae

石韦属 *Pyrrosia*

鉴别特征： 根茎长而横走，密被鳞片。叶远生，近二型；不育叶片近长圆形或长圆状披针形，全缘，干后革质，上面灰绿色，近光滑无毛，下面淡棕色或砖红色，被星状毛。孢子囊群近椭圆形，在侧脉间整齐成多行排列，布满整个叶片下面，或聚生于叶片的大上半部，初时为星状毛覆盖而呈淡棕色，成熟后孢子囊开裂外露而呈砖红色。

分布： 长江以南各地。

用途： 药用。

槲蕨科

槲蕨 *Drynaria roosii* Nakaike

槲蕨科 Drynariaceae

槲蕨属 *Drynaria*

鉴别特征： 通常附生岩石或树干上，螺旋状攀援。根茎密被鳞片；鳞片斜升，盾状着生，边缘有齿。叶二型，基生不育叶圆形，基部心形，浅裂至叶片宽度的 1/3，全缘，黄绿色或枯棕色，厚干膜质，下面有疏短毛。正常能育叶具明显的狭翅；裂片 7～13 对，互生，稍斜向上，披针形，边缘有不明显的疏钝齿；叶脉两面均明显；叶干后纸质，仅上面中肋略有短毛。孢子囊群圆形、椭圆形，叶片下面全部分布，沿裂片中肋两侧各排列成 2～4 行，成熟时相邻 2 条侧脉间有圆形孢子囊群 1 行，或幼时成 1 行长形的孢子囊群，混生有大量腺毛。

分布： 江苏、安徽、江西、浙江、福建、台湾、海南、湖北、湖南、广东、广西、四川、重庆、贵州、云南。

用途： 根茎在许多地区作骨碎补用，补肾坚骨，活血止痛，治跌打损伤、腰膝酸痛。

苏铁科

篦齿苏铁 *Cycas pectinata* Griff.

苏铁科 Cycadaceae

苏铁属 *Cycas*

鉴别特征：树干圆柱形，高达3m。羽状叶长1.2～1.5m，叶轴横切面圆形或三角状圆形，柄两侧有疏刺，刺略向下弯，羽状裂片条形或披针状条形，厚革质，坚硬，上部微渐窄，先端渐尖，基部窄，两侧不对称，上面深绿色，中脉隆起，脉的中央常有一条凹槽。雄球花长圆锥状圆柱形，有短梗，小孢子叶楔形，顶部三角状或斜方形，先端具钻形长尖头，密生褐黄色绒毛，花药3～5个聚生。大孢子叶密被褐黄色绒毛，边缘有30余枚钻形裂片，裂片先端尖，边缘常疏生锯齿或再分裂。种子卵圆形或椭圆状倒卵圆形，熟时暗红褐色，具光泽。

分布：产云南西南部，云南、广东等地有栽培。

用途：作庭园观赏树用。

苏铁 *Cycas revoluta* Thunb.

苏铁科 Cycadaceae

苏铁属 *Cycas*

鉴别特征：树干高约2m，圆柱形，有明显螺旋状排列的菱形叶柄残痕。羽状叶从茎的顶部生出，下层的向下弯，上层的斜上伸展，整个羽状叶的轮廓呈倒卵状狭披针形，两侧有齿状刺，水平或略斜上伸展，条形，厚革质，坚硬，先端有刺状尖头，基部窄，两侧不对称，下面浅绿色，中脉显著隆起，两侧有疏柔毛或无毛。雄球花圆柱形，花药通常3个聚生，密生淡黄色或淡灰黄色绒毛，上部的顶片卵形至长卵形。种子红褐色或橘红色，倒卵圆形或卵圆形。花期6～7月，种子10月成熟。

分布：产福建、台湾、广东，各地常有栽培。

用途：观赏；茎含淀粉，可供食用。

南洋杉科

南洋杉 *Araucaria cunninghamii* Sweet

南洋杉科 Araucariaceae

南洋杉属 *Araucaria*

鉴别特征: 乔木；树皮灰褐色或暗灰色，粗糙，横裂；大枝平展或斜伸，幼树冠尖塔形，老则成平顶状，侧生小枝密生，下垂，近羽状排列。叶二型：幼树和侧枝的叶排列疏松，开展，钻状、针状、镰状或三角状，微弯，微具4棱或上（腹）面的棱脊不明显。雄球花单生枝顶，圆柱形。球果卵形或椭圆形；苞鳞楔状倒卵形，两侧具薄翅，先端宽厚，具锐脊，中央有急尖的长尾状尖头，尖头显著向后反曲；舌状种鳞的先端薄，不肥厚；种子椭圆形，两侧具结合而生的膜质翅。

分布: 原产大洋洲东南沿海地区，我国广东、海南、福建（厦门）等地有栽培。

用途: 木材可供建筑，制造器具、家具等用。

异叶南洋杉 *Araucaria heterophylla* (Salisb.) Franco

南洋杉科 Araucariaceae

南洋杉属 *Araucaria*

鉴别特征: 乔木，胸径达1.5m；树干通直，树皮暗灰色，裂成薄片状脱落；树冠塔形，大枝平伸，长达15m以上；小枝平展或下垂，侧枝常成羽状排列，下垂。叶二型：幼树及侧生小枝的叶排列疏松，开展，钻形，光绿色；大树及花果枝上的叶排列较密，微开展，宽卵形或三角状卵形。雄球花单生枝顶，圆柱形。球果近圆球形或椭圆状球形；种子椭圆形，稍扁，两侧具结合生长的宽翅。

分布: 原产大洋洲诺福克岛，我国福建、广东等地引种栽培。

用途: 作庭园树用。

松科

马尾松 *Pinus massoniana* Lamb.

松科 Pinaceae

松属 *Pinus*

鉴别特征：乔木；树皮红褐色，下部灰褐色，裂成不规则的鳞状块片；枝平展或斜展，树冠宽塔形或伞形。针叶2针一束，稀3针一束。雄球花淡红褐色，圆柱形，弯垂，聚生于新枝下部苞腋，穗状；雌球花单生或2～4个聚生于新枝近顶端，淡紫红色，一年生小球果圆球形或卵圆形，褐色或紫褐色。球果卵圆形或圆锥状卵圆形，熟时栗褐色；中部种鳞近矩圆状倒卵形，或近长方形；种子长卵圆形。花期4～5月，球果次年10～12月成熟。

分布：江苏、安徽、河南、福建、广东等地。

用途：树干可割取松脂，为医药、化工原料；根部树脂含量丰富；树干及根部可培养茯苓、蕈类，供药用及食用；树皮可提取栲胶。

杉科

杉木 *Cunninghamia lanceolata*（Lamb.）Hook.

杉科 Taxodiaceae

杉木属 *Cunninghamia*

鉴别特征：乔木；幼树尖塔形，大树圆锥形，树皮灰褐色，裂成长条片，内皮淡红色，小枝对生或轮生，常成二列状，幼枝绿色。叶披针形或窄，常呈镰状，革质、坚硬。雄球花圆锥状，通常多个簇生枝顶，雌球花单生或数个集生，绿色。球果卵圆形，熟时苞鳞革质，棕黄色，先端有坚硬的刺状尖头，边缘有不规则的锯齿；种子扁平，具种鳞，两侧边缘有窄翅。花期4月，球果10月下旬成熟。

分布：我国长江流域、秦岭以南地区。

用途：材用；树皮含单宁。

柏科

侧柏 *Platycladus orientalis* (L.) Franco

柏科 Cupressaceae

侧柏属 *Platycladus*

鉴别特征：乔木，高达20余米；树皮薄，浅灰褐色，纵裂成条片；枝条向上伸展或斜展，幼树树冠卵状尖塔形，老树树冠则为广圆形；生鳞叶的小枝细，向上直展或斜展，扁平，排成一平面。叶鳞形，先端微钝，小枝中央的叶的露出部分呈倒卵状菱形或斜方形，背面中间有条状腺槽，两侧的叶船形，先端微内曲，背部有钝脊，尖头的下方有腺点。雄球花黄色，卵圆形；雌球花近球形，蓝绿色，被白粉。球果近卵圆形，成熟前近肉质，蓝绿色，被白粉，成熟后木质，开裂，红褐色；中间两对种鳞倒卵形或椭圆形；种子卵圆形或近椭圆形，灰褐色或紫褐色。花期3～4月，球果10月成熟。

分布：内蒙古（南部）、吉林、辽宁、河北、山西、山东、江苏、浙江、福建、安徽、江西、河南、陕西、甘肃、四川、云南、贵州、湖北、湖南、广东、广西（北部）等地。

用途：木材可供建筑、器具、家具、农具及文具等用材；种子与生鳞叶的小枝入药，前者为强壮滋补药，后者为健胃药，又为清凉收敛药及淋疾的利尿药；侧柏常栽培作庭园树。

三尖杉科

三尖杉 *Cephalotaxus fortunei* Hook. f.

三尖杉科 Cephalotaxaceae

三尖杉属 *Cephalotaxus*

鉴别特征：高大乔木；树皮褐色或红褐色，裂成片状脱落，树冠广圆形。叶排成两列，披针状线形，上部渐窄，先端有渐尖的长尖头，基部楔形或宽楔形。雄球花8～10个聚生成头状，具6～16雄蕊，雌球花3～8个发育成种子。种子椭圆状卵形或近圆形，假种皮成熟时紫色或红紫色，顶端有小尖头。

分布：我国特有树种，产于秦岭以南、长江中下游地区至两广地区。

用途：可供材用、药用；种仁油供工业用。

红豆杉科

穗花杉 *Amentotaxus argotaenia* (Hance) Pilger

红豆杉科 Taxaceae

穗花杉属 *Amentotaxus*

鉴别特征： 灌木或小乔木；树皮灰褐色或淡红褐色，裂成片状脱落；一年生枝绿色，二、三年生枝绿黄色、黄色或淡黄红色。叶基部扭转列成两列，条状披针形，直或微弯镰状，有极短的叶柄，边缘微向下曲，下面白色气孔带与绿色边带等宽或较窄；雄球花穗 1～3（多为 2）穗，长 5～6.5cm，雄蕊有 2～5（多为 3）个花药。种子椭圆形，成熟时假种皮鲜红色。花期 4 月，种子 10 月成熟。

分布： 我国特有树种，产于江西（西北部）、湖北（西部及西南部）、湖南、四川（东南部及中部）、西藏（东南部）、甘肃（南部）、广西、广东等地海拔 300～1100m 的荫湿溪谷两旁或林内。

用途： 木材可供雕刻，器具、农具及细木加工等用；可作庭园树。

南方红豆杉 *Taxus chinensis* (Pilger) Rehd. var. *mairei* (Lemee et Levl.) Cheng et L. K. Fu

红豆杉科 Taxaceae

红豆杉属 *Taxus*

鉴别特征： 乔木；树皮灰褐色、红褐色或暗褐色，裂成条片脱落。叶排列成两列，条形，常较红豆杉宽长，多呈弯镰状，上部常渐窄，先端渐尖，下面中脉带上无角质乳突点，或局部有成片或零星分布的角质乳突点，或与气孔带相邻的中脉带两边有一至数条角质乳突点，中脉带明晰可见，其色泽与气孔带相异，呈淡黄绿色或绿色，绿色边带亦较宽而明显；种子通常较大，微扁，多呈倒卵圆形，上部较宽，稀柱状矩圆形，种脐常呈椭圆形。

分布： 安徽（南部）、浙江、台湾、福建、江西、广东、广西（北部及东北部）、湖南、湖北（西部）、河南（西部）、陕西（南部）、甘肃（南部）、四川、贵州、云南（东北部）。

用途： 可供建筑、车辆、家具、器具、农具及文具等用材。

买麻藤科

小叶买麻藤 *Gnetum parvifolium* (Warb.) C. Y. Cheng ex Chun

买麻藤科 Gnetaceae

买麻藤属 *Gnetum*

鉴别特征：藤本；茎皮土棕色，皮孔明显。叶椭圆形或长倒卵形，侧脉细，上面不明显，下面隆起。雄球花穗有 5 ～ 10 轮环状总苞，每总苞内具雄花 40 ～ 70，总苞内具不育雌花 10 ～ 12；雌球花序一次三出分枝，每轮总苞具雌花 5 ～ 8。种子长椭圆形或窄长圆状倒卵形，假种皮红色，干后表面常有细纵皱纹。

分布：福建、广东、广西、湖南等地。

用途：材用；食用。

木兰科

夜香木兰 *Magnolia coco* (Lour.) DC.

木兰科 Magnoliaceae

木兰属 *Magnolia*

鉴别特征：常绿灌木或小乔木；树皮灰色，小枝绿色，平滑，稍具棱角而有光泽。叶革质，椭圆形、狭椭圆形或倒卵状椭圆形，先端长渐尖，基部楔形；花圆球形，花被片 9 片，肉质，倒卵形，腹面凹，外面的 3 片带绿色，内两轮纯白色；聚合果，蓇葖近木质；种子卵圆形，内种皮褐色，腹面顶端具侧孔，腹沟不明显，基部尖。花期夏季，在广州几全年持续开花，果期秋季。

分布：广东、广西、云南等地。

用途：作熏香剂；根皮入药。

荷花玉兰 *Magnolia grandiflora* L.

木兰科 Magnoliaceae

木兰属 *Magnolia*

鉴别特征：常绿乔木，在原产地高达30m；树皮淡褐色或灰色，薄鳞片状开裂；小枝粗壮。叶厚革质，椭圆形、长圆状椭圆形或倒卵状椭圆形，先端钝或短钝尖，基部楔形，叶面深绿色，有光泽；花白色，有芳香；花被片9～12片，厚肉质，倒卵形；聚合果圆柱状长圆形或卵圆形，密被褐色或淡灰黄色绒毛；蓇葖背裂，背面圆，顶端外侧具长喙；种子近卵圆形或卵形，外种皮红色，除去外种皮的种子，顶端延长成短颈。花期5～6月，果期9～10月。

分布：原产北美洲东南部，我国长江流域以南各城市有栽培。

用途：美丽的庭园绿化观赏树种；木材可供装饰材用；叶可入药治高血压。

紫玉兰 *Magnolia liliflora* Desr.

木兰科 Magnoliaceae

木兰属 *Magnolia*

鉴别特征：落叶灌木，常丛生；树皮灰褐色；小枝绿紫色或淡褐紫色。叶椭圆状倒卵形或倒卵形，先端急尖或渐尖，基部渐狭，沿叶柄下延至托叶痕；花蕾卵圆形，被淡黄色绢毛；花叶同时开放，瓶形，稍有香气；花被片9～12片，外轮3片萼片状，紫绿色，披针形，内两轮肉质，外面紫色或紫红色，内面带白色，花瓣状，椭圆状倒卵形。聚合果深紫褐色，变褐色，圆柱形；成熟蓇葖近圆球形，顶端具短喙。花期3～4月，果期8～9月。

分布：产福建、广东、湖北、四川、云南(西北部)，我国各大城市有栽培。

用途：树皮、叶、花蕾均可入药。

白兰 *Michelia alba* DC.

木兰科 Magnoliaceae

含笑属 *Michelia*

鉴别特征：常绿乔木，枝广展，呈阔伞形树冠；树皮灰色；揉枝叶有芳香。叶薄革质，长椭圆形或披针状椭圆形，先端长渐尖或尾状渐尖，基部楔形，上面无毛，下面疏生微柔毛，干时两面网脉均很明显。花白色，极香；花被片10片，披针形，心皮多数，通常部分不发育，成熟时随着花托的延伸，形成蓇葖疏生的聚合果；蓇葖熟时鲜红色。花期4～9月，夏季盛开，通常不结实。

分布：原产印度尼西亚爪哇，我国福建、广东、广西、云南等地都有栽培。

用途：花可提取香精或薰茶，也可提制浸膏供药用。

紫花含笑 *Michelia crassipes* Law

木兰科 Magnoliaceae

含笑属 *Michelia*

鉴别特征：小乔木或灌木，树皮灰褐色；芽、嫩枝、叶柄、花梗均密被红褐色或黄褐色长绒毛。叶革质，狭长圆形、倒卵形或狭倒卵形，先端长尾状渐尖或急尖，基部楔形或阔楔形，上面深绿色，有光泽，无毛，下面淡绿色，脉上被长柔毛；托叶痕达叶柄顶端。花极芳香；紫红色或深紫色，花被片6片，长椭圆形。聚合果，具蓇葖10枚以上；蓇葖扁卵圆形或扁圆球形，有乳突，残留有毛，果梗粗短。花期4～5月，果期8～9月。

分布：广东、湖南（南部）、广西（东北部）。

用途：观赏。

含笑花 *Michelia figo* (Lour.) Spreng.

木兰科 Magnoliaceae

含笑属 *Michelia*

鉴别特征：常绿灌木，树皮灰褐色，分枝繁密；芽、嫩枝、叶柄、花梗均密被黄褐色绒毛。叶革质，狭椭圆形或倒卵状椭圆形，先端钝短尖，基部楔形或阔楔形。花直立，淡黄色而边缘有时红色或紫色，具甜浓的芳香，花被片6片，肉质，较肥厚，长椭圆形。聚合果；蓇葖卵圆形或球形，顶端有短尖的喙。花期3～5月，果期7～8月。

分布：原产华南南部各地，现广植于全国各地。

用途：观赏；花可提取芳香油和供药用。

深山含笑 *Michelia maudiae* Dunn

木兰科 Magnoliaceae

含笑属 *Michelia*

鉴别特征：乔木，各部均无毛；树皮薄、浅灰色或灰褐色；芽、嫩枝、叶下面、苞片均被白粉。叶革质，长圆状椭圆形，很少卵状椭圆形，先端骤狭短渐尖或短渐尖而尖头钝，基部楔形、阔楔形或近圆钝。佛焰苞状苞片淡褐色，薄革质；花芳香，花被片9片，纯白色，基部稍呈淡红色；聚合果长7～15cm，蓇葖长圆形、倒卵圆形、卵圆形、顶端圆钝或具短凸尖头。种子红色，斜卵圆形，稍扁。花期2～3月，果期9～10月。

分布：浙江（南部）、福建、湖南、广东等地。

用途：庭园观赏树种；可提取芳香油；亦供药用。

野含笑 *Michelia skinneriana* Dunn

木兰科 Magnoliaceae

含笑属 *Michelia*

鉴别特征： 乔木，树皮灰白色，平滑；芽、嫩枝、叶柄、叶背中脉及花梗均密被褐色长柔毛。叶革质，狭倒卵状椭圆形、倒披针形或狭椭圆形，先端长尾状渐尖，基部楔形，上面深绿色，有光泽，下面被稀疏褐色长毛，侧脉每边 10 ～ 13 条，网脉稀疏，干时两面凸起；托叶痕达叶柄顶端。花梗细长，花淡黄色，芳香；花被片 6 片，倒卵形，长 16 ～ 20mm，外轮 3 片，基部被褐色毛。聚合果；蓇葖黑色，球形或长圆形，具短尖的喙。花期 5 ～ 6 月，果期 8 ～ 9 月。

分布： 浙江、江西、福建、湖南、广东、广西。

用途： 观赏。

五味子科

黑老虎 *Kadsura coccinea*

五味子科 Schisandraceae

南五味子属 *Kadsura*

鉴别特征： 藤本，全株无毛。叶革质，长圆形至卵状披针形，先端钝或短渐尖，基部宽楔形或近圆形，全缘。花单生于叶腋，稀成对，雌雄异株；花被片红色。聚合果近球形，红色或暗紫色；小浆果倒卵形，外果皮革质，不显出种子。种子心形或卵状心形。花期 4 ～ 7 月，果期 7 ～ 11 月。

分布： 江西、湖南、广东、香港、海南等地。

用途： 根药用；果成熟后味甜，可食。

异形南五味子 *Kadsura heteroclita*

五味子科 Schisandraceae

南五味子属 *Kadsura*

鉴别特征：常绿木质大藤本，无毛；小枝褐色，干时黑色，有明显深入的纵条纹，具椭圆形点状皮孔。叶卵状椭圆形至阔椭圆形，先端渐尖或急尖，基部阔楔形或近圆钝，全缘或上半部边缘有疏离的小锯齿。花单生于叶腋，雌雄异株，花被片白色或浅黄色。聚合果近球形，成熟心皮倒卵圆形，干时革质而不显出种子；种子长圆状肾形。花期 5～8 月，果期 8～12 月。

分布：湖北、广东、海南等地。

用途：藤及根称鸡血藤，药用。

南五味子 *Kadsura longipedunculata*

五味子科 Schisandraceae

南五味子属 *Kadsura*

鉴别特征：藤本，各部无毛。叶长圆状披针形、倒卵状披针形或卵状长圆形，先端渐尖或尖，基部狭楔形或宽楔形，边有疏齿，侧脉上面具淡褐色透明腺点。花单生于叶腋，雌雄异株；雄花花被片白色或淡黄色，雌花花被片与雄花相似。聚合果球形；小浆果倒卵圆形，外果皮薄革质，干时显出种子。种子 2～3，稀 4～5，肾形或肾状椭圆形。花期 6～9 月，果期 9～12 月。

分布：广东、广西、四川、云南等地。

用途：根、茎、叶、种子均可入药。

番荔枝科

鹰爪花 *Artabotrys hexapetalus*

番荔枝科 Annonaceae

鹰爪花属 *Artabotrys*

鉴别特征：攀援灌木。叶纸质，长圆形或阔披针形，顶端渐尖或急尖，基部楔形，叶面无毛，叶背沿中脉上被疏柔毛或无毛。花1～2朵，淡绿色或淡黄色，芳香；萼片绿色，卵形，两面被稀疏柔毛；花瓣长圆状披针形，外面基部密被柔毛，其余近无毛或稍被稀疏柔毛，近基部收缩。果卵圆状，顶端尖，数个群集于果托上。花期5～8月，果期5～12月。

分布：台湾、福建、江西、广东、广西、云南等地。

用途：绿化植物；高级香水、化妆品和皂用的香精原料，亦供熏茶用；根可药用。

假鹰爪 *Desmos chinensis*

番荔枝科 Annonaceae

假鹰爪属 *Desmos*

鉴别特征：灌木。枝条具纵纹及灰白色皮孔。除花外，余无毛。叶互生，薄纸质，长圆形或椭圆形，下面粉绿色，侧脉7～12对。花黄白色，单朵与叶对生或互生；萼片卵形，被微柔毛；花瓣6，2轮，外轮花瓣长圆形或长圆状披针形，长达9cm，内轮花瓣长圆状披针形，长达7cm，均被微毛；花托凸起，顶端平或微凹。果念珠状；种子1～7，球形。花期4～10月，果期6～12月。

分布：广东、广西、云南、贵州。

用途：根、叶可药用。

瓜馥木 *Fissistigma oldhamii*

番荔枝科 Annonaceae

瓜馥木属 *Fissistigma*

鉴别特征： 攀援灌木；小枝被黄褐色柔毛。叶革质，倒卵状椭圆形或长圆形，顶端圆形或微凹，有时急尖，基部阔楔形或圆形，叶面无毛，叶背被短柔毛，老渐几无毛。花 1 ～ 3 朵集成密伞花序；萼片阔三角形，顶端急尖。果圆球状，密被黄棕色绒毛；种子圆形。花期 4 ～ 9 月，果期 7 月至次年 2 月。

分布： 浙江、江西、福建、台湾、湖南、广东、广西、云南。

用途： 用于调制化妆品、皂用香精的原料；根可药用。

香港瓜馥木 *Fissistigma uonicum*

番荔枝科 Annonaceae

瓜馥木属 *Fissistigma*

鉴别特征： 攀援灌木；除果实和叶背被稀疏柔毛外无毛。叶纸质，长圆形，顶端急尖，基部圆形或宽楔形，叶背淡黄色，干后呈红黄色。花黄色，有香气，1 ～ 2 朵聚生于叶腋；萼片卵圆形；外轮花瓣比内轮花瓣长，无毛，卵状三角形，内轮花瓣狭长。果圆球状，成熟时黑色，被短柔毛。花期 3 ～ 6 月，果期 6 ～ 12 月。

分布： 广西、广东、湖南、福建等地。

用途： 叶可制酒饼药；果味甜，可食。

樟科

阴香 *Cinnamomum burmanni*（Nees et T.Nees）Blume

樟科 Lauraceae

樟属 *Cinnamomum*

鉴别特征：乔木；树皮光滑，灰褐色至黑褐色，内皮红色，味似肉桂。叶互生，卵圆形、长圆形至披针形，革质，上面绿色，光亮，下面粉绿色，晦暗，两面无毛，具离基三出脉。圆锥花序腋生或近顶生，少花，疏散，密被灰白微柔毛，最末分枝为3花的聚伞花序；花绿白色。果卵球形；果托具齿裂，齿顶端截平。花期主要在秋、冬季，果期主要在冬末及春季。

分布：广东、广西、云南、福建。

用途：材用。

樟 *Cinnamomum camphora*（L.）Presl

樟科 Lauraceae

樟属 *Cinnamomum*

鉴别特征：乔木；枝、叶及木材均有樟脑气味；树皮黄褐色，不规则纵裂；小枝无毛。叶卵状椭圆形，边缘有时微波状，离基三出脉，侧脉及支脉脉腋具腺窝。圆锥花序，多花；花被无毛或被微柔毛，内面密被柔毛，花被片椭圆形。果卵圆形或近球形，紫黑色；果托杯状，顶端截平。花期4～5月，果期8～11月。

分布：华南及西南各地。

用途：木材及根、枝、叶可提取樟脑和樟油，樟脑和樟油供医药及香料工业用。

肉桂 *Cinnamomum cassia* Presl

樟科 Lauraceae

樟属 ***Cinnamomum***

鉴别特征: 中等大乔木；树皮灰褐色。叶互生或近对生，长椭圆形至近披针形，先端稍急尖，基部急尖，革质。圆锥花序腋生或近顶生，三级分枝，分枝末端为3花的聚伞花序；花白色，花被内外两面密被黄褐色短绒毛，花被筒倒锥形，花被裂片卵状长圆形。果椭圆形，成熟时黑紫色，无毛；果托浅杯状，边缘截平或略具齿裂。花期6～8月，果期10～12月。

分布: 广东、广西、福建、台湾、云南等地的热带及亚热带地区广为栽培。

用途: 肉桂有温中补肾、散寒止痛功能。

黄樟 *Cinnamomum porrectum*（Roxb.）Kosterm.

樟科 Lauraceae

樟属 ***Cinnamomum***

鉴别特征: 乔木；树皮暗灰褐色，深纵裂，小片剥落，内皮带红色，具有樟脑气味。枝条圆柱形，绿褐色，小枝具棱角，灰绿色，无毛。叶互生，椭圆状卵形或长椭圆状卵形，革质，两面无毛或仅下面腺窝具毛簇，羽状脉；叶柄腹凹背凸，无毛。圆锥花序腋生或近顶生，与各级花序轴及花梗无毛；花小，绿带黄色。果球形，黑色；果托狭长倒锥形，红色，有纵长的条纹。花期3～5月，果期4～10月。

分布: 广东、广西、福建、江西、湖南、贵州、四川、云南。

用途: 药用；材用。

厚壳桂 *Cryptocarya chinensis* （Hance）Hemsl.

樟科 Lauraceae

厚壳桂属 *Cryptocarya*

鉴别特征： 乔木；树皮暗灰色，粗糙。老枝粗壮，淡褐色，疏布皮孔；小枝圆柱形，具纵向细条纹，初时被灰棕色小绒毛，后毛被逐渐脱落。叶互生或对生，长椭圆形，先端长或短渐尖，基部阔楔形，革质，两面幼时被灰棕色小绒毛，后毛被逐渐脱落，上面光亮，下面苍白色，具离基三出脉。圆锥花序腋生及顶生，被黄色小绒毛；花淡黄色，花被两面被黄色小绒毛，花被筒陀螺形，短小。果球形或扁球形，熟时紫黑色，有纵棱 12 ～ 15 条。花期 4 ～ 5 月，果期 8 ～ 12 月。

分布： 四川、广西、广东、福建、台湾。

用途： 适于制作上等家具、高级箱盒、工艺品等。

乌药 *Lindera aggregata*（Sims）Kosterm

樟科 Lauraceae

山胡椒属 *Lindera*

鉴别特征： 常绿灌木或小乔木；树皮灰褐色；根有纺锤状或结节状膨胀，外面棕黄色至棕黑色，表面有细皱纹，有香味，微苦，有刺激性清凉感。叶互生，卵形、椭圆形至近圆形，先端长渐尖或尾尖，基部圆形，革质或有时近革质，上面绿色，有光泽，下面苍白色；叶柄有褐色柔毛。伞形花序腋生。果卵形或有时近圆形。花期 3 ～ 4 月，果期 5 ～ 11 月。

分布： 广东、广西、台湾等地。

用途： 根药用；果实、根、叶均可提芳香油制香皂；根、种子磨粉可杀虫。

香叶树 *Lindera communis* Hemsl.

樟科 Lauraceae

山胡椒属 *Lindera*

鉴别特征：常绿灌木或小乔木；树皮淡褐色。叶互生，通常披针形、卵形或椭圆形，基部宽楔形或近圆形；薄革质至厚革质；上面绿色，无毛，下面灰绿色或浅黄色。伞形花序具5～8朵花，单生或2个同生于叶腋，总梗极短；总苞片4片，早落；雄花黄色，花被片6片，卵形，近等大，雌花黄色或黄白色，花被片6片，卵形。果卵形，也有时略小而近球形，无毛，成熟时红色。花期3～4月，果期9～10月。

分布：广东、广西、云南、贵州、四川等地。

用途：果皮可提芳香油供香料；枝叶入药。

黑壳楠 *Lindera megaphylla* Hemsl.

樟科 Lauraceae

山胡椒属 *Lindera*

鉴别特征：常绿乔木；树皮灰黑色；枝条圆柱形，粗壮，紫黑色，无毛，散布有木栓质凸起的近圆形纵裂皮孔。叶互生，倒披针形至倒卵状长圆形，有时长卵形，先端急尖或渐尖，基部渐狭，革质。伞形花序多花，雄花多达16朵，雌花12朵；雄花黄绿色，具梗，花被片6片，椭圆形；雌花黄绿色，花被片6片，线状匙形。果椭圆形至卵形，成熟时紫黑色，无毛；宿存果托杯状，全缘，略成微波状。花期2～4月，果期9～12月。

分布：陕西、甘肃、广东、广西等地。

用途：种仁为制皂原料；果皮、叶含芳香油，油可作调香原料。

山鸡椒 *Litsea cubeba* (Lour.) Pers.

樟科 Lauraceae

木姜子属 *Litsea*

鉴别特征: 落叶灌木或小乔木；小枝细长，绿色，无毛，枝、叶具芳香味；顶芽圆锥形，外面具柔毛。叶互生，披针形或长圆形，纸质，羽状脉，伞形花序单生或簇生，先叶开放或与叶同时开放，花被裂片6，宽卵形。果近球形，无毛，幼时绿色，成熟时黑色。花期2～3月，果期7～8月。

分布: 广东、广西、福建等地。

用途: 根、茎、叶和果实均可入药。

豺皮樟 *Litsea rotundifolia* Hemsl. var. *oblongifolia* (Nees) Allen

樟科 Lauraceae

木姜子属 *Litsea*

鉴别特征: 常绿灌木或小乔木；树皮灰色或灰褐色，常有褐色斑块。小枝灰褐色，纤细，无毛或近无毛。叶片卵状长圆形，先端钝或短渐尖，基部楔形或钝。伞形花序常3个簇生叶腋，几无总梗；每一花序有花3～4朵，花小；花被筒杯状，被柔毛；花被裂片6，倒卵状圆形，大小不等，能育雄蕊9。果球形，成熟时灰蓝黑色。花期8～9月，果期9～11月。

分布: 广东、广西、湖南、江西等地。

用途: 叶、果可提芳香油。

绒毛润楠 *Machilus velutina* Champ. ex Benth.

樟科 Lauraceae

润楠属 *Machilus*

鉴别特征：乔木。枝、芽、叶下面和花序均密被锈色绒毛。叶狭倒卵形、椭圆形或狭卵形，先端渐狭或短渐尖，基部楔形，革质，花序单独顶生或数个密集在小枝顶端，近无总梗，分枝多而短。近似团伞花序；花黄绿色，有香味，被锈色绒毛；内轮花被裂片卵形，外轮的较小且较狭。果球形，紫红色。花期 10 ～ 12 月，果期次年 2 ～ 3 月。

分布：广东、广西、福建、江西、浙江。

用途：本种材质坚硬，耐水湿，可作家具和薪炭等用材。

显脉新木姜子 *Neolitsea phanerophlebia* Merr.

樟科 Lauraceae

新木姜子属 *Neolitsea*

鉴别特征：小乔木，树皮灰色或暗灰色。小枝黄褐色或紫褐色，密被近锈色短柔毛。顶芽卵圆形，鳞片外面密被锈色短柔毛。叶轮生或散生，长圆形至长圆状椭圆形，或长圆状披针形至卵形，先端渐尖，基部急尖或钝，纸质至薄革质。伞形花序 2 ～ 4 个丛生于叶腋或生于叶痕的腋内，无总梗。果近球形，无毛，成熟时紫黑色。花期 10 ～ 11 月，果期 7 ～ 8 月。

分布：广东、广西、湖南、江西。

毛茛科

威灵仙 *Clematis chinensis* Osbeck

毛茛科 Ranunculaceae

铁线莲属 *Clematis*

鉴别特征: 木质藤本。茎、小枝近无毛或疏生短柔毛。一回羽状复叶有5小叶，有时3或7，偶尔基部一对以至第二对2～3裂至2～3小叶；小叶片纸质，卵形至卵状披针形，或为线状披针形、卵圆形，顶端锐尖至渐尖，偶有微凹，基部圆形、宽楔形至浅心形，全缘。常为圆锥状聚伞花序，多花，腋生或顶生。瘦果扁，3～7个，卵形至宽椭圆形，有柔毛。花期6～9月，果期8～11月。

分布: 广东、湖南、湖北、河南、福建等地。

毛柱铁线莲 *Clematis meyeniana* Walp.

毛茛科 Ranunculaceae

铁线莲属 *Clematis*

鉴别特征: 木质藤本。老枝圆柱形，有纵条纹，小枝有棱。三出复叶；小叶片近革质，卵形或卵状长圆形，顶端锐尖、渐尖或钝急尖，基部圆形、浅心形或宽楔形，全缘，两面无毛。圆锥状聚伞花序多花，腋生或顶生；通常无宿存芽鳞，偶尔有；苞片小，钻形；萼片4，开展，白色。瘦果镰状狭卵形或狭倒卵形，有柔毛，宿存花柱长达2.5cm。花期6～8月，果期8～10月。

分布: 云南、四川、贵州（南部）、广西、广东、湖南（南部）、福建、台湾、江西、浙江。

用途: 全株药用；茎皮纤维作造纸、搓绳等的原料。

柱果铁线莲 *Clematis uncinata* Champ.

毛茛科 Ranunculaceae

铁线莲属 *Clematis*

鉴别特征：木质藤本。枝无毛。一至二回羽状复叶，小叶 5 ～ 15，无毛；小叶薄革质或纸质，卵状椭圆形、卵形或窄卵形，全缘，下面被白粉，网脉稍隆起。花序腋生并顶生，多花，无毛；苞片钻形或披针形；萼片 4，白色，平展，窄长圆形，边缘被绒毛。瘦果圆柱状钻形。

分布：云南（东南部）、贵州、四川、甘肃（南部）、陕西（南部）、广西、广东、湖南、福建、台湾、江西、安徽（南部）、浙江、江苏（宜兴）。

用途：根入药。

石龙芮 *Ranunculus sceleratus* L.

毛茛科 Ranunculaceae

毛茛属 *Ranunculus*

鉴别特征：一年生草本。基生叶多数，叶片肾状圆形，基部心形；茎生叶多数，下部叶与基生叶相似，上部叶较小。聚伞花序有多数花；花小；萼片椭圆形，外面有短柔毛，花瓣 5，倒卵形，等长或稍长于花萼，基部有短爪，蜜槽呈棱状袋穴。聚合果长圆形；瘦果极多数，近百枚，紧密排列，倒卵球形，稍扁。花果期 5 ～ 8 月。

分布：全国各地均有分布，在亚热带至温带地区广布。

用途：全草含原白头翁素，有毒，可药用。

阴地唐松草 *Thalictrum umbricola* Ulbr.

毛茛科 Ranunculaceae

唐松草属 ***Thalictrum***

鉴别特征: 植株全部无毛。茎纤细，分枝。基生叶为二回或三回三出复叶；小叶薄草质，近圆形、圆菱形或宽倒卵形，基部圆形、浅心形或钝，三浅裂，裂片有1～2圆齿，脉平或在背面稍隆起，脉网不明显或稍明显。花序有少数花，伞房状，萼片4，白色，花药黄色，椭圆形或长圆形。瘦果纺锤形，扁。3～4月开花。

分布: 广西（东部）、广东、湖南（东南部）、江西（南部）。

用途: 观赏。

木通科

野木瓜 *Stauntonia chinensis* DC.

木通科 Lardizabalaceae

野木瓜属 ***Stauntonia***

鉴别特征: 木质藤本。茎绿色，具线纹，老茎皮厚，粗糙，浅灰褐色，纵裂。掌状复叶有小叶5～7片；小叶革质，长圆形、椭圆形或长圆状披针形，先端渐尖，基部钝、圆或楔形，边缘略加厚。花雌雄同株，总状花序；雄花萼片外面淡黄色或乳白色，内面紫红色，外轮的披针形，蜜腺状花瓣6枚，舌状；雌花萼片与雄花的相似但稍大，蜜腺状花瓣与雄花的相似。果长圆形；种子近三角形，压扁，种皮深褐色至近黑色。花期3～4月，果期6～10月。

分布: 广东、广西、香港、湖南等地。

用途: 全株药用。

钝药野木瓜 *Stauntonia leucantha* Diels ex Y. C. Wu

木通科 Lardizabalaceae

野木瓜属 *Stauntonia*

鉴别特征：木质藤本，全体无毛。小枝干时灰褐色，有线纹。掌状复叶有小叶5～7片；小叶近革质，嫩时膜质，长圆状倒卵形、近椭圆形或长圆形，顶端急尖或有时渐尖，基部近圆或钝。花雌雄同株，白色，数朵组成总状花序；小苞片线状披针形。果长圆形，两端略狭，果皮熟时黄色，干后变黑色，平滑或有不明显的小疣点。花期4～5月，果期8～10月。

分布：广西、广东、福建、江西等地。

防己科

细圆藤 *Pericampylus glaucus*（Lam.）Merr.

防己科 Menispermaceae

细圆藤属 *Pericampylus*

鉴别特征：木质藤本，小枝通常被灰黄色绒毛，有条纹，老枝无毛。叶纸质至薄革质，三角状卵形至三角状近圆形，很少卵状椭圆形，顶端钝或圆，很少短尖，有小凸尖，基部近截平至心形，很少阔楔尖，边缘有圆齿或近全缘，掌状脉5条，很少3条，网状小脉稍明显。聚伞花序伞房状，花瓣6，楔形或有时匙形。核果红色或紫色。花期4～6月，果期9～10月。

分布：广布于广东、广西和云南的南部，四川也有分布。

用途：细长的枝条在四川等地是编织藤器的重要原料。

粪箕笃 *Stephania longa* Lour.

防己科 Menispermaceae

千金藤属 *Stephania*

鉴别特征：草质藤本，除花序外全株无毛；枝纤细，有条纹。叶纸质，三角状卵形，顶端钝，有小凸尖；上面深绿色，下面淡绿色，有时粉绿色；掌状脉 10 ～ 11 条，向下的常纤细。复伞形聚伞花序腋生，雄花序较纤细，被短硬毛；雄花萼片 8，偶有 6，排成 2 轮，楔形或倒卵形，背面被乳头状短毛；花瓣 4 或有时 3，绿黄色，通常近圆形。核果红色；果核背部有 2 行小横肋。花期春末夏初，果期秋季。

分布：云南（东南部）、广西、广东、海南、福建、台湾。

胡椒科

山蒟 *Piper hancei* Maxim.

胡椒科 Piperaceae

胡椒属 *Piper*

鉴别特征：攀援藤本；茎、枝具细纵纹。节上生根。叶纸质或近革质，卵状披针形或椭圆形，少有披针形；最上 1 对互生。花单性，雌雄异株，聚集成与叶对生的穗状花序；苞片近圆形，近无柄或具短柄，盾状，向轴面和柄上被柔毛；子房近球形，离生，柱头 4 或稀有 3。浆果球形，黄色。花期 3 ～ 8 月。

分布：广东、广西、贵州（南部）、云南（东南部）。

用途：茎、叶药用，治风湿、咳嗽、感冒等。

三白草科

蕺菜 *Houttuynia cordata* Thunb

三白草科 Saururaceae

蕺菜属 *Houttuynia*

鉴别特征：多年生草本；具根茎。茎下部伏地，上部直立，有时紫红色。叶薄纸质，密被腺点，宽卵形或卵状心形，先端短渐尖，基部心形，下面常带紫色。穗状花序顶生或与叶对生，基部多具4片白色花瓣状苞片；花小，雄蕊3，长于花柱，花丝下部与子房合生，花柱3，外弯。蒴果近球形，顶端开裂，花柱宿存。花期4～8月，果期6～10月。

分布：我国除东北以外的大部分地区。

用途：全株入药；嫩根茎可食。

三白草 *Saururus chinensis*（Lour.）Baill.

三白草科 Saururaceae

三白草属 *Saururus*

鉴别特征：湿生草本；茎粗壮，有纵长粗棱和沟槽，下部伏地，常带白色，上部直立，绿色。叶纸质，密生腺点，阔卵形至卵状披针形，顶端短尖或渐尖，基部心形或斜心形，两面均无毛，上部的叶较小，茎顶端的2～3片于花期常为白色，呈花瓣状。花序白色。果近球形，表面多疣突。花期4～6月。

分布：河北、山东、河南、广东、广西、福建、江西等地。

用途：全株药用。

金粟兰科

宽叶金粟兰 *Chloranthus henryi* Hemsl.

金粟兰科 Chloranthaceae

金粟兰属 *Chloranthus*

鉴别特征: 多年生草本，根茎粗壮，黑褐色，具多数细长的棕色须根；茎直立，有 6 ～ 7 个明显的节，节间长 0.5 ～ 3cm，下部节上生一对鳞状叶。叶对生，通常 4 片生于茎上部，纸质，宽椭圆形、卵状椭圆形或倒卵形，顶端渐尖，基部楔形至宽楔形，边缘具锯齿，齿端有一腺体，背面中脉、侧脉有鳞屑状毛；叶脉 6 ～ 8 对；托叶小，钻形。穗状花序顶生，花白色；雄蕊 3 枚；子房卵形，无花柱，柱头近头状。核果球形，具短柄。花期 4 ～ 6 月，果期 7 ～ 8 月。

分布: 陕西、甘肃、安徽、浙江、福建、江西、湖南、湖北、广东、广西、贵州、四川。

用途: 舒筋活血、消肿止痛，主治跌打损伤、痛经；杀虫。

草珊瑚 *Sarcandra glabra*（Thunb.）Nakai

金粟兰科 Chloranthaceae

草珊瑚属 *Sarcandra*

鉴别特征: 亚灌木；茎枝节膨大。叶革质，椭圆形至卵状披针形，先端渐尖，基部楔形，边缘具粗锐锯齿，齿尖有一腺体，两面均无毛；叶柄基部合生成鞘。穗状花序顶生；花序苞片三角形，花黄绿色；雄蕊 1 枚，肉质，棒状至圆柱状，花药 2 室；子房球形或卵形。核果球形，熟时亮红色。花期 6 ～ 7 月，果期 8 ～ 10 月。

分布: 安徽、浙江、江西、福建、台湾、广东、广西、湖南、四川、贵州、云南。

用途: 全株药用。

紫堇科

北越紫堇 *Corydalis balansae* Prain

紫堇科 Fumariaceae

紫堇属 *Corydalis*

鉴别特征：灰绿色丛生草本，高 30 ～ 50cm，具主根。茎具棱，疏散分枝，枝条花葶状，常对叶生。下部茎生叶长 15 ～ 30cm，具长柄，叶片上面绿色，下面苍白色，二回羽状全裂，一回羽片 3 ～ 5 对，具短柄，二回羽片常 1 ～ 2 对，卵圆形，基部楔形至截平，约二回三裂至具 3 ～ 5 圆齿状裂片，裂片顶端圆钝，多少具短尖。总状花序多花而疏离，具明显花序轴；苞片披针形至长圆状披针形。蒴果线状长圆形，斜伸或多少下垂，具 1 列种子；种子黑亮，扁圆形。

分布：云南、广西、贵州、湖南、广东、香港、福建、台湾、湖北、江西、安徽、浙江、江苏、山东。

用途：全草药用，有清热祛火功能。

山柑科

广州山柑 *Capparis cantoniensis* Lour.

山柑科 Capparaceae

山柑属 *Capparis*

鉴别特征：攀援灌木。刺坚硬，平展或外弯，尖端常暗黑色，花枝上刺小或不存在。叶近革质，长圆形或长圆状披针形，有时卵形，背面淡褐色，幼时带橙红色，基部急尖或钝形，顶端常渐尖，有小凸尖头。圆锥花序顶生，由多个亚伞形花序组成，花白色，有香味；椭圆形或倒卵形，白色膜质边缘上被白色缘毛。果球形至椭圆形，果皮薄，革质，平滑。花果期不明显，几乎全年都有记载。

分布：福建、广东、广西、海南、贵州、云南（南部及东南部）。

用途：根藤入药，性味苦寒，有清热解毒、镇痛、疗肺止咳的功效。

白花菜科

醉蝶花 *Cleome spinosa* Jacq.

白花菜科 Capparidaceae

白花菜属 ***Cleome***

鉴别特征：一年生强壮草本，全株被黏质腺毛，有特殊臭味，有托叶刺。叶为具5～7小叶的掌状复叶，小叶草质，椭圆状披针形或倒披针形，中央小叶盛大，最外侧的最小，基部楔形，狭延成小叶柄，常有淡黄色皮刺。总状花序，密被黏质腺毛；花瓣粉红色，少见白色，在芽中时覆瓦状排列，瓣片倒卵状匙形。果圆柱形，表面近平坦或微呈念珠状，有细而密且不甚清晰的脉纹；种子表面近平滑或有小疣突，不具假种皮。花期初夏，果期夏末秋初。

分布：我国无野生，各大城市常见栽培。

堇菜科

七星莲 *Viola diffusa* Ging. var. *diffusa*

堇菜科 Violaceae

堇菜属 ***Viola***

鉴别特征：一年生草本，全体被糙毛或白色柔毛，花期生出地上匍匐枝；匍匐枝先端具莲座状叶丛，通常生不定根；根茎短，具多条白色细根及纤维状根。基生叶多数，丛生呈莲座状，或于匍匐枝上互生；叶片卵形或卵状长圆形，先端钝或稍尖，基部宽楔形或截形，稀浅心形。花较小，淡紫色或浅黄色。蒴果长圆形，无毛。花期3～5月，果期5～8月。

分布：河北、陕西、甘肃（南部）、江苏、安徽、浙江、江西、福建、河南、湖北、湖南、广东等地。

用途：全草入药，能清热解毒，外用可消肿、排脓。

三色堇 *Viola tricolor* L.

堇菜科 Violaceae

堇菜属 *Viola*

鉴别特征：一年生、二年生或多年生草本；地上茎较粗，直立或稍倾斜，有棱，单一或多分枝。茎生叶卵形、长圆状圆形或长圆状披针形，先端圆或钝，基部圆，边缘具稀疏的圆齿或钝锯齿，上部叶叶柄较长，下部者较短；托叶大型，叶状，羽状深裂。花大，通常每花有紫、白、黄三色；花梗稍粗，单生叶腋；上方花瓣深紫堇色，侧方及下方花瓣均为三色，有紫色条纹，侧方花瓣里面基部密被须毛，下方花瓣距较细。蒴果椭圆形。花期 4 ～ 7 月，果期 5 ～ 8 月。

分布：原产欧洲，我国各地公园栽培供观赏。

远志科

黄花倒水莲 *Polygala fallax* Hemsl.

远志科 Polygalaceae

远志属 *Polygala*

鉴别特征：灌木或小乔木；根粗壮，多分枝，表皮淡黄色。枝灰绿色，密被长而平展的短柔毛。单叶互生，叶片膜质，披针形至椭圆状披针形，先端渐尖，基部楔形至钝圆，全缘，叶面深绿色，背面淡绿色，两面均被短柔。总状花序顶生或腋生，下垂，被短柔毛；花瓣正黄色，3 枚，侧生花瓣长圆形。蒴果阔倒心形至圆形，绿黄色；种子圆形，棕黑色至黑色，密被白色短柔毛。花期5～8月，果期8～10月。

分布：江西、福建、湖南、广东、广西、云南。

用途：根入药。

狭叶香港远志 *Polygala hongkongensis* Hemsl. var. *stenophylla* (Hay.) Migo

远志科 Polygalaceae

远志属 *Polygala*

鉴别特征：直立草本至亚灌木；茎枝细，疏被至密被卷曲短柔毛。单叶互生，叶片纸质或膜质，茎下部叶小，卵形，先端具短尖头，上部叶披针形，先端渐尖，基部圆形，全缘，叶面绿色，背面淡绿色至苍白色。总状花序顶生，花瓣3，白色或紫色。蒴果近圆形，具阔翅，先端具缺刻，基部具宿存萼片；种子2粒，卵形，黑色，被白色细柔毛，种阜3裂，长达种子长度的1/2。花期5～6月，果期6～7月。

分布：江西、福建、广东、四川。

大叶金牛 *Polygala latouchei* Franch.

远志科 Polygalaceae

远志属 *Polygala*

鉴别特征：矮小亚灌木；茎、枝圆柱形，被短柔毛，中下部具圆形凸起的黄褐色叶痕。单叶密集于枝的上部，叶片纸质，卵状披针形至倒卵状或椭圆状披针形。总状花序顶生或生于枝顶的数个叶腋内，被短柔毛，具密集的花；花小，花瓣3，膜质，粉红色至紫红色。蒴果近圆形，具翅；种子卵形，黑色。花期3～4月，果期4～5月。

分布：江西、福建、广东、广西等地。

用途：民间用本种全草治疗咳嗽、小儿疳积、跌打损伤等症。

齿果草 *Salomonia cantoniensis* Lour. var. *cantoniensis*

远志科 Polygalaceae

齿果草属 ***Salomonia***

鉴别特征：一年生直立草木；根纤细，芳香；茎细弱，多分枝，无毛，具狭翅。单叶互生，叶片膜质，卵状心形或心形。穗状花序顶生，多花，花极小，花瓣3，淡红色。蒴果肾形，两侧具2列三角状尖齿。果爿具蜂窝状网纹；种子2粒，卵形，亮黑色，无毛，无种阜。花期7～8月，果期8～10月。

分布：华东、华中、华南和西南地区。

用途：全草入药，有解毒消炎、散淤镇痛的功能。

石竹科

石竹 *Dianthus chinensis* L.

石竹科 Caryophyllaceae

石竹属 ***Dianthus***

鉴别特征：多年生草本，全株无毛，带粉绿色。茎由根颈生出，疏丛生，直立，上部分枝。叶片线状披针形，顶端渐尖，基部稍狭，全缘或有细小齿，中脉较显。花单生枝端或数花集成聚伞花序；花瓣倒卵状三角形，紫红色、粉红色、鲜红色或白色，顶缘不整齐齿裂，喉部有斑纹，疏生髯毛。蒴果圆筒形，包于宿存萼内，顶端4裂；种子黑色，扁圆形。花期5～6月，果期7～9月。

分布：原产我国北方，现在南北普遍生长。

用途：根或全草入药。

荷莲豆草 *Drymaria diandra*

石竹科 Caryophyllaceae

荷莲豆草属 *Drymaria*

鉴别特征：一年生草本；根纤细。茎匍匐，丛生，纤细，无毛，基部分枝，节常生不定根。叶片卵状心形，顶端凸尖，具3～5基出脉；叶柄短。聚伞花序顶生；花瓣白色，倒卵状楔形，长约2.5mm，稍短于萼片，顶端2深裂。蒴果卵形，3瓣裂；种子近圆形，表面具小疣。花期4～10月，果期6～12月。

分布：浙江、福建、台湾、广东、海南、广西。

用途：全草入药，有消炎、清热、解毒之效。

鹅肠菜 *Myosoton aquaticum* （L.）Moench

石竹科 Caryophyllaceae

鹅肠菜属 *Myosoton*

鉴别特征：二年生或多年生草本；具须根。茎上升，多分枝，上部被腺毛。叶片卵形或宽卵形，顶端急尖，基部稍心形，有时边缘具毛。顶生二歧聚伞花序；苞片叶状，边缘具腺毛；萼片卵状披针形或长卵形，顶端较钝，边缘狭膜质，外面被腺柔毛，脉纹不明显；花瓣白色，2深裂至基部，裂片线形或披针状线形。蒴果卵圆形，稍长于宿存萼；种子近肾形，稍扁，褐色，具小疣。花期5～8月，果期6～9月。

分布：我国南北各地，北半球温带及亚热带以及北非也有分布。

用途：全草供药用。

蓼科

何首乌 *Fallopia multiflora* (Thunb.) Harald.

蓼科 Polygonaceae

何首乌属 *Fallopia*

鉴别特征: 多年生草本；块根肥厚，长椭圆形，黑褐色；茎缠绕，长 2 ～ 4m，多分枝，具纵棱，无毛，微粗糙，下部木质化。叶卵形或长卵形，两面粗糙，边缘全缘。花序圆锥状，顶生或腋生，分枝开展，具细纵棱，沿棱密被小凸起；苞片三角状卵形，每苞内具 2 ～ 4 花；花被 5 深裂，白色或淡绿色，花被片椭圆形，大小不相等，外面 3 片较大，背部具翅。瘦果卵形，具 3 棱，黑褐色，有光泽，包于宿存花被内。花期 8 ～ 9 月，果期 9 ～ 10 月。

分布: 广东、福建、四川、云南、贵州、河南等地。

用途: 块根入药，可安神、养血、活络。

火炭母 *Polygonum chinense* L.

蓼科 Polygonaceae

蓼属 *Polygonum*

鉴别特征: 多年生草本；茎直立，无毛，多分枝。叶卵形或长卵形，边缘全缘，两面无毛，下面有时沿叶脉疏被柔毛；下部叶叶柄长 1 ～ 2cm，基部常具叶耳，上部叶近无柄或抱茎。头状花序常数个组成圆锥状，顶生或腋生，花序梗被腺毛；苞片宽卵形；花被 5 深裂，白色或淡红色；雄蕊 8；花柱 3，中下部联合。瘦果宽卵形，具 3 棱，包于肉质蓝黑色宿存花被内。花期 7 ～ 9 月，果期 8 ～ 10 月。

分布: 广东、福建、江西、浙江、四川等地。

用途: 根茎供药用。

水蓼 *Polygonum hydropiper* L.

蓼科 Polygonaceae

蓼属 *Polygonum*

鉴别特征：一年生草本；茎直立，多分枝，无毛，节部膨大。叶披针形或椭圆状披针形，顶端渐尖，基部楔形，边缘全缘，具缘毛，两面无毛，被褐色小点，具辛辣味。总状花序呈穗状，顶生或腋生；花被5深裂，稀4裂，绿色，上部白色或淡红色，被黄褐色透明腺点，花被片椭圆形，瘦果卵形，双凸镜状或具3棱，密被小点，黑褐色。花期5～9月，果期6～10月。

分布：我国南北各地。

用途：全草入药；古代为常用调味剂。

杠板归 *Polygonum perfoliatum* L.

蓼科 Polygonaceae

蓼属 *Polygonum*

鉴别特征：一年生草本；茎攀援，多分枝，具纵棱，沿棱具稀疏的倒生皮刺。叶三角形，顶端钝或微尖，基部截形或微心形，薄纸质，上面无毛，下面沿叶脉疏生皮刺；叶柄具倒生皮刺，盾状着生于叶片的近基部；托叶鞘叶状，草质，绿色，圆形或近圆形，穿叶。总状花序呈短穗状，不分枝顶生或腋生；花被5深裂，白色或淡红色，花被片椭圆形，呈肉质，深蓝色。瘦果球形，黑色，有光泽，包于宿存花被内。花期6～8月，果期7～10月。

分布：黑龙江、吉林、辽宁、河北、山东、河南、陕西、甘肃、江苏、浙江、安徽、江西、湖南、湖北、四川、贵州、福建、台湾、广东、海南等地。

虎杖 *Reynoutria japonica* Houtt.

蓼科 Polygonaceae

虎杖属 *Reynoutria*

鉴别特征：多年生草本；根茎粗壮，横走；茎直立，高1～2m，粗壮，空心，具明显的纵棱，具小凸起，无毛，散生红色或紫红斑点。叶宽卵形或卵状椭圆形，近革质，顶端渐尖，基部宽楔形、截形或近圆形，疏生小凸起，两面无毛，沿叶脉具小凸起；叶柄具小凸起；托叶鞘膜质，偏斜，褐色，具纵脉，无毛，顶端截形，早落。花单性，雌雄异株，花序圆锥状腋生；苞片漏斗状，每苞内具2～4花；花中下部具关节。瘦果卵形，具3棱，黑褐色，有光泽，包于宿存花被内。花期8～9月，果期9～10月。

分布：陕西（南部）、甘肃（南部）、广东、广西、海南、云南、贵州等地。

用途：根茎供药用，有活血、散淤、通经、镇咳等功效。

商陆科

垂序商陆 *Phytolacca americana* L.

商陆科 Phytolaccaceae

商陆属 *Phytolacca*

鉴别特征：多年生草本；根倒圆锥形；茎圆柱形，有时带紫红色。叶椭圆状卵形或卵状披针形，先端尖，基部楔形。总状花序顶生或与叶对生，纤细，花较稀少；花白色，微带红晕；花被片5片，雄蕊、心皮及花柱均为10，心皮联合。果序下垂，浆果扁球形，紫黑色；种子肾圆形。花期6～8月，果期8～10月。

分布：原产北美洲，现我国多地逸生。

用途：根、种子、叶供药用；全草可提取有效成分制成农药。

苋科

土牛膝 *Achyranthes aspera* L.

苋科 Amaranthaceae

牛膝属 *Achyranthes*

鉴别特征： 多年生草本；根细长，土黄色；茎四棱形，有柔毛，节部稍膨大，分枝对生。叶片纸质，宽卵状倒卵形或椭圆状矩圆形，顶端圆钝，具凸尖，基部楔形或圆形，全缘或波状缘，两面密生柔毛，或近无毛。穗状花序顶生，直立。胞果卵形；种子卵形，不扁压，棕色。花期 6 ～ 8 月，果期 10 月。

分布： 广东、广西、四川、云南等地。

用途： 根药用。

青葙 *Celosia argentea* L.

苋科 Amaranthaceae

青葙属 *Celosia*

鉴别特征： 一年生草本，全株无毛。叶长圆状披针形、披针形或披针状条形，绿色常带红色，先端尖或渐尖，具小芒尖，基部渐窄。塔状或圆柱状穗状花序不分枝；苞片及小苞片披针形，白色，先端渐尖成细芒，具中脉。花被片长圆状披针形，花初为白色顶端带红色，或全部粉红色，后白色。胞果卵形，包在宿存花被片内；种子肾形，扁平，双凸。花期 5 ～ 8 月，果期 6 ～ 10 月。

分布： 几遍全国。

用途： 种子供药用，炒熟后还可加工各种糖食；花序可供观赏；嫩茎叶浸去苦味后，可作野菜食用；全株植物可作饲料。

风尾鸡冠花 *Celosia argentea* var. *plumose*

苋科 Amaranthaceae

青葙属 *Celosia*

鉴别特征：一年生草本植物，分高矮种，株高 30 ～ 80cm。茎粗壮分枝，穗状花序聚集成三角形的圆锥花序，顶生，呈羽毛状，花色有深浅不同的黄色和红色。自然花期 7 月至见冻。

分布：我国各地均有栽培。

用途：观赏花卉；可食用和药用。

落葵科

落葵薯 *Anredera cordifolia*（Tenore）Steenis

落葵科 Basellaceae

落葵薯属 *Anredera*

鉴别特征：缠绕藤本，长可达数米。根茎粗壮。叶具短柄，叶片卵形至近圆形，顶端急尖，基部圆形或心形，稍肉质，腋生小块茎（珠芽）。总状花序具多花；花被片白色，渐变黑，开花时张开，卵形、长圆形至椭圆形，顶端钝圆。花期 6 ～ 10 月。用叶腋中的小块茎（珠芽）进行繁殖。

分布：原产南美洲热带地区，我国江苏、浙江、福建、广东、四川、云南及北京有栽培。

用途：珠芽、叶及根供药用，有滋补、壮腰膝、消肿散淤的功效；叶拔疮毒。

酢浆草科

酢浆草 *Oxalis corniculata* L.

酢浆草科 Oxalidaceae

酢浆草属 *Oxalis*

鉴别特征： 草本；根茎稍肥厚；茎细弱，直立或匍匐。叶基生，茎生叶互生，小叶3，倒心形，先端凹下。花单生或数朵组成伞形花序状；萼片5，披针形或长圆状披针形，花瓣5，黄色，长圆状倒卵形；雄蕊10，基部合生，长短相间，花柱5。蒴果长圆柱形，5棱。花果期2～9月。

分布： 全国广布。

用途： 全草入药。

红花酢浆草 *Oxalis corymbosa* DC.

酢浆草科 Oxalidaceae

酢浆草属 *Oxalis*

鉴别特征： 多年生直立草本；具球状鳞茎。叶基生，小叶3，扁圆状倒心形，先端凹缺，两侧角圆，基部宽楔形，上面被毛或近无毛，下面疏被毛；托叶长圆形，与叶柄基部合生。二歧聚伞花序，通常排列成伞形花序式，有总花梗，花梗、苞片、萼片均被毛；花梗具披针形干膜质苞片2枚；萼片5，披针形；花瓣5，倒心形，淡紫或紫红色。花果期3～12月。

分布： 广东、福建、江西、四川、河北、陕西等地。

用途： 全草入药。

阳桃 *Averrhoa carambola* L.

酢浆草科 Oxalidaceae

阳桃属 *Averrhoa*

鉴别特征：乔木，高可达12m，分枝甚多；树皮暗灰色，内皮淡黄色，干后茶褐色，味微甜而涩。奇数羽状复叶，互生，小叶5～13片，全缘，卵形或椭圆形，顶端渐尖，基部圆，一侧歪斜，表面深绿色，背面淡绿色，花小，微香，数朵至多朵组成聚伞花序或圆锥花序，自叶腋出或着生于枝干上，花枝和花蕾深红色；萼片5。浆果肉质，有5棱，很少6棱或3棱，横切面呈星芒状；种子黑褐色。花期4～12月，果期7～12月。

分布：广东、广西、福建、台湾、云南有栽培。

用途：果生津止渴，亦入药；根、皮、叶止痛止血。

凤仙花科

凤仙花 *Impatiens balsamina* L.

凤仙花科 Balsaminaceae

凤仙花属 *Impatiens*

鉴别特征：一年生草本；茎粗壮，肉质，直立，具多数纤维状根，下部节常膨大。叶互生，最下部叶有时对生；叶片披针形、狭椭圆形或倒披针形，先端尖或渐尖，基部楔形，边缘有锐锯齿，侧脉4～7对；叶柄两侧具数对具柄的腺体。花单生或2～3朵簇生于叶腋，无总花梗，白色、粉红色或紫色，单瓣或重瓣；唇瓣深舟状，基部急尖成长1～2.5cm内弯的距。蒴果宽纺锤形，密被柔毛；种子多数，圆球形。花期7～10月。

分布：我国各地庭园广泛栽培，为习见的观赏花卉。

用途：民间常用其花及叶染指甲；茎有祛风湿、活血、止痛之效；种子有软坚、消积之效。

新几内亚凤仙 *Impatiens hawkeri* W. Bull

凤仙花科 Balsaminaceae

凤仙花属 *Impatiens*

鉴别特征：多年生常绿草本。茎肉质，光滑，青绿色或红褐色，茎节凸出，易折断。多叶轮生，叶披针形，叶缘具锐锯齿，叶色黄绿色至深绿色，叶脉及茎的颜色常与花的颜色有相关性。花单生叶腋（偶有两朵花并生于叶腋的现象）；基部花瓣衍生成矩；花色极为丰富，有洋红色、雪青色、白色、紫色、橙色等。花期 6 ～ 8 月。

分布：台湾、福建、广东、广西、云南、贵州、四川、湖南、湖北、安徽、江西、浙江。

用途：室内盆栽或作花坛花卉、花境花卉。

千屈菜科

香膏萼距花 *Cuphea alsamona* Cham. et Schlechtend.

千屈菜科 Lythraceae

萼距花属 *Cuphea*

鉴别特征：一年生草本。叶对生，薄革质，卵状披针形或披针状矩圆形，顶端渐尖或阔渐尖，基部渐狭或有时近圆形，两面粗糙，幼时被粗伏毛，后变无毛；叶柄极短，近无柄。花细小，单生于枝顶或分枝的叶腋上，成带叶的总状花序；花梗极短，顶部有苞片；花瓣 6，等大，倒卵状披针形，蓝紫色或紫色；子房矩圆形，花柱无毛，不凸出，胚珠 4 ～ 8。

分布：原产巴西、墨西哥等地，我国南方各地有栽培。

细叶萼距花 *Cuphea hyssopifolia*

千屈菜科 Lythraceae

萼距花属 *Cuphea*

鉴别特征：常绿小灌木；植株矮小，茎直立，分枝特别多而细密。对生叶小，线状披针形，翠绿。花小而多，盛花时布满花坛，状似繁星，故又名满天星。花单生叶腋，结构特别，花萼延伸为花冠状，高脚蝶状，花紫色、淡紫色、白色。花后结实似雪茄，形小呈绿色，不明显。

分布：我国南方各地有栽培。

用途：作地被植物栽植，可阻挡杂草的蔓延和滋生；作盆栽观赏。

紫薇 *Lagerstroemia indica* L.

千屈菜科 Lythraceae

紫薇属 *Lagerstroemia*

鉴别特征：落叶灌木或小乔木；树皮平滑，灰色或灰褐色；枝干多扭曲，小枝纤细，具4棱，略成翅状。叶互生或有时对生，纸质，椭圆形、阔矩圆形或倒卵形，顶端短尖或钝形，有时微凹，基部阔楔形或近圆形，无毛或下面沿中脉有微柔毛。花淡红色或紫色、白色，常组成7～20cm的顶生圆锥花序；花瓣6，皱缩，常具长爪。蒴果椭圆状球形或阔椭圆形，幼时绿色至黄色，成熟时或干燥时呈紫黑色，室背开裂；种子有翅。花期6～9月，果期9～12月。

分布：广东、广西、湖南、福建等地。

用途：可作农具、家具、建筑等用材；树皮、叶及花为强泻剂。

大花紫薇 *Lagerstroemia speciosa*（L.）Pers.

千屈菜科 Lythraceae

紫薇属 *Lagerstroemia*

鉴别特征：大乔木；树皮灰色，平滑；小枝圆柱形，无毛或微被糠秕状毛。叶革质，矩圆状椭圆形或卵状椭圆形，稀披针形，甚大，顶端钝形或短尖，基部阔楔形至圆形，两面均无毛。花淡红色或紫色，顶生圆锥花序；花瓣 6，近圆形至矩圆状倒卵形。蒴果球形至倒卵状矩圆形，褐灰色，6 裂；种子多数。花期 5 ～ 7 月，果期 10 ～ 11 月。

分布：广东、广西及福建有栽培。

用途：常栽培于庭园供观赏；树皮及叶可作泻药。

圆叶节节菜 *Rotala rotundifolia*（Buch.-Ham. ex Roxb.）Koehne

千屈菜科 Lythraceae

节节菜属 *Rotala*

鉴别特征：一年生草本；根茎细长，匍匐；茎直立，丛生，带紫红色。叶对生，近圆形至椭圆形。花单生于苞片内，组成顶生稠密穗状花序，苞片叶状，卵形或卵状长圆形，约与花等长，萼筒宽钟形，膜质，裂片 4，三角形；花瓣 4，倒卵形，淡紫红色，长约为花萼裂片 2 倍；雄蕊 4，子房近梨形。蒴果椭圆形。花果期 12 月至次年 6 月。

分布：广东、广西、福建、台湾、浙江、江西、湖南、湖北、四川、贵州、云南。

用途：可作饲料。

柳叶菜科

倒挂金钟 *Fuchsia hybrida* Hort. ex Sieb. et Voss.

柳叶菜科 Onagraceae

倒挂金钟属 *Fuchsia*

鉴别特征：半灌木；茎直立，多分枝，被短柔毛与腺毛。叶对生，卵形或狭卵形，中部的较大，先端渐尖，基部浅心形或钝圆，边缘具远离的浅齿或齿突，脉常带红色，在近边缘环结，两面尤其是下面脉上被短柔毛；叶柄常带红色，被短柔毛与腺毛。花两性，单一，稀成对生于茎枝顶叶腋，下垂；花管红色，筒状，上部较大，连同花梗疏被短柔毛与腺毛；花瓣色多变，紫红色、红色、粉红、白色，排成覆瓦状，宽倒卵形。果紫红色，倒卵状长圆形。花期 4 ～ 12 月。

分布：我国广为栽培。

毛草龙 *Ludwigia octovalvis* (Jacq.) Raven

柳叶菜科 Onagraceae

丁香蓼属 *Ludwigia*

鉴别特征：多年生粗壮直立草本，有时基部木质化，甚至亚灌木状；多分枝，稍具纵棱，常被伸展的黄褐色粗毛。叶披针形至线状披针形，先端渐尖或长渐尖，基部渐狭，侧脉每侧 9 ～ 17 条，在近边缘处环结，两面被黄褐色粗毛，边缘具毛；托叶小，三角状卵形。萼片 4，卵形，先端渐尖，基出 3 脉，两面被粗毛；花瓣黄色，倒卵状楔形，先端钝圆形或微凹，基部楔形，具侧脉 4 ～ 5 对。蒴果圆柱状，具 8 条棱，绿色至紫红色，被粗毛，熟时迅速并不规则地室背开裂；果梗长 3 ～ 10mm。花期 6 ～ 8 月，果期 8 ～ 11 月。

分布：江西、浙江、福建、台湾、广东、香港、海南、广西、云南。

用途：具有清热利湿、解毒消肿之功效，主治感冒发热。

小二仙草科

狐尾藻 *Myriophyllum verticillatum* L.

小二仙草科 Haloragidaceae

狐尾藻属 *Myriophyllum*

鉴别特征：多年生粗壮沉水草本；根茎发达，在水底泥中蔓延，节部生根。叶通常4片轮生，或3～5片轮生，水中叶较长，丝状全裂，无叶柄；水上叶互生，披针形，较强壮，鲜绿色，裂片较宽。秋季于叶腋中生出棍棒状冬芽而越冬。苞片羽状篦齿状分裂。花单性，雌雄同株或杂性、单生于水上叶腋内，每轮具4朵花。果实广卵形，具4条浅槽，顶端具残存的萼片及花柱。

分布：世界广布种，中国南北各地都有分布。

用途：可为猪、鱼、鸭的饲料。

瑞香科

土沉香 *Aquilaria sinensis*（Lour.）Spreng.

瑞香科 Thymelaeaceae

沉香属 *Aquilaria*

鉴别特征：乔木；小枝具皱纹，幼时被疏柔毛。叶近革质，椭圆形、长圆形或倒卵形，先端骤尖，基部宽楔形，两面无毛，侧脉15～20对；叶柄被毛。花数朵组成伞形花序；花梗密被灰黄色柔毛；花萼钟状，花瓣淡黄绿色，芳香，两面均密被短柔毛；花瓣10，鳞片状，生于萼筒喉部，密被毛。蒴果卵状球形，绿色，密被黄色柔毛，2瓣裂，每瓣具1种子；种子褐色，卵球形，疏被毛，先端具短尖头。花期春夏，果期夏秋。

分布：广东、海南、广西、福建。

用途：老茎受伤后所积得的树脂可作香料原料，并为治胃病特效药；树皮可做高级纸原料及人造棉；木质部可提取芳香油；花可制浸膏。

白瑞香 *Daphne papyracea* Wall. ex Steud.

瑞香科 Thymelaeaceae

瑞香属 *Daphne*

鉴别特征：常绿灌木；当年生枝被粗绒毛，小枝纤细，灰褐色或灰黑色，渐无毛，老枝灰色。叶互生，膜质或纸质，长椭圆形或长圆状披针形，两面无毛，上面中脉凹下，侧脉 7 ~ 15 对。多花簇生小枝顶端形成头状花序，花白色；雄蕊 8，2 轮，下轮着生于萼筒中部，上轮着生于萼筒喉部；花盘杯状，边缘微波状；花柱粗短，柱头头状，具乳突。果卵形或倒梨形，成熟时红色。花期 11 月至次年 1 月，果期 4 ~ 5 月。

分布：湖南、湖北、广东、广西、贵州、四川、云南等地。

用途：茎皮纤维可作打字蜡纸、皮纸及人造棉的原料。

了哥王 *Wikstroemia indica*（Linn.）C. A. Mey

瑞香科 Thymelaeaceae

荛花属 *Wikstroemia*

鉴别特征：灌木；枝红褐色，无毛。叶对生，纸质或近革质，倒卵形、长圆形或披针形，侧脉细密，与中脉的夹角小于 45°，无毛。顶生短总状花序；花数朵，黄绿色；萼筒筒状，裂片 4，宽卵形或长圆形；雄蕊 8，2 轮，着生于萼筒中部以上；花盘常深裂成 2 或 4 鳞片；子房倒卵形或长椭圆形，无毛或顶端被淡黄色绒毛。果椭圆形，无毛，成熟时暗紫黑或鲜红色。花果期夏秋季。

分布：广东、海南、广西、福建、台湾、湖南、四川、贵州、云南、浙江等地。

用途：全株有毒，可药用；茎皮纤维可作造纸原料。

北江荛花 *Wikstroemia monnula* Hance

瑞香科 Thymelaeaceae

荛花属 *Wikstroemia*

鉴别特征： 灌木；枝暗绿色，无毛，小枝被短柔毛。叶对生或近对生，纸质或坚纸质，卵状椭圆形至椭圆形或椭圆状披针形，上面干时暗褐色，无毛，下面色稍淡，在脉上被疏柔毛，侧脉纤细，每边 4 ～ 5 条；叶柄短。总状花序顶生，有 8 ～ 12 花；花细瘦，黄色带紫色或淡红色，花萼外面被白色柔毛，顶端 4 裂，裂片先端微钝；雄蕊 8，2 列，上列 4 枚在花萼筒喉部着生，下列 4 枚在花萼筒中部着生。果干燥，卵圆形，基部为宿存花萼所包被。4 ～ 8 月开花，随即结果。

分布： 广东、广西、贵州、湖南、浙江。

用途： 韧皮纤维可作人造棉及高级纸的原料。

细轴荛花 *Wikstroemia nutans* Champ. ex Benth. var. *nutans*

瑞香科 Thymelaeaceae

荛花属 *Wikstroemia*

鉴别特征： 灌木；高 1 ～ 2m 或过之，树皮暗褐色；小枝圆柱形，红褐色，无毛。叶对生，膜质至纸质，卵形、卵状椭圆形至卵状披针形，上面绿色，下面淡绿白色，两面均无毛。花黄绿色，4 ～ 8 朵组成顶生近头状的总状花序，花序梗纤细；子房具柄，倒卵形，长约 1.5mm，顶端被毛，花柱极短，柱头头状，花盘鳞片 2 枚，每枚的中间有 1 隔膜，故很像有 4 枚。果椭圆形，长约 7mm，成熟时深红色。花期春季至初夏，果期夏秋间。

分布： 广东、海南、广西、湖南、福建、台湾。

用途： 药用祛风、散血、止痛；纤维可制高级纸及人造棉。

紫茉莉科

光叶子花 *Bougainvillea glabra* Choisy

紫茉莉科 Nyctaginaceae

叶子花属 *Bougainvillea*

鉴别特征：藤状灌木；茎粗壮，无毛或疏生柔毛；刺腋生。叶片纸质，卵形或卵状披针形，上面无毛，下面被微柔毛。花顶生枝端的 3 个苞片内，花梗与苞片中脉贴生，每个苞片上生 1 朵花；苞片叶状，紫色或洋红色，长圆形或椭圆形，纸质；花盘基部合生呈环状，上部撕裂状。花期冬春间，北方温室栽培 3 ～ 7 月开花。

分布：我国南方栽植于庭园、公园，北方栽培于温室。

用途：观赏；花入药，调和气血，治白带，调经。

山龙眼科

银桦 *Grevillea robusta* A. Cunn. ex R. Br.

山龙眼科 Proteaceae

银桦属 *Grevillea*

鉴别特征：乔木，高 10 ～ 25m；树皮暗灰色或暗褐色，具浅皱纵裂；嫩枝被锈色绒毛。叶二回羽状深裂，上面无毛或具稀疏丝状绢毛，下面被褐色绒毛和银灰色绢毛，边缘背卷。总状花序，腋生；花橙色或黄褐色。果卵状椭圆形，稍偏斜，果皮革质，黑色；种子长盘状，边缘具窄薄翅。花期 3 ～ 5 月，果期 6 ～ 8 月。

分布：云南、四川（西南部）、广西、广东、福建、江西（南部）、浙江、台湾等地。

用途：木材呈淡红色或深红色，具光泽，富弹性，适于做家具。

网脉山龙眼 *Helicia reticulata*

山龙眼科 Proteaceae

山龙眼属 *Helicia*

鉴别特征: 乔木或灌木状；小枝无毛。叶长圆形、卵状长圆形、倒卵形或倒披针形，先端短渐尖、急尖或钝，基部楔形，边缘具疏生锯齿或细齿；侧脉 6 ～ 10（12）对，与中脉在两面均隆起，网脉两面凸起或明显；总状花序腋生或生于小枝已落叶的叶腋，花序轴和花梗初时被短毛，后无毛；苞片披针形；花梗常双生，具短毛或无毛；花被筒白色或淡黄色，无毛。果椭圆状，顶端具短尖，果皮干后革质，黑色。花期 5 ～ 7 月，果期 10 ～ 12 月。

分布: 云南（东南部）、贵州、广西、广东、湖南（南部）、江西、福建（南部）。

用途: 食用、材用。

海桐花科

光叶海桐 *Pittosporum glabratum* Lindl.

海桐花科 Pittosporaceae

海桐花属 *Pittosporum*

鉴别特征: 常绿灌木；嫩枝无毛，老枝有皮孔。叶聚生于枝顶，薄革质，二年生，窄矩圆形，或为倒披针形。花序伞形，1 ～ 4 枝簇生于枝顶叶腋，多花；苞片披针形；花瓣分离，倒披针形。蒴果椭圆形，有时为长筒形；种子大，近圆形，红色，有宿存花柱。

分布: 广东、海南、广西、贵州、湖南。

用途: 根供药用，有镇痛功效。

台琼海桐 *Pittosporum pentandrum* Merr. var. *hainanense* (Gagnep.) Li

海桐花科 Pittosporaceae

海桐花属 *Pittosporum*

鉴别特征：常绿小乔木或灌木；嫩枝被锈色柔毛，老枝秃净，皮孔不很明显。叶簇生于枝顶，成假轮生状，二年生或三年生，幼嫩时纸质，两面被柔毛，以后变革质，秃净无毛，倒卵形或矩圆状倒卵形；先端钝，或急短尖，有时圆形，基部下延，窄楔形。圆锥花序顶生，由多数伞房花序组成，密被锈褐色柔毛；花淡黄色，有芳香。蒴果扁球形，秃净无毛，2片裂开，果爿薄木质，内侧有横格；种子约10粒，不规则多角形。花期5～10月。

分布：台湾、广东、海南。

海桐 *Pittosporum tobira* (Thunb.) Ait.

海桐花科 Pittosporaceae

海桐花属 *Pittosporum*

鉴别特征：常绿灌木或小乔木；嫩枝被褐色柔毛，有皮孔。叶聚生于枝顶，二年生，革质，倒卵形或倒卵状披针形。伞形花序或伞房状伞形花序顶生或近顶生，密被黄褐色柔毛；苞片披针形，均被褐毛。花白色，有芳香，后变黄色；花瓣倒披针形，离生。蒴果圆球形，有棱或呈三角形；种子多数，多角形，红色。

分布：长江以南滨海各地。

用途：观赏。

天料木科

红花天料木 *Homalium hainanense* Gagnep.

天料木科 Samydaceae

天料木属 ***Homalium***

鉴别特征： 乔木，高 8 ～ 15m；树皮灰色，不裂；小枝圆柱形，无毛，有槽纹。叶革质，长圆形或椭圆状长圆形，稀倒卵状长圆形，两面无毛。花外面淡红色，内面白色，多数，3 ～ 4 朵簇生而排成总状花序；花瓣宽匙形，两面均被短柔毛，边缘有睫毛。蒴果倒圆锥形。花期 6 月至次年 2 月，果期 10 ～ 12 月。

分布： 海南、广东、云南、广西、湖南、江西、福建等地有栽培。

用途： 木材优良，结构细密，纹理清晰，为建筑、桥梁和家具的重要用材。

葫芦科

绞股蓝 *Gynostemma pentaphyllum*（Thunb.）Makino

葫芦科 Cucurbitaceae

绞股蓝属 ***Gynostemma***

鉴别特征： 草质攀援植物；茎细弱，具分枝，具纵棱及槽，无毛或疏被短柔毛。叶膜质或纸质，鸟足状，具 3 ～ 9 小叶；小叶片卵状长圆形或披针形。花雌雄异株；雄花圆锥花序，基部具钻状小苞片；花萼筒极短，5 裂，裂片三角形；花冠淡绿色或白色，5 深裂，裂片卵状披针形。果实肉质不裂，球形，成熟后黑色，内含倒垂种子 2 粒。种子卵状心形，灰褐色或深褐色，顶端钝，基部心形，压扁，两面具乳突状凸起。花期 3 ～ 11 月，果期 4 ～ 12 月。

分布： 广东、福建、江西、浙江、湖南、广西、云南等地。

马[瓜@交]儿 *Zehneria indica*（Lour.）Keraudren

葫芦科 Cucurbitaceae

马[瓜@交]儿属 *Zehneria*

鉴别特征： 攀援或平卧草本；茎、枝纤细，疏散，有棱沟，无毛。叶片膜质，多型，三角状卵形、卵状心形或戟形，不分裂或3～5浅裂，上面深绿色，粗糙，脉上有极短的柔毛，背面淡绿色，无毛。雌雄同株。雄花：单生或稀2～3朵生于短的总状花序上；花冠淡黄色，有极短的柔毛。雌花：在与雄花同一叶腋内单生或稀双生；花冠阔钟形，裂片披针形。果实长圆形或狭卵形，成熟后橘红色或红色；种子灰白色，卵形。花期4～7月，果期7～10月。

分布： 四川、湖北、安徽、江苏、浙江、福建、江西、湖南、广东、广西、贵州、云南。

用途： 全草药用，有清热、利尿、消肿之效。

秋海棠科

槭叶秋海棠 *Begonia digyna* Irmsch.

秋海棠科 Begoniaceae

秋海棠属 *Begonia*

鉴别特征： 多年生草本，高25～37cm；根茎短，通常横走，直径约1cm，具有多数细长纤维状根；茎直立或上升，有纵棱，散生卷曲柔毛。叶少数，具长柄；叶片干时膜质，两侧不相等，轮廓宽卵形或近圆形，先端渐尖，基部心形，略偏斜，边缘有大小不等重锯齿，齿尖带短芒，并6～7中裂，裂片三角状卵形，中间裂片常再重复极浅裂，基部的2裂片稍小，掌状7条脉，中部以上呈羽状脉；叶柄有纵棱，被卷曲淡褐色柔毛；托叶早落。花粉红色至玫瑰色，2～4朵，腋生，呈二歧聚伞状。

分布： 广东、福建、江西、浙江。

用途： 观赏。

竹节秋海棠 *Begonia maculata* Raddi

秋海棠科 Begoniaceae

秋海棠属 *Begonia*

鉴别特征： 多年生肉质草本；直立或被散亚灌木，平滑而无毛，具分枝，高 0.7 ～ 1.5m；茎具明显竹节状的节。叶厚，肉质，斜长圆形至长圆状卵形，边缘浅波状，腹面深绿色，有多数圆形的小白点，背面深红色；叶柄紫红色，圆柱形，稍肥厚。花淡红色或白色，无香味。

分布： 广东、广西有人工引种栽培。

用途： 园林观赏。

四季海棠 *Begonia semperflorens* Link et Otto

秋海棠科 Begoniaceae

秋海棠属 *Begonia*

鉴别特征： 肉质草本；根纤维状；茎直立，肉质，无毛，基部多分枝，多叶。叶卵形或宽卵形，长 5 ～ 8cm，基部略偏斜，边缘有锯齿和睫毛，两面光亮，绿色，但主脉通常微红。花淡红色或带白色，数朵聚生于腋生的总花梗上，雄花较大，有花被片 4 片，雌花稍小，有花被片 5 片。蒴果绿色，有带红色的翅。常年开花。

分布： 我国各地均有栽植。

用途： 观赏；药用。

山茶科

杨桐 *Adinandra millettii*

山茶科 Theaceae

杨桐属 *Adinandra*

鉴别特征: 小乔木或灌木状。叶长圆状椭圆形，全缘；叶柄疏被柔毛或近无毛。单花腋生；花梗纤细，疏被柔毛或近无毛；小苞片 2，早落，线状披针形；萼片 5，卵状披针形或卵状三角形；花瓣 5，白色，卵状长圆形至长圆形，无毛；雄蕊约 25；子房 3 室，花柱单一。果球形，疏被柔毛。花期 5 ～ 7 月，果期 8 ～ 10 月。

分布: 安徽（南部）、浙江（南部和西部）、江西、福建、湖南、广东、广西、贵州等地。

心叶毛蕊茶 *Camellia cordifolia*（Metc.）Nakai

山茶科 Theaceae

山茶属 *Camellia*

鉴别特征: 乔木或灌木状；幼枝被长粗毛。叶革质，长圆状披针形或长卵形，先端尾尖，具细锯齿；叶柄被长粗毛。花白色，单生或成对；花梗被毛；苞片 4 ～ 5，半圆形或卵形，先端圆，被毛；萼片 5，宽卵形或圆形，被毛；花瓣 5 片，外层 1 ～ 2 片离生，圆形，被毛；花柱被毛，顶端 3 浅裂。蒴果近球形。花期 10 ～ 12 月。

分布: 广东、广西、江西、台湾。

尖萼红山茶 *Camellia edithae* Hance

山茶科 Theaceae

山茶属 *Camellia*

鉴别特征： 小乔木或灌木状；幼枝被长绒毛。叶革质，卵状披针形或披针形，上面中脉被褐色绒毛，下面被长绒毛，侧脉7～9对，凹下，密生细齿；叶柄被绒毛。花红色，1～2朵顶生；花无梗；苞片及萼片9～10，半圆形或宽卵形；花瓣5～6，红色，倒卵圆形，先端凹缺。蒴果球形，3室，每室1～2种子，萼片宿存。花期4～7月。

分布： 广东、江西（南部）。

油茶 *Camellia oleifera* Abel.

山茶科 Theaceae

山茶属 *Camellia*

鉴别特征： 小乔木或灌木状。叶革质，椭圆形或倒卵形，先端钝尖，基部楔形，具细齿。花顶生；苞片及萼片约10，革质，宽卵形；花瓣白色，5～7，倒卵形，先端4缺或2裂；雄蕊花丝近离生，或具短花丝筒；花柱顶端3裂。蒴果球形。花期冬春间。

分布： 从长江流域到华南各地广泛栽培。

用途： 油料作物。

米碎花 *Eurya chinensis* R. Br. var. *chinensis*

山茶科 Theaceae

柃木属 *Eurya*

鉴别特征： 灌木，多分枝；茎皮灰褐色或褐色，平滑；嫩枝黄绿色或黄褐色，被短柔毛，小枝灰褐色或浅褐色，几无毛；顶芽披针形，密被黄褐色短柔毛。叶薄革质，倒卵形或倒卵状椭圆形。花 1 ～ 4 朵簇生于叶腋，无毛。雄花：花瓣 5，白色，倒卵形。雌花：花瓣 5，卵形。果实圆球形，有时为卵圆形，成熟时紫黑色；种子肾形，稍扁，黑褐色，有光泽。花期 11 ～ 12 月，果期次年 6 ～ 7 月。

分布： 江西、福建、台湾、湖南、广东、广西等地。

华南毛柃 *Eurya ciliata* Merr.

山茶科 Theaceae

柃木属 *Eurya*

鉴别特征： 灌木或小乔木；枝圆筒形，新枝密被黄褐色披散柔毛，小枝灰褐色，无毛或几无毛。叶坚纸质，披针形，顶端渐尖，基部两侧稍偏斜，略呈斜心形，边全缘，偶有细锯齿，干后稍反卷，上面亮绿色，无毛，下面淡绿色，被贴伏柔毛，侧脉 10 ～ 14 对，在离叶缘处连接，下面凸起。花 1 ～ 3 朵簇生于叶腋，花梗被柔毛。果实圆球形，被柔毛，萼及花柱均宿存；种子多数，圆肾形，褐色，有光泽，表面密被网纹。花期 10 ～ 11 月，果期次年 4 ～ 5 月。

分布： 海南、广东、广西（东部和北部）、贵州、云南（东南部）等地。

偏心毛柃 *Eurya distichophylla* Hemsl. f. *asymmetrica* H. T. Chang

山茶科 Theaceae

柃木属 *Eurya*

鉴别特征: 灌木或小乔木；树皮灰褐色或黑褐色；小枝稍纤细，当年生新枝圆筒形，叶纸质或单薄革质，卵状披针形或卵状长圆形，基部为偏斜的心形，边缘有细锯齿。花1～3朵簇生于叶腋，被柔毛。雄花：花瓣5，白色，边缘稍带蓝色，倒卵状长圆形至倒卵形。雌花：花瓣5，披针形。果实圆球形或卵球形，被柔毛，成熟时紫黑色；种子多数，褐色，有光泽。花期10～12月，果期次年6～7月。

分布: 广东。

木荷 *Schima superba* Gardn. et Champ.

山茶科 Theaceae

木荷属 *Schima*

鉴别特征: 大乔木；嫩枝通常无毛。叶革质或薄革质，椭圆形。花生于枝顶叶腋，常多朵排成总状花序，白色；花瓣长1～1.5cm，最外1片风帽状，边缘多少有毛；子房有毛。蒴果直径1.5～2cm。花期6～8月。

分布: 浙江、福建、台湾、江西、湖南、广东、海南、广西、贵州。

用途: 木荷是道路、公园、庭园等园林绿化的优良树种；木荷因有大毒不可内服，外用捣敷患处可攻毒、消肿。

厚叶厚皮香 *Ternstroemia kwangtungensis*

山茶科 Theaceae

厚皮香属 *Ternstroemia*

鉴别特征：灌木或小乔木，全株无毛；树皮灰褐色或黑褐色，平滑；嫩枝粗壮，圆柱形，淡红褐色，小枝灰褐色。叶互生，革质且肥厚，椭圆状卵圆形、阔椭圆形、倒卵形、倒卵圆形至几圆形。花单朵生于叶腋，杂性；雄花花瓣5，白色，倒卵形或长圆状倒卵形；雄蕊多数；退化子房微小。果实扁球形；种子近肾形，成熟时假种皮鲜红色。花期5～6月，果期10～11月。

分布：江西、福建、广东、广西（南部）、香港等地。

五列木科

五列木 *Pentaphylax euryoides* Gardn. et Champ.

五列木科 Pentaphylacaceae

五列木属 *Pentaphylax*

鉴别特征：常绿乔木或灌木，高4～10m；小枝圆柱形，灰褐色，无毛。单叶互生，革质，卵形或卵状长圆形或长圆状披针形，全缘略反卷，无毛。总状花序腋生或顶生；花白色；小苞片2，小，三角形；花瓣长圆状披针形或倒披针形。蒴果椭圆状，褐黑色；种子线状长圆形，红棕色，先端极压扁或呈翅状。

分布：云南、贵州、广西、广东、湖南、江西、福建。

用途：木材坚硬，可供建筑、家具或农具用材。

水东哥科

水东哥 *Saurauia tristyla* DC.

水东哥科 Saurauiaceae

水东哥属 *Saurauia*

鉴别特征： 灌木或小乔木；小枝无毛或被绒毛，被爪甲状鳞片或钻状刺毛。叶纸质或薄革质，倒卵状椭圆形、倒卵形、长卵形，稀阔椭圆形，顶端短渐尖至尾状渐尖，基部楔形，稀钝，叶缘具刺状锯齿，稀为细锯齿。花序聚伞式，1～4枚簇生于叶腋或老枝落叶叶腋，被毛和鳞片，苞片卵形，花柄基部具2枚近对生小苞片；花瓣卵形，顶部反卷。果球形，白色、绿色或淡黄色。

分布： 广西、云南、贵州、广东。

桃金娘科

岗松 *Baeckea frutescens* L.

桃金娘科 Myrtaceae

岗松属 *Baeckea*

鉴别特征： 灌木，有时为小乔木；嫩枝纤细，多分枝。叶小，狭线形或线形，有透明油腺点。花小，白色，单生于叶腋内；花瓣圆形，分离。蒴果小，长约2mm；种子扁平，有角。花期夏秋。

分布： 福建、广东、广西、江西等地。

用途： 叶供药用，治黄疸、膀胱炎，外洗治皮炎及湿疹；根与地菍及魁蒿合用治功能性子宫出血。

红千层 *Callistemon rigidus* R. Br.

桃金娘科 Myrtaceae

红千层属 *Callistemon*

鉴别特征：小乔木；树皮坚硬，灰褐色；嫩枝有棱。叶片坚革质，线形，油腺点明显，干后凸起。穗状花序生于枝顶；花瓣绿色，卵形，有油腺点。蒴果半球形；种子条状。花期6～8月。

分布：原产澳大利亚，我国广东、广西有栽培。

红果仔 *Eugenia uniflora* Linn.

桃金娘科 Myrtaceae

番樱桃属 *Eugenia*

鉴别特征：灌木或小乔木，高可达5m，全株无毛。叶片纸质，卵形至卵状披针形，有无数透明腺点。花白色，稍芳香，单生或数朵聚生于叶腋。浆果球形，有8棱，熟时深红色，有种子1～2颗。花期春季。

分布：原产巴西，我国南方有少量栽培。

用途：果肉多汁，稍带酸味，可食，并可制质量良好的软糖。

桃金娘 *Rhodomyrtus tomentosa*

桃金娘科 Myrtaceae

桃金娘属 *Rhodomyrtus*

鉴别特征：灌木，高1～2m；嫩枝有灰白色柔毛。叶对生，革质，叶片椭圆形或倒卵形，先端圆或钝，常微凹入，有时稍尖，基部阔楔形，网脉明显；叶柄长4～7mm。花常单生，紫红色；花瓣5，倒卵形；雄蕊红色；子房下位，3室，花柱长1cm。浆果卵状壶形，熟时紫黑色；种子每室2列。花期4～5月。

分布：台湾、福建、广东、广西、云南、贵州、湖南。

用途：根含酚类、鞣质等，有治慢性痢疾、风湿、肝炎及降血脂等功效。

赤楠 *Syzygium buxifolium* Hook. et Arn.

桃金娘科 Myrtaceae

蒲桃属 *Syzygium*

鉴别特征：灌木或小乔木。叶片革质，阔椭圆形至椭圆形，有腺点，侧脉多而密，斜行向上。聚伞花序顶生，有花数朵；花瓣4，分离；雄蕊长2.5mm；花柱与雄蕊等长。果实球形，直径5～7mm。花期6～8月。

分布：安徽、浙江、台湾、福建、江西、湖南、广东、广西、贵州等地。

用途：可配植于庭园、假山、草坪、林缘供观赏，亦可修剪造型为球形灌木，或作绿篱片植，也常作盆景树种；根可入药，能健脾利湿、平喘、散淤。

海南蒲桃 *Syzygium hainanense* Chang et Miau

桃金娘科 Myrtaceae

蒲桃属 *Syzygium*

鉴别特征： 小乔木，高 5m；嫩枝圆形，干后褐色，老枝灰白色。叶片革质，椭圆形，多腺点。果序腋生；果实椭圆形或倒卵形；种子 2 颗，上下叠置。

分布： 产海南昌江，广东等地有栽培。

轮叶蒲桃 *Syzygium grijsii*（Hance）Merr. et Perry

桃金娘科 Myrtaceae

蒲桃属 *Syzygium*

鉴别特征： 灌木，高不及 1.5m；嫩枝纤细，有 4 棱，干后黑褐色。叶片革质，细小，常 3 叶轮生，狭窄长圆形

或狭披针形，先端钝或略尖，基部楔形，上面干后暗褐色，无光泽，下面稍浅色，多腺点。聚伞花序顶生，少花；花白色，花瓣 4，分离，近圆形。果实球形。花期 5 ～ 6 月。

分布： 浙江、江西、福建、广东、广西。

红鳞蒲桃 *Syzygium hancei* Merr. et Perry

桃金娘科 Myrtaceae

蒲桃属 *Syzygium*

鉴别特征：灌木或中等乔木；嫩枝圆形，干后变黑褐色。叶片革质，狭椭圆形至长圆形或为倒卵形，先端钝或略尖，基部阔楔形或较狭窄，上面干后暗褐色，不发亮，有多数细小而下陷的腺点，下面同色。圆锥花序腋生，多花；无花梗；花蕾倒卵形，萼管倒圆锥形，萼齿不明显；花瓣 4，分离，圆形，雄蕊比花瓣略短；花柱与花瓣同长。果实球形。花期 7～9 月。

分布：福建、广东、广西等地，常见于低海拔疏林中。

蒲桃 *Syzygium jambos*（L.）Alston var. *jambos*

桃金娘科 Myrtaceae

蒲桃属 *Syzygium*

鉴别特征：乔木；主干极短，广分枝；小枝圆形。叶片革质，披针形或长圆形，多透明细小腺点。聚伞花序顶生，有花数朵；花白色；花瓣分离，阔卵形。果实球形，果皮肉质，成熟时黄色，有油腺点；种子 1～2 颗，多胚。花期 3～4 月，果实 5～6 月成熟。

分布：台湾、福建、广东、广西、贵州、云南等地。

野牡丹科

异药花 *Fordiophyton faberi* Stapf.

野牡丹科 Melastomataceae

异药花属 *Fordiophyton*

鉴别特征: 草本或亚灌木；茎四棱形，无毛。叶片膜质，边缘具不甚明显的细锯齿，5基出脉。花序为不明显的聚伞花序或伞形花序，顶生；花萼长漏斗形，具四棱，被腺毛及白色小腺点，具8脉，其中4脉明显，裂片长三角形或卵状三角形，被腺毛及腺毛状缘毛；花瓣红色或紫红色，长圆形，顶端偏斜。蒴果倒圆锥形，顶孔4裂；宿存萼与蒴果同形，具不明显的8条纵肋，无毛，4裂。花期8～9月，果期约6月。

分布: 四川、贵州、云南、广东。

用途: 全株供药用，有祛风除湿、活血的功效。

鸭脚茶 *Bredia sinensis*（Diels）H. L. Li

野牡丹科 Melastomataceae

野海棠属 *Bredia*

鉴别特征: 灌木；茎圆柱形，分枝多，小枝略四棱形，幼时被星状毛，以后无毛或被疏微柔毛。叶片坚纸质，披针形至卵形或椭圆形，顶端渐尖，钝，基部楔形或极钝。聚伞花序，顶生，有花5～20朵；花萼钟状漏斗形，具4棱；花瓣粉红色至紫色，长圆形，顶端急尖。蒴果近球形，为宿存萼所包；宿存萼钟状漏斗形，具4棱，顶端截平，冠以宿存萼片，萼片有时被星状毛。花期6～7月，果期8～10月。

分布: 浙江、江西、广东、福建。

用途: 全株供药用。

野牡丹 *Melastoma candidum* D. Don

野牡丹科 Melastomataceae

野牡丹属 *Melastoma*

鉴别特征： 灌木；茎钝四棱形或近圆柱形。叶片坚纸质，卵形，顶端急尖，基部浅心形或近圆形，全缘，7 基出脉，两面被糙伏毛及短柔毛；叶柄密被鳞片状糙伏毛。伞房花序生于枝顶，近头状，有花 3 ～ 5 朵，稀单生；花瓣玫瑰红色或粉红色，倒卵形，顶端圆形，密被缘毛。蒴果坛状球形，与宿存萼贴生，密被鳞片状糙伏毛；种子镶于肉质胎座内。花期 5 ～ 7 月，果期 10 ～ 12 月。

分布： 云南、广西、广东、福建、台湾。

用途： 根、叶药用。

地菍 *Melastoma dodecandrum* Lour.

野牡丹科 Melastomataceae

野牡丹属 *Melastoma*

鉴别特征： 小灌木；茎匍匐上升，逐节生根，分枝多，披散，幼时被糙伏毛，以后无毛。叶片坚纸质，卵形或椭圆形，全缘或具密浅细锯齿，叶面通常仅边缘被糙伏毛，背面仅沿基部脉上被极疏糙伏毛。聚伞花序，顶生，有花 1 ～ 3 朵，基部有叶状总苞 2，通常较叶小；花瓣淡紫红色至紫红色，菱状倒卵形，上部略偏斜，顶端有 1 束刺毛，被疏缘毛。果坛状球状，截平，近顶端略缢缩，肉质。花期 5 ～ 7 月，果期 7 ～ 9 月。

分布： 贵州、湖南、广西、广东、江西、浙江、福建。

用途： 果可食，亦可酿酒；全株供药用，有涩肠止痢、舒筋活血、补血安胎、清热燥湿等作用，捣碎外敷可治疮、痈、疽、疖；根可解木薯中毒。

楮头红 *Sarcopyramis nepalensis* var. *nepalensis*

野牡丹科 Melastomataceae

肉穗草属 ***Sarcopyramis***

鉴别特征： 直立草本；茎四棱形，肉质，无毛，上部分枝。叶膜质，广卵形或卵形，稀近披针形，顶端渐尖，基部楔形或近圆形，微下延，边缘具细锯齿；叶柄具狭翅。聚伞花序，生于分枝顶端，有花1～3朵；花萼四棱形，棱上有狭翅，裂片顶端截平，具流苏状长缘毛膜质的盘；花瓣粉红色，倒卵形，顶端截平，偏斜。蒴果杯形，具4棱，膜质冠伸出萼1倍。花期8～10月，果期9～12月。

分布： 西藏、云南、四川、贵州、湖北、湖南、广西、广东、江西、福建。

用途： 全草入药，有清肝明目的作用，可治耳鸣及目雾等症或祛肝火。

巴西野牡丹 *Tibouchina seecandra* Cogn.

野牡丹科 Melastomataceae

野牡丹属 ***Tibouchina***

鉴别特征： 常绿灌木。茎四棱形，分枝多，枝条红褐色；茎、枝几乎无毛。叶革质，披针状卵形，全缘，表面光滑，无毛，背面被细柔毛。伞形花序着生于分枝顶端，近头状，有花3～5朵；花瓣5枚；花瓣紫色，雄蕊白色且上曲。蒴果坛状球形。几乎全年可以开花。

分布： 广东、海南等地有引种栽培。

用途： 花期长，花朵艳丽，适合庭园、绿地的绿化、美化。

使君子科

使君子 *Quisqualis indica* L. var. *indica*

使君子科 Combretaceae

使君子属 *Quisqualis*

鉴别特征： 攀援状灌木；小枝被棕黄色短柔毛。叶对生或近对生，叶片膜质，卵形或椭圆形。顶生穗状花序，组成伞房花序式；花瓣5，初为白色，后转淡红色。果卵形，短尖，无毛，具明显的锐棱角5条，成熟时外果皮脆薄，呈青黑色或栗色；种子1颗，白色，圆柱状纺锤形。花期初夏，果期秋末。

分布： 福建、台湾、江西、湖南、广东、广西、四川、云南、贵州。

用途： 种子为中药中最有效的驱蛔药之一，对小儿蛔虫症疗效尤其显著。

阿江榄仁 *Terminalia arjuna* (Roxb. ex DC.) Wight & Arn.

使君子科 Combretaceae

诃子属 *Terminalia*

鉴别特征： 落叶乔木，高10～20m；有板根，树皮呈片状剥落；侧枝轮生，呈水平状开展。叶倒卵形，先端圆或有小凸尖。6～7月开花，花小，淡黄色。果卵形，具5翅，熟时黄褐色。

分布： 广东、香港、台湾、广西。

用途： 园林观赏、环境绿化。

藤黄科

薄叶红厚壳 *Calophyllum membranaceum* Gardn. et Champ.

藤黄科 Guttiferae

红厚壳属 *Calophyllum*

鉴别特征：灌木至小乔木，高 1 ～ 5m；幼枝四棱形，具狭翅。叶薄革质，长圆形或长圆状披针形，边缘反卷，两面具光泽。聚伞花序腋生，有花 1 ～ 5（通常为 3）朵；花两性，白色略带浅红色；花瓣 4，倒卵形，等大。果卵状长圆球形，成熟时黄色。花期 3 ～ 5 月，果期 8 ～ 10（12）月。

分布：广东、海南、广西（南部）等地。

用途：根可治跌打损伤、风湿骨痛、肾虚腰痛，能祛淤止痛、补肾强腰；叶治外伤出血。

岭南山竹子 *Garcinia oblongifolia* Champ. ex Benth.

藤黄科 Guttiferae

藤黄属 *Garcinia*

鉴别特征：乔木或灌木；树皮深灰色。老枝通常具断环纹。叶片近革质，长圆形、倒卵状长圆形至倒披针形。花小，单性，异株，单生或形成伞状聚伞花序；雄花花瓣橙黄色或淡黄色，倒卵状长圆形，雌花花瓣与雄花相似。浆果卵球形或圆球形。花期 4 ～ 5 月，果期 10 ～ 12 月。

分布：广东、广西。

用途：果可食；种子含油量高，可供工业用油；木材可制家具和工艺品；树皮含单宁，供提制栲胶。

赶山鞭 *Hypericum attenuatum* Choisy

藤黄科 Guttiferae

金丝桃属 *Hypericum*

鉴别特征: 多年生草本；根茎具发达的侧根及须根；茎数个丛生，直立，圆柱形，常有2条纵线棱，且全面散生黑色腺点。叶无柄；叶片卵状长圆形或卵状披针形至长圆状倒卵形。花序顶生，多花或有时少花，为近伞房状或圆锥花序；花瓣淡黄色，长圆状倒卵形。蒴果卵珠形或长圆状卵珠形，具长短不等的条状腺斑；种子黄绿色、浅灰黄色或浅棕色，圆柱形，表面有细蜂窝纹。花期7～8月，果期8～9月。

分布: 黑龙江、吉林、辽宁、内蒙古、河北、山西、陕西、甘肃、山东、江苏、安徽、浙江、江西、河南、广东、广西（北部）。

用途: 民间用全草代茶叶用；全草又可入药，捣烂治跌打损伤或煎服作蛇药用。

椴树科

甜麻 *Corchorus aestuans* L.

椴树科 Tiliaceae

黄麻属 *Corchorus*

鉴别特征: 一年生草本；茎红褐色，稍被淡黄色柔毛；枝细长，披散。叶卵形或阔卵形，顶端短渐尖或急尖，基部圆形，两面均有稀疏的长粗毛，边缘有锯齿，近基部一对锯齿往往延伸成尾状的小裂片，基出脉5～7条；叶柄被淡黄色的长粗毛。花单独或数朵组成聚伞花序生于叶腋或腋外。蒴果长筒形，长约2.5cm，直径约5mm，具6条纵棱，其中3～4棱呈翅状凸起，顶端有3～4条向外延伸的角，角二叉，成熟时3～4瓣裂，果瓣有浅横隔；种子多数。花期夏季。

分布: 长江以南各地。

用途: 用作编织及造纸原料；嫩叶可供食用；入药可作清凉解热剂。

破布叶 *Microcos paniculata* L.

椴树科 Tiliaceae

破布叶属 *Microcos*

鉴别特征： 灌木或小乔木，树皮粗糙；嫩枝有毛。叶薄革质，卵状长圆形，边缘有细钝齿；托叶线状披针形。顶生圆锥花序被星状柔毛；花瓣长圆形，下半部有毛。核果近球形或倒卵形，果柄短。花期6～7月。

分布： 广东、广西、云南。

用途： 叶供药用，味酸，性平无毒，可清热毒、消食积。

杜英科

长芒杜英 *Elaeocarpus apiculatus* Masters

杜英科 Elaeocarpaceae

杜英属 *Elaeocarpus*

鉴别特征： 乔木，树皮灰色；小枝粗壮，被灰褐色柔毛，有多数圆形的叶柄遗留斑痕，干后皱缩，多直条纹。叶聚生于枝顶，革质，倒卵状披针形。总状花序生于枝顶叶腋内，有花5～14朵，花序轴被褐色柔毛；花瓣倒披针形，内外两面被银灰色长毛。核果椭圆形，有褐色绒毛。花期8～9月，果实在冬季成熟。

分布： 云南（南部）、广东、海南。

杜英 *Elaeocarpus decipiens* Hemsl.

杜英科 Elaeocarpaceae

杜英属 *Elaeocarpus*

鉴别特征：常绿乔木。叶革质，披针形或倒披针形，先端渐尖，尖头钝，基部楔形，常下延，网脉在上下两面均不明显，边缘有小钝齿。总状花序多生于叶腋及无叶的去年枝条上，花序轴纤细，有微毛；花白色，萼片披针形，先端尖，两侧有微毛；花瓣倒卵形，与萼片等长，上半部撕裂。核果椭圆形，种子1颗。花期6～7月。

分布：广东、广西、福建、台湾、浙江、江西、湖南、贵州、云南。

水石榕 *Elaeocarpus hainanensis* Oliver var. *hainanensis*

杜英科 Elaeocarpaceae

杜英属 *Elaeocarpus*

鉴别特征：小乔木；具假单轴分枝，树冠宽广；嫩枝无毛。叶革质，狭窄倒披针形。总状花序生当年枝的叶腋内，有花2～6朵；苞片叶状，无柄，卵形；花瓣白色，倒卵形。核果纺锤形，内果皮坚骨质，1室；种子长2cm。花期6～7月。

分布：海南、广东、广西（南部）、云南（东南部）。

猴欢喜 *Sloanea sinensis*（Hance）Hemsl.

杜英科 Elaeocarpaceae

猴欢喜属 ***Sloanea***

鉴别特征： 乔木，高 20m；嫩枝无毛。叶薄革质，形状及大小多变，通常为长圆形或狭窄倒卵形，先端短急尖，基部楔形，亦有为披针形的，通常全缘。花多朵簇生于枝顶叶腋；萼片 4 片，阔卵形；花瓣 4 片，白色。蒴果大小不一，3～7 爿裂开，果爿长短不一，内果皮紫红色；种子黑色，有光泽，假种皮黄色。花期 9～11 月，果实次年 6～7 月成熟。

分布： 广东、海南、广西、贵州、湖南、江西、福建、台湾、浙江。

梧桐科

山芝麻 *Helicteres angustifolia* L.

梧桐科 Sterculiaceae

山芝麻属 ***Helicteres***

鉴别特征： 小灌木；小枝被灰绿色短柔毛。叶狭矩圆形或条状披针形，顶端钝或急尖，基部圆形。聚伞花序有 2 至数朵花；萼管状，被星状短柔毛，5 裂，裂片三角形；花瓣 5 片，不等大，淡红色或紫红色，比萼略长，基部有 2 个耳状附属体。蒴果卵状矩圆形，顶端急尖，密被星状毛及混生长绒毛；种子小，褐色，有椭圆形小斑点。花期几乎全年。

分布： 湖南、江西（南部）、广东等地。

用途： 茎皮纤维可作混纺原料；根可药用；叶捣烂敷患处可治疮疖。

马松子 *Melochia corchorifolia* L.

梧桐科 Sterculiaceae

马松子属 *Melochia*

鉴别特征：半灌木状草本，高不及1m；枝黄褐色，略被星状短柔毛。叶薄纸质，卵形、矩圆状卵形或披针形，稀有不明显的3浅裂；托叶条形。花排成顶生或腋生的密聚伞花序或团伞花序；花瓣5片，白色，后变为淡红色，矩圆形。蒴果圆球形，有5棱，被长柔毛；种子卵圆形，略成三角状，褐黑色。花期夏秋季。

分布：广东、福建、湖南、江西、四川等地。

用途：茎皮富含纤维，可与黄麻混纺以制麻袋。

翻白叶树 *Pterospermum heterophyllum* Hance

梧桐科 Sterculiaceae

翅子树属 *Pterospermum*

鉴别特征：乔木；树皮灰色或灰褐色；小枝被黄褐色短柔毛。叶二型，生于幼树或萌蘖枝上的叶盾形，掌状3～5裂；生于成长的树上的叶矩圆形至卵状矩圆形。花单生或2～4朵组成腋生的聚伞花序；花青白色；花瓣5片，倒披针形。蒴果木质，矩圆状卵形，被黄褐色绒毛；种子具膜质翅。花期秋季。

分布：广东、福建、广西。

用途：在广东通称半枫荷，根可供药用，为治疗风湿性关节炎的药材，可浸酒或煎汤服用；枝皮可剥取以编绳。

假苹婆 *Sterculia lanceolata* Cav.

梧桐科 Sterculiaceae

苹婆属 *Sterculia*

鉴别特征：乔木；小枝幼时被毛。叶椭圆形、披针形或椭圆状披针形。圆锥花序腋生，密集且多分枝；花淡红色，萼片5枚，向外开展如星状，矩圆状披针形或矩圆状椭圆形。蓇葖果鲜红色，长卵形或长椭圆形；种子黑褐色，椭圆状卵形。每果有种子2～4颗。花期4～6月。

分布：广东、广西、云南、贵州、四川（南部）。

用途：茎皮纤维可作麻袋的原料，也可造纸；种子可食用，也可榨油。

木棉科

木棉 *Bombax malabaricum* DC.

木棉科 Bombacaceae

木棉属 *Bombax*

鉴别特征：落叶大乔木；幼树树干常有圆锥状粗刺。掌状复叶，小叶5～7，长圆形或长圆状披针形，全缘，两面无毛，羽状侧脉15～17对。花单生枝顶叶腋，红色，有时橙红色；花萼杯状，内面密被淡黄色短绢毛，萼齿3～5，半圆形；花瓣肉质，倒卵状长圆形，两面被星状柔毛。蒴果长圆形，密被灰白色长柔毛和星状柔毛；种子多数，倒卵圆形，光滑。花期3～4月，果夏季成熟。

分布：云南、四川、贵州、广西、江西、广东、福建、台湾等地亚热带地区。

用途：花可供蔬食，入药；根皮、树皮入药；果内绵毛可作枕、褥、救生圈等的填充材料；种子油可作润滑油、制肥皂；木材可作蒸笼、箱板、火柴棒、造纸等材料用；花大而美，树姿巍峨，可植为庭园观赏树、行道树。

锦葵科

黄葵 *Abelmoschus moschatus* Medicus

锦葵科 Malvaceae

秋葵属 *Abelmoschus*

鉴别特征：一年生或二年生草本，高1～2m，被粗毛。叶通常掌状5～7深裂，裂片披针形至三角形，边缘具不规则锯齿，两面均疏被硬毛。花单生于叶腋间，被倒硬毛；花萼佛焰苞状，5裂，常早落；花黄色，内面基部暗紫色。蒴果长圆形，被黄色长硬毛；种子肾形，具腺状脉纹，具香味。花期6～10月。

分布：台湾、广东、广西、江西、湖南、云南等地有栽培或野生。

用途：种子具麝香味，可提制芳香油，是名贵的高级调香料，也可入药；根含黏性物质，供制棉纸的糊料；花大色艳，可供园林观赏用。

木芙蓉 *Hibiscus mutabilis* Linn. f. *mutabilis*

锦葵科 Malvaceae

木槿属 *Hibiscus*

鉴别特征：落叶灌木或小乔木；小枝、叶柄、花梗和花萼均密被星状毛与直毛相混的细绵毛。叶宽卵形至圆卵形或心形，常5～7裂，裂片三角形，具钝圆锯齿；托叶披针形，常早落。花单生于枝端叶腋间；花初开时白色或淡红色，后变深红色，花瓣近圆形。蒴果扁球形，果爿5；种子肾形。花期8～10月。

分布：辽宁、河北、山东、陕西、安徽、江苏、浙江、江西、福建、台湾、广东、广西、湖南、湖北、四川、贵州、云南等地有栽培，系湖南原产。

用途：花大色丽，为我国久经栽培的园林观赏植物；花叶供药用，有清肺、凉血、散热和解毒之功效。

木槿 *Hibiscus syriacus* Linn.

锦葵科 Malvaceae

木槿属 *Hibiscus*

鉴别特征：落叶灌木；小枝密被黄色星状绒毛。叶菱形至三角状卵形，具深浅不同的3裂或不裂，先端钝，基部楔形，边缘具不整齐齿缺，下面沿叶脉微被毛或近无毛；叶柄被星状柔毛；托叶线形，疏被柔毛。花单生于枝端叶腋间；花钟形，淡紫色，直径5～6cm，花瓣倒卵形，外面疏被纤毛和星状长柔毛。蒴果卵圆形，密被黄色星状绒毛；种子肾形，背部被黄白色长柔毛。花期7～10月。

分布：原产我国，分布于台湾、福建、广东、广西、云南、贵州、四川、湖南、湖北、安徽、江西、浙江、江苏、山东、河北、河南、陕西等地。

用途：主供园林观赏用，或作绿篱材料；茎皮富含纤维，供造纸原料；入药治疗皮肤癣疮。

赛葵 *Malvastrum coromandelianum*（Linn.）Gurcke

锦葵科 Malvaceae

赛葵属 *Malvastrum*

鉴别特征：亚灌木状草本，疏被星状粗毛。叶卵形或卵状披针形，先端钝尖，基部宽楔形或圆形，具粗齿。花单生叶腋；花梗被长毛；小苞片3，线形，疏被长毛；花萼浅杯状，5裂，裂片卵形，基部合生，疏被星状长毛和单长毛；花冠黄色，花瓣5，倒卵形。果肾形，疏被星状柔毛，直径约2.5mm，背部宽约1mm，具2芒刺。

分布：台湾、福建、广东、广西、云南等地。

用途：全草入药，配十大功劳可治疗肝病；叶治疮疖。

悬铃花 *Malvaviscus arboreus* Cav.

锦葵科 Malvaceae

悬铃花属 ***Malvaviscus***

鉴别特征: 灌木，小枝被长柔毛。叶卵状披针形，先端长尖，基部广楔形至近圆形，边缘具一钝齿，两面近于无毛或仅脉上被星状疏柔毛，主脉 3 条；托叶线形，早落。花单生于叶腋，小苞片匙形，边缘具长硬毛，基部合生；萼钟状，裂片 5；花红色，下垂，筒状，仅于上部略开展。果未见。

分布: 广东、云南等地引种栽培。

用途: 花极为美丽，主供园林观赏用。

地桃花 *Urena lobata* Linn. var. *lobata*

锦葵科 Malvaceae

梵天花属 ***Urena***

鉴别特征: 直立亚灌木状草本，高达 1m；小枝被星状绒毛。茎下部的叶近圆形，先端浅 3 裂，基部圆形或近心形，边缘具锯齿；中部的叶卵形；上部的叶长圆形至披针形；叶上面被柔毛，下面被灰白色星状绒毛。花腋生、单生或稍丛生，淡红色；花萼杯状，裂片 5，较小苞片略短，两者均被星状柔毛；花瓣 5，倒卵形。果扁球形，分果爿被星状短柔毛和锚状刺。花期 7 ~ 10 月。

分布: 长江以南各地。

用途: 茎皮富含坚韧的纤维，供纺织和搓绳索，常用作麻类的代用品；根作药用，煎水点酒服可治疗白痢。

大戟科

铁苋菜 *Acalypha australis* L.

大戟科 Euphorbiaceae

铁苋菜属 *Acalypha*

鉴别特征：一年生草本。叶膜质，长卵形、近菱状卵形或阔披针形，顶端短渐尖，基部楔形，稀圆钝，边缘具圆锯，托叶披针形，具短柔毛。雌雄花同序，花序腋生，稀顶生。蒴果直径4mm，具3个分果爿，果皮具疏生毛和毛基变厚的小瘤体；种子近卵状，种皮平滑，假种阜细长。花果期4～12月。

分布：我国除西部一些地区外，大部分地区均有分布。

红穗铁苋菜 *Acalypha hispida* Burm. f.

大戟科 Euphorbiaceae

铁苋菜属 *Acalypha*

鉴别特征：灌木；嫩枝被灰色短绒毛，毛逐渐脱落，小枝无毛。叶纸质，阔卵形或卵形。雌雄异株；雌花序腋生，穗状，下垂，花序轴被柔毛；雌花苞片卵状菱形，散生，全缘，外面具柔毛，苞腋具雌花3～7朵，簇生；萼片4枚或3枚，近卵形；雄花序未见。蒴果未见。花期2～11月。

分布：台湾、福建、广东、海南、广西、云南（南部）的公园或庭园常有栽培。

用途：庭园观赏植物。

红桑 *Acalypha wilkesiana* Muell.-Arg.

大戟科 Euphorbiaceae

铁苋菜属 *Acalypha*

鉴别特征： 灌木；嫩枝被短毛。叶纸质，阔卵形，古铜绿色或浅红色，常有不规则的红色或紫色斑块。雌雄同株，通常雌雄花异序，雄花序被微柔毛，苞片卵形，苞腋具雄花 9 ～ 17 朵，排成团伞花序；雌花苞片阔卵形，苞腋具雌花 1 ～ 2 朵；雄花花萼裂片 4 枚，长卵形；雌花萼片 3 ～ 4 枚，长卵形或三角状卵形，具缘毛。蒴果具 3 个分果爿，疏生具基的长毛；种子球形。花期几乎全年。

分布： 台湾、福建、广东、海南、广西、云南的公园和庭园有栽培。

用途： 园林观赏。

红背山麻杆 *Alchornea trewioides* （Benth.）Muell. Arg.

大戟科 Euphorbiaceae

山麻杆属 *Alchornea*

鉴别特征： 落叶灌木；幼枝被灰色微柔毛。叶薄纸质，卵形，先端骤尖或渐尖，基部近截平或浅心形，具 4 个斑状腺体，下面淡红色，沿脉被微柔毛，基脉 3 出，小托叶 2，披针形。雌雄异株。雄花序穗状，具微柔毛；苞片三角形，雄花 3 ～ 15 朵簇生苞腋；萼片 4；雄蕊 7 ～ 8。雌花序顶生，总状，被微柔毛，苞片窄三角形，基部具 2 腺体；雌花萼片 5 ～ 6，披针形，其中 1 枚基部具 1 个腺体。蒴果近球形，被微柔毛；种子具瘤体。花期 3 ～ 5 月，果期 6 ～ 8 月。

分布： 福建（南部和西部）、江西（南部）、湖南（南部）、广东、广西、海南。

用途： 枝、叶煎水，外洗治风疹。

石栗 *Aleurites moluccana*（L.）Willd.

大戟科 Euphorbiaceae

石栗属 *Aleurites*

鉴别特征：常绿乔木；树皮暗灰色，浅纵裂至近光滑。叶纸质，卵形至椭圆状披针形（萌生枝上的叶有时圆肾形，具 3～5 浅裂）。花雌雄同株，同序或异序；花瓣长圆形，乳白色至乳黄色。雄花：雄蕊 15～20 枚，排成 3～4 轮，生于凸起的花托上，被毛。雌花：子房密被星状微柔毛，2～3 室，花柱 2 枚，短，2 深裂。核果近球形或稍偏斜的圆球状；种子圆球状，侧扁，种皮坚硬，有疣状突棱。花期 4～10 月。

分布：福建、台湾、广东、海南、广西、云南等地。

用途：作行道树或庭园绿化树种；种子含油量达 26%，为干性油，供工业用。

五月茶 *Antidesma bunius*（Linn.）Spreng.

大戟科 Euphorbiaceae

五月茶属 *Antidesma*

鉴别特征：乔木；小枝有明显皮孔；除叶背中脉、叶柄、花萼两面和退化雌蕊被短柔毛或柔毛外，其余均无毛。叶片纸质，长椭圆形、倒卵形或长倒卵形；托叶线形，早落。雄花序为顶生的穗状花序；花萼杯状，顶端 3～4 分裂，裂片卵状三角形；雌花花序为顶生的总状花序，花萼和花盘与雄花的相同。核果近球形或椭圆形，成熟时红色。花期 3～5 月，果期 6～11 月。

分布：江西、福建、湖南、广东、海南、广西、贵州、云南、西藏等地。

用途：果微酸，供食用及制果酱；叶供药用，治小儿头疮；根、叶可治跌打损伤。

秋枫 *Bischofia javanica* Bl.

大戟科 Euphorbiaceae

秋枫属 *Bischofia*

鉴别特征： 常绿或半常绿大乔木；树干圆满通直，但分枝低，主干较短；树皮灰褐色至棕褐色，近平滑，老树皮粗糙；小枝无毛。三出复叶，稀5小叶；小叶片纸质，卵形、椭圆形、倒卵形或椭圆状卵形，边缘有浅锯齿；托叶膜质，披针形，早落。花小，雌雄异株，多朵组成腋生的圆锥花序；雄花序被微柔毛至无毛；雌花序下垂。果实浆果状，圆球气形或近圆球形，淡褐色；种子长圆形。花期4～5月，果期8～10月。

分布： 陕西、江苏、安徽、浙江、江西、福建、台湾、河南、湖北、湖南、广东、海南、广西、四川、贵州、云南等地。

用途： 叶可治无名肿毒；根有祛风、消肿作用，主治风湿骨痛、痢疾等。

土蜜树 *Bridelia tomentosa* Bl.

大戟科 Euphorbiaceae

土蜜树属 *Bridelia*

鉴别特征： 直立灌木或小乔木；树皮深灰色；枝条细长；除幼枝、叶背、叶柄、托叶和雌花的萼片外面被柔毛或短柔毛外，其余均无毛。叶片纸质，长圆形、长椭圆形或倒卵状长圆形，稀近圆形；托叶线状披针形，常早落。花雌雄同株或异株，簇生于叶腋。花果期几乎全年。

分布： 福建、台湾、广东、海南、广西、云南。

用途： 叶治外伤出血、跌打损伤；根治感冒、神经衰弱、月经不调等。

变叶木 *Codiaeum variegatum*（L.）A. Juss.

大戟科 Euphorbiaceae

变叶木属 *Codiaeum*

鉴别特征： 灌木或小乔木；枝条无毛，有明显叶痕。叶薄革质，形状大小变异很大，线形、线状披针形、长圆形、椭圆形、披针形、卵形、匙形、提琴形至倒卵形，有时由长的中脉把叶片间断成上下两片，绿色、淡绿色、紫红色、紫红色与黄色相间、黄色与绿色相间或有时在绿色叶片上散生黄色或金黄色斑点或斑纹。总状花序腋生，雌雄同株异序；雄花白色，萼片5枚，花瓣5枚；雌花淡黄色，无花瓣。蒴果近球形，稍扁，无毛；种子长约6mm。花期9～10月。

分布： 我国南部各地常见栽培。

用途： 园林观赏。

紫锦木 *Euphorbia cotinifolia* L.

大戟科 Euphorbiaceae

大戟属 *Euphorbia*

鉴别特征： 常绿乔木。叶3枚轮生，卵圆形。花序生于二歧分枝的顶端；总苞阔钟状，边缘4～6裂，裂片三角形，边缘具毛；腺体4～6枚，半圆形，深绿色，边缘具白色附属物，附属物边缘分裂。雄花多数；苞片丝状；雌花柄伸出总苞外；子房三棱状，纵沟明显。蒴果三棱状卵形，高约5mm，直径约6mm，光滑无毛；种子近球状，直径约3mm，褐色，腹面具暗色沟纹，无种阜。

分布： 福建、广东、台湾有栽培，近年北京（温室）亦开始栽培。

飞扬草 *Euphorbia hirta* L.

大戟科 Euphorbiaceae

大戟属 *Euphorbia*

鉴别特征：一年生草本。根纤细，常不分枝，偶 3 ～ 5 分枝。茎单一，自中部向上分枝或不分枝，被褐色或黄褐色的粗硬毛。叶对生，披针状长圆形、长椭圆状卵形或卵状披针形，先端极尖或钝，基部略偏斜；边缘于中部以上有细锯齿，中部以下较少或全缘。花序多数，于叶腋处密集成头状；总苞钟状。蒴果三棱状，被短柔毛，成熟时分裂为 3 个分果爿。种子近圆状四棱，每个棱面有数个纵槽，无种阜。花果期 6 ～ 12 月。

分布：江西、湖南、福建、台湾、广东、广西、海南、四川、贵州、云南。

用途：全草入药，鲜汁外用治癣类。

铁海棠 *Euphorbia milii* Ch. des Moulins

大戟科 Euphorbiaceae

大戟属 *Euphorbia*

鉴别特征：蔓生灌木。茎多分枝，具纵棱，密生硬而尖的锥状刺，常呈3～5列排列于棱脊上。叶互生，通常集中于嫩枝上，倒卵形或长圆状匙形；托叶钻形，极细，早落。花序 2 个、4 个或 8 个组成二歧状复花序，生于枝上部叶腋；苞叶 2 枚，肾圆形，上面鲜红色，下面淡红色，紧贴花序；总苞钟状，边缘 5 裂，裂片琴形；腺体 5 枚，肾圆形，黄红色。雄花数枚；雌花 1 枚，常不伸出总苞外。蒴果三棱状卵形，成熟时分裂为 3 个分果爿。种子卵柱状，灰褐色，具微小的疣点。花果期全年。

分布：我国南北方均有栽培，常见于公园、植物园和庭园中。

用途：全株入药，外敷可治淤痛、骨折及恶疮等。

一品红 *Euphorbia pulcherrima* Willd. et Kl.

大戟科 Euphorbiaceae

大戟属 *Euphorbia*

鉴别特征：灌木。根圆柱状，极多分枝。茎直立，无毛。叶互生，卵状椭圆形、长椭圆形或披针形。花序数个聚伞排列于枝顶；总苞坛状，淡绿色；腺体常1枚，极少2枚，黄色；雄花多数，常伸出总苞之外。蒴果，三棱状圆形，平滑无毛。种子卵状，灰色或淡灰色，近平滑。花果期10月至次年4月。

分布：我国绝大部分地区有栽培。

用途：茎叶可入药，有消肿的功效，可治跌打损伤。

霸王鞭 *Euphorbia royleana* Boiss.

大戟科 Euphorbiaceae

大戟属 *Euphorbia*

鉴别特征：肉质灌木，具丰富的乳汁。茎与分枝具5～7棱，每棱均有微隆起的棱脊，脊上具波状齿。叶互生，密集于分枝顶端，倒披针形至匙形；托叶刺状，成对着生于叶迹两侧，宿存。花序二歧聚伞状着生于节间凹陷处，且常生于枝的顶部；总苞杯状，黄色；腺体5，横圆形，暗黄色。蒴果三棱状，灰褐色。种子圆柱状，褐色，腹面具沟纹，无种阜。花果期5～7月。

分布：广东、广西、四川、云南。

用途：全株及乳汁入药，具祛风、消炎、解毒之效。

毛果算盘子 *Glochidion eriocarpum* Champ. ex Benth.

大戟科 Euphorbiaceae

算盘子属 *Glochidion*

鉴别特征：灌木，小枝密被淡黄色、扩展的长柔毛。叶片纸质，卵形、狭卵形或宽卵形，顶端渐尖或急尖，基部钝、截形或圆形，两面均被长柔毛。花单生或2～4朵簇生于叶腋内；雌花生于小枝上部，雄花则生于下部。蒴果扁球状，密被长柔毛，顶端具圆柱状稍伸长的宿存花柱。花果期几乎全年。

分布：江苏、福建、台湾、湖南、广东、海南、广西、贵州、云南等地。

用途：全株或根、叶供药用，有解漆毒、收敛止泻、祛湿止痒的功效。

算盘子 *Glochidion puberum*（L.）Hutch.

大戟科 Euphorbiaceae

算盘子属 *Glochidion*

鉴别特征：直立灌木，多分枝；小枝灰褐色；小枝、叶片下面、萼片外面、子房和果实均密被短柔毛。叶片纸质或近革质，长圆形、长卵形或倒卵状长圆形，稀披针形，顶端钝、急尖、短渐尖或圆，基部楔形至钝；托叶三角形。花小，雌雄同株或异株，2～5朵簇生于叶腋内，雄花束常着生于小枝下部，雌花束则在上部。蒴果扁球状，成熟时带红色；种子近肾形，具3棱，朱红色。花期4～8月，果期7～11月。

分布：广东、海南、广西、四川、贵州、云南、西藏等地。

用途：根、茎、叶和果实均可药用。

琴叶珊瑚 *Jatropha integerrima* Jacq.

大戟科 Euphorbiaceae

麻疯树属 *Jatropha*

鉴别特征: 常绿灌木。叶纸质，互生，常丛生于枝条顶端，叶形多样，卵形、倒卵形、长圆形或提琴形，顶端急尖或渐尖，基部钝圆，近基部叶缘常具数枚疏生尖齿，幼叶下面紫红色；托叶小，早落。花雌雄异株；聚伞花序顶生，红色，花单性，萼裂片5，花瓣长椭圆形，具花盘。雄花：雄蕊10，两轮，外轮花丝稍合生，内轮花丝合生至中部。雌花较雄花稍大，子房无毛，花柱3，基部合生，柱头2裂。蒴果成熟时呈黑褐色。花期春季至秋季。

分布: 原产西印度群岛，我国南方多有栽培。

用途: 庭植或大型盆栽。

白背叶 *Mallotus apelta* (Lour.) Muell. Arg. var. *apelta*

大戟科 Euphorbiaceae

野桐属 *Mallotus*

鉴别特征: 灌木或小乔木；小枝、叶柄和花序均密被淡黄色星状柔毛和散生橙黄色颗粒状腺体。叶互生，卵形或阔卵形，稀心形。花雌雄异株，雄花序为开展的圆锥花序或穗状；雌花序穗状，卵形或近三角形。蒴果近球形，密生被灰白色星状毛的软刺；种子近球形，褐色或黑色，具皱纹。花期6～9月，果期8～11月。

分布: 云南、广西、湖南、江西、福建、广东、海南。

用途: 本种为撂荒地的先锋树种；茎皮可供编织；种子可供制油漆或合成大环香料、杀菌剂、润滑剂等的原料。

白楸 *Mallotus paniculatus*（Lam.）Muell. Arg.

大戟科 Euphorbiaceae

野桐属 *Mallotus*

鉴别特征：乔木或灌木；树皮灰褐色，近平滑。叶互生，生于花序下部的叶常密生，卵形、卵状三角形或菱形，顶端长渐尖，基部楔形或阔楔形，边缘波状或近全缘，上部有时具 2 裂片或粗齿；嫩叶两面均被灰黄色或灰白色星状绒毛，成长叶上面无毛；基出脉 5 条，基部近叶柄处具斑状腺体 2 个，叶柄稍盾状着生。花雌雄异株，总状花序或圆锥花序，分枝广展，顶生。蒴果扁球形，具 3 个分果爿，被褐色星状绒毛和疏生钻形软刺；种子近球形，深褐色，常具皱纹。花期 7 ～ 10 月，果期 11 ～ 12 月。

分布：云南、贵州、广西、广东、海南、福建、台湾。

用途：木材质地轻软；种子油可作工业用油。

石岩枫 *Mallotus repandus*（Willd.）Muell. Arg.

大戟科 Euphorbiaceae

野桐属 *Mallotus*

鉴别特征：攀缘状灌木；嫩枝、叶柄、花序和花梗均密生黄色星状柔毛；老枝无毛，常有皮孔。叶互生，纸质或膜质，卵形或椭圆状卵形，成长叶仅下面叶脉腋部被毛和散生黄色颗粒状腺体。花雌雄异株，总状花序或下部有分枝。蒴果具 2 ～ 3 个分果爿，密生黄色粉末状毛，具颗粒状腺体；种子卵形，黑色，有光泽。花期 3 ～ 5 月，果期 8 ～ 9 月。

分布：广西、广东、海南、台湾。

用途：茎皮纤维可供编绳用。

余甘子 *Phyllanthus emblica* Linn.

大戟科 Euphorbiaceae

叶下珠属 *Phyllanthus*

鉴别特征：乔木；枝被黄褐色柔毛。叶线状长圆形，先端截平或钝圆，有尖头或微凹，基部浅心形。多朵雄花和1朵雌花或全为雄花组成腋生聚伞花序，萼片6。蒴果核果状，球形。花期4～7月，果期7～9月。

分布：江西、福建、台湾、广东、海南、广西、四川、贵州、云南等地。

用途：树根和叶供药用。

山乌桕 *Sapium discolor* (Champ. ex Benth.) Muell. Arg.

大戟科 Euphorbiaceae

乌桕属 *Sapium*

鉴别特征：乔木或灌木；小枝灰褐色，有皮孔。叶互生，纸质，嫩时呈淡红色，叶片椭圆形或长卵形，顶端钝或短渐尖，基部短狭或楔形，背面近缘常有数个圆形的腺体。花单性，雌雄同株，密集成4～9cm的顶生总状花序，子房卵形，3室，花柱粗壮，柱头3，外反。蒴果黑色，球形，分果爿脱落后而中轴宿存；种子近球形，外薄被蜡质的假种皮。花期4～6月。

分布：广东、江西、安徽、福建、浙江、台湾等地。

用途：木材可制火柴棒和茶箱；根皮及叶药用；种子油可制肥皂。

木油桐 *Vernicia montana* Lour.

大戟科 Euphorbiaceae

油桐属 *Vernicia*

鉴别特征：落叶乔木；枝条无毛，散生凸起皮孔。叶阔卵形，顶端短尖至渐尖，基部心形至截平，全缘或2～5裂。花序生于当年生已发叶的枝条上，雌雄异株或有时同株异序；花萼无毛，2～3裂；花瓣白色或基部紫红色且有紫红色脉纹，倒卵形，基部爪状。核果卵球状，具3条纵棱，棱间有粗疏网状皱纹，有种子3颗；种子扁球状，种皮厚，有疣突。花期4～5月。

分布：广东、海南、广西、贵州、云南等地。

交让木科

牛耳枫 *Daphniphyllum calycinum* Benth.

交让木科 Daphniphylaceae

虎皮楠属 *Daphniphyllum*

鉴别特征：灌木；小枝灰褐色，具稀疏皮孔。叶纸质，阔椭圆形或倒卵形，先端钝或圆形，具短尖头，基部阔楔形，全缘，略反卷，叶面具光泽，叶背多少被白粉，具细小乳突体。总状花序腋生。果密集排列，卵圆形，较小，被白粉。花期4～6月，果期8～11月。

分布：广西、广东、福建、江西等地。

用途：种子榨油可制肥皂或作润滑油；根和叶入药，有清热解毒、活血散淤之效。

鼠刺科

鼠刺 *Itea chinensis* Hook. et Arn.

鼠刺科 Escalloniaceae

鼠刺属 *Itea*

鉴别特征：灌木或小乔木。叶薄革质，倒卵形或卵状椭圆形，先端锐尖，基部楔形，边缘上部具不

明显圆齿状小锯齿，呈波状或近全缘；柄无毛，上面有浅槽沟。腋生总状花序，直立；花序轴及花梗被短柔毛；花瓣白色，披针形，花时直立，顶端稍内弯，无毛。蒴果长圆状披针形，被微毛，具纵条纹。花期 3 ～ 5 月，果期 5 ～ 12 月。

分布：福建、湖南、广东、广西、云南（西北部）、西藏（东南部）。

绣球科

绣球 *Hydrangea macrophylla*（Thunb.）Ser. var. *macrophylla*

绣球科 Hydrangeaceae

绣球属 *Hydrangea*

鉴别特征：灌木；茎常于基部发出多数放射枝而形成一圆形灌丛；枝圆柱形，粗壮，紫灰色至淡灰色，无毛，具少数长形皮孔。叶纸质或近革质，倒卵形或阔椭圆形。伞房状聚伞花序近球形，花密集，多数不育；不育花萼片 4，阔倒卵形、近圆形或阔卵形，粉红色、淡蓝色或白色；孕性花极少数。蒴果未成熟，长陀螺状；种子未熟。花期 6 ～ 8 月。

分布：山东、江苏、安徽、浙江、福建、河南、湖北、湖南、广东、广西、四川、贵州、云南等地。

用途：花和叶含八仙花苷，水解后产生八仙花醇，有清热抗疟作用，也可治心脏病。

圆锥绣球 *Hydrangea paniculata* Sieb.

绣球科 Hydrangeaceae

绣球属 *Hydrangea*

鉴别特征：灌木或小乔木；枝暗红褐色或灰褐色，具凹条纹和圆形浅色皮孔。叶纸质，2～3片对生或轮生，卵形或椭圆形，先端渐尖或急尖，具短尖头，基部圆形或阔楔形，边缘有密集稍内弯的小锯齿，上面无毛或有稀疏糙伏毛，下面于叶脉和侧脉上被紧贴长柔毛。圆锥状聚伞花序尖塔形，序轴及分枝密被短柔毛；不育花较多，白色；萼片4，阔椭圆形或近圆形。蒴果椭圆形；种子褐色，扁平，具纵脉纹，轮廓纺锤形，两端具翅。花期7～8月，果期10～11月。

分布：甘肃、广东、广西、福建等地。

蔷薇科

龙芽草 *Agrimonia pilosa* Ldb.

蔷薇科 Rosaceae

龙芽草属 *Agrimonia*

鉴别特征：多年生草本。叶为间断奇数羽状复叶，常有3～4对小叶，杂有小型小叶；小叶倒卵形至倒卵状披针形，具锯齿。穗状总状花序，花瓣黄色，长圆形；雄蕊5至多枚，花柱2。瘦果倒卵状圆锥形，顶端有数层钩刺。花果期5～12月。

分布：河北、山西、陕西、甘肃、河南、山东、江苏、安徽、浙江、江西、湖北、湖南、广东、广西、贵州、四川、云南、西藏。

用途：全草供药用。

桃 *Amygdalus persica* L. var. *persica*

蔷薇科 Rosaceae

桃属 *Amygdalus*

鉴别特征：乔木；树冠宽广而平展；树皮暗红褐色，老时粗糙呈鳞片状；小枝细长，无毛，具大量小皮孔。叶片长圆状披针形、椭圆状披针形或倒卵状披针形。花单生，先于叶开放；花瓣长圆状椭圆形至宽倒卵形，粉红色，罕为白色。果实卵形、宽椭圆形或扁圆形，色泽变化由淡绿白色至橙黄色，外面密被短柔毛，腹缝明显；果肉多汁有香味，甜或酸甜。花期 3 ～ 4 月，果实成熟期因品种而异，通常为 8 ～ 9 月。

分布：原产我国，各地广泛栽培。

用途：树干上分泌的胶质，俗称桃胶，可食用，也供药用，有破血、和血、益气之效。

梅 *Armeniaca mume* Sieb. var. *mume*

蔷薇科 Rosaceae

杏属 *Armeniaca*

鉴别特征：小乔木，稀灌木；树皮浅灰色或带绿色，平滑；小枝绿色，光滑无毛。叶片卵形或椭圆形，叶边常具小锐锯齿，常有腺体。花单生或有时 2 朵同生于 1 芽内，香味浓，先于叶开放；花瓣倒卵形，白色至粉红色。果实近球形，黄色或绿白色，味酸。花期冬春季，果期 5 ～ 6 月（在华北果期延至 7 ～ 8 月）。

分布：我国各地均有栽培，但以长江流域以南最多。

用途：鲜花可提取香精；花、叶、根和种仁均可入药；果实可食、盐渍、干制，或熏制成乌梅入药，有止咳、止泻、生津、止渴之效。

山樱花 *Cerasus serrulata* (Lindl.) G. Don ex London

蔷薇科 Rosaceae

樱属 *Cerasus*

鉴别特征: 乔木；树皮灰褐色或灰黑色；小枝灰白色或淡褐色，无毛。叶片卵状椭圆形或倒卵椭圆形，先端渐尖，基部圆形，边有渐尖单锯齿及重锯齿，齿尖有小腺体，花序伞房总状或近伞形；总苞片褐红色，倒卵长圆形；萼筒管状，先端扩大；边全缘；花瓣白色，稀粉红色，倒卵形，先端下凹。核果球形或卵球形，紫黑色。花期 4 ～ 5 月，果期 6 ～ 7 月。

分布: 产黑龙江、河北、山东、江苏、浙江、安徽、江西、湖南、贵州，其他各地均有栽培。

蛇莓 *Duchesnea indica* (Andr.) Focke var. *indica*

蔷薇科 Rosaceae

蛇莓属 *Duchesnea*

鉴别特征: 多年生草本；根茎短，粗壮；匍匐茎多数，有柔毛。小叶片倒卵形至菱状长圆形，边缘有钝锯齿；托叶窄卵形至宽披针形。花单生于叶腋；花瓣倒卵形，黄色；花托在果期膨大，海绵质，鲜红色，有光泽。瘦果卵形，光滑或具不显明凸起，鲜时有光泽。花期 6 ～ 8 月，果期 8 ～ 10 月。

分布: 辽宁以南各地。

用途: 全草药用，能散淤消肿、收敛止血、清热解毒。

枇杷 *Eriobotrya japonica* (Thunb.) Lindl.

蔷薇科 Rosaceae

枇杷属 ***Eriobotrya***

鉴别特征： 常绿小乔木；小枝粗壮，黄褐色，密生锈色或灰棕色绒毛。叶片革质，披针形、倒披针形、倒卵形或椭圆长圆形；托叶钻形，有毛。圆锥花序顶生，具多花；花瓣白色，长圆形或卵形，有锈色绒毛。果实球形或长圆形，黄色或橘黄色，外有锈色柔毛，不久脱落；种子 1 ～ 5，球形或扁球形，褐色，光亮，种皮纸质。花期 10 ～ 12 月，果期 5 ～ 6 月。

分布： 甘肃、陕西、河南、江苏、安徽、浙江、江西、湖北、湖南、四川、云南、贵州、广西、广东、福建、台湾。

用途： 果味甘酸，供生食、制蜜饯和酿酒用；叶晒干去毛，可供药用，有化痰止咳、和胃降气之效。

桃叶石楠 *Photinia prunifolia* (Hook. et Arn.) Lindl.

蔷薇科 Rosaceae

石楠属 ***Photinia***

鉴别特征： 常绿乔木；小枝无毛，灰黑色，具黄褐色皮孔。叶片革质，长圆形或长圆状披针形，先端渐尖，基部圆形至宽楔形，边缘有密生具腺的细锯齿，上面光亮，下面满布黑色腺点，两面均无毛；叶柄具多数腺体，有时且有锯齿。花多数，密集成顶生复伞房花序；花瓣白色，倒卵形，先端圆钝。果实椭圆形，红色，内有 2 ～ 3 种子。花期 3 ～ 4 月，果期 10 ～ 11 月。

分布： 广东、广西、福建、浙江、江西、湖南、贵州、云南。

美人梅 *Prunus × blireana* cv. Meiren

蔷薇科 Rosaceae

李属 *Prunus*

鉴别特征：落叶小乔木。叶片卵圆形，紫红色叶缘有细锯齿，叶背生有短柔毛，花色浅紫，重瓣花，先叶开放，萼筒宽钟状，萼片5枚，近圆形至扁圆，花瓣15～17枚，小瓣5～6枚，自然花期自3月第一朵花开以后，逐次自上而下陆续开放至4月中旬。果皮鲜紫红色。花期春季，有时结果。

分布：我国大部分地区有栽培。

用途：园林观赏、环境绿化。

豆梨 *Pyrus calleryana*

蔷薇科 Rosaceae

梨属 *Pyrus*

鉴别特征：乔木；小枝粗壮，圆柱形。叶片宽卵形至卵形，稀长椭卵形，基部圆形至宽楔形，边缘有钝锯齿，两面无毛；托叶叶质，线状披针形，无毛。伞形总状花序，具花6～12朵；苞片膜质，线状披针形，内面具绒毛；萼筒无毛；萼片披针形，先端渐尖，全缘；花瓣卵形，基部具短爪，白色。梨果球形，黑褐色，有斑点，萼片脱落，常见2室，偶见3室，有细长果梗。花期4月，果期8～9月。

分布：华中、华南。

石斑木 *Rhaphiolepis indica* (L.) Lindl. ex Ker

蔷薇科 Rosaceae

石斑木属 *Rhaphiolepis*

鉴别特征： 常绿灌木，稀小乔木；幼枝初被褐色绒毛，以后逐渐脱落近无毛。叶片集生于枝顶，卵形、长圆形，稀倒卵形或长圆状披针形，先端圆钝，急尖、渐尖或长尾尖，基部渐狭连于叶柄，边缘具细钝锯齿。顶生圆锥花序或总状花序，总花梗和花梗被锈色绒毛；花瓣5，白色或淡红色，倒卵形或披针形，先端圆钝，基部具柔毛。果实球形，紫黑色。花期4月，果期7～8月。

分布： 安徽、浙江、江西、湖南、贵州、云南、福建、广东、广西、台湾。

月季花 *Rosa chinensis* Jacq. var. *chinensis*

蔷薇科 Rosaceae

蔷薇属 *Rosa*

鉴别特征： 直立灌木，高1～2m；小枝粗壮，圆柱形，近无毛，有短粗的钩状皮刺或无刺。小叶3～5，稀7，宽卵形至卵状长圆形，边缘有锐锯齿和腺毛。花几朵集生，稀单生；花瓣重瓣至半重瓣，红色、粉红色至白色，倒卵形。果卵球形或梨形，红色。花期4～9月，果期6～11月。

分布： 原产我国，各地普遍栽培。

用途： 花、根、叶均入药。

小果蔷薇 *Rosa cymosa* Tratt.

蔷薇科 Rosaceae

蔷薇属 *Rosa*

鉴别特征：攀援灌木；小枝圆柱形，无毛或稍有柔毛，有钩状皮刺。小叶片卵状披针形或椭圆形，稀长圆状披针形，先端渐尖，基部近圆形，边缘有紧贴或尖锐细锯齿；小叶柄和叶轴有稀疏皮刺和腺毛；托叶膜质，离生，线形，早落。花多朵形成复伞房花序；花瓣白色，倒卵形，先端凹，基部楔形。果球形，直径 4 ～ 7mm，红色至黑褐色，萼片脱落。花期 5 ～ 6 月，果期 7 ～ 11 月。

分布：广东、广西、台湾等地。

金樱子 *Rosa laevigata* Michx.

蔷薇科 Rosaceae

蔷薇属 *Rosa*

鉴别特征：灌木；小枝生扁平弯皮刺。小叶革质，通常 3，稀 5；小叶椭圆状卵形、倒卵形或披针卵形，有锐锯齿；小叶柄和叶轴有皮刺和腺毛，托叶离生或基部与叶柄合生，披针形，边缘有细齿，齿尖有腺体，早落。花单生叶腋；花瓣白色。蔷薇果梨形或倒卵圆形，稀近球形，熟后紫褐色，密被刺毛，萼片宿存。花期 4 ～ 6 月，果期 7 ～ 11 月。

分布：陕西、安徽、江西、江苏、浙江、湖北、湖南、广东、广西、台湾、福建、四川、云南、贵州等地。

用途：根皮含鞣质，可制栲胶；果实可熬糖及酿酒；根、叶、果均入药。

粗叶悬钩子 *Rubus alceaefolius* Poir.

蔷薇科 Rosaceae

悬钩子属 *Rubus*

鉴别特征： 攀援灌木，高达5m；枝被黄灰色至锈色绒毛状长柔毛，有稀疏皮刺。单叶，近圆形或宽卵形。花成顶生狭圆锥花序或近总状，也成腋生头状花束；花有浅黄色至锈色绒毛和长柔毛；花瓣宽倒卵形或近圆形，白色，与萼片近等长。果实近球形，肉质，红色；核有皱纹。花期7～9月，果期10～11月。

分布： 江西、湖南、江苏、福建、台湾、广东、广西、贵州、云南。

用途： 根和叶入药，有活血祛淤、清热止血之效。

山莓 *Rubus corchorifolius* L. f.

蔷薇科 Rosaceae

悬钩子属 *Rubus*

鉴别特征： 直立灌木；枝具皮刺，幼时被柔毛。单叶，卵形至卵状披针形，顶端渐尖，基部微心形，有时近截形或近圆形；托叶线状披针形，具柔毛。花单生或少数生于短枝上；花萼外密被细柔毛，无刺，萼片卵形或三角状卵形；花瓣长圆形或椭圆形，白色，顶端圆钝，长于萼片。果实由很多小核果组成，近球形或卵球形，红色，密被细柔毛；核具皱纹。花期2～3月，果期4～6月。

分布： 除黑龙江、吉林、辽宁、甘肃、青海、新疆、西藏外，全国均有分布。

用途： 果可供生食、制果酱及酿酒；果、根及叶入药。

白花悬钩子 *Rubus leucanthus* Hance

蔷薇科 Rosaceae

悬钩子属 *Rubus*

鉴别特征： 攀援灌木，高 1～3m；枝紫褐色，无毛，疏生钩状皮刺。小叶 3 枚，生于枝上部或花序基部的有时为单叶，革质，卵形或椭圆形；托叶钻形，无毛。花 3～8 朵形成伞房状花序，生于侧枝顶端，稀单花腋生；花瓣长卵形或近圆形，白色。果实近球形，红色，无毛；核较小，具洼穴。花期 4～5 月，果期 6～7 月。

分布： 湖南、福建、广东、广西、贵州、云南。

用途： 果可供食用；根治腹泻、赤痢。

茅莓 *Rubus parvifolius* L. var. *parvifolius*

蔷薇科 Rosaceae

悬钩子属 *Rubus*

鉴别特征： 灌木；枝呈弓形弯曲，被柔毛和稀疏钩状皮刺；小叶 3 枚，在新枝上偶有 5 枚，菱状圆形或倒卵形。伞房花序顶生或腋生，具花数朵至多朵，被柔毛和细刺；花瓣卵圆形或长圆形，粉红至紫红色。果实卵球形，红色，无毛或具稀疏柔毛；核有浅皱纹。花期 5～6 月，果期 7～8 月。

分布： 黑龙江、吉林、辽宁、河北、河南、山西、陕西、甘肃、湖北、湖南、江西、安徽、山东、江苏、浙江、福建、台湾、广东、广西、四川、贵州。

用途： 果实酸甜多汁，可供食用、酿酒及制醋等；全株入药，有止痛、活血、祛风湿及解毒之效。

空心泡 *Rubus rosaefolius* Smith

蔷薇科 Rosaceae

悬钩子属 *Rubus*

鉴别特征: 直立或攀援灌木；小枝圆柱形，具柔毛或近无毛，常有浅黄色腺点，疏生较直立皮刺。小叶 5 ～ 7 枚，卵状披针形或披针形，顶端渐尖，基部圆形，两面疏生柔毛，有浅黄色发亮的腺点，下面沿中脉有稀疏小皮刺，边缘有尖锐缺刻状重锯齿；叶柄被浅黄色腺点；花常 1 ～ 2 朵，顶生或腋生；花萼外被柔毛和腺点；花瓣长圆形、长倒卵形或近圆形，白色，基部具爪。果实卵球形或长圆状卵圆形，红色，有光泽，无毛；种子有深窝孔。花期 3 ～ 5 月，果期 6 ～ 7 月。

分布: 江西、湖南、安徽、浙江、福建、台湾、广东、广西、四川、贵州。

用途: 根、嫩枝及叶入药。

红腺悬钩子 *Rubus sumatranus* Miq.

蔷薇科 Rosaceae

悬钩子属 *Rubus*

鉴别特征: 直立或攀援灌木；小枝、叶轴、叶柄、花梗和花序均被紫红色腺毛、柔毛和皮刺。小叶 5 ～ 7 枚，稀 3 枚，卵状披针形至披针形，两面疏生柔毛；托叶披针形或线状披针形，有柔毛和腺毛。花 3 朵或数朵成伞房状花序，稀单生；花瓣长倒卵形或匙状，白色。果实长圆形，橘红色，无毛。花期 4 ～ 6 月，果期 7 ～ 8 月。

分布: 湖北、湖南、江西、安徽、浙江、福建、台湾、广东、广西、四川、贵州、云南、西藏。

用途: 根入药，有清热、解毒、利尿之效。

含羞草科

台湾相思 *Acacia confusa* Merr.

含羞草科 Mimosaceae

金合欢属 *Acacia*

鉴别特征：常绿乔木；枝灰色或褐色，无刺，小枝纤细。苗期第一片真叶为羽状复叶，长大后小叶退化，叶柄变为叶状柄，叶状柄革质，披针形，直或微呈弯镰状，两端渐狭，先端略钝。头状花序球形，单生或 2 ～ 3 个簇生于叶腋；花金黄色，有微香；花萼长约为花冠之半；花瓣淡绿色。荚果扁平，干时深褐色，有光泽；种子 2 ～ 8 颗，椭圆形，压扁。花期 3 ～ 10 月，果期 8 ～ 12 月。

分布：广东、广西、云南等地。

用途：树皮含单宁；花含芳香油，可作调香原料。

马占相思 *Acacia mangium*

含羞草科 Mimosaceae

金合欢属 *Acacia*

鉴别特征：常绿乔木，高达 18m；树皮粗糙，主干通直，树型整齐，小枝有棱。叶大，生长迅速。叶状柄纺锤形，长 12 ～ 15cm，中部宽，两端收窄，纵向平行脉 4 条。穗状花序腋生，下垂；花淡黄白色。荚果扭曲。花期 10 月。

分布：海南、广东、广西、福建等地。

用途：木材可作纸浆材，制人造板、家具；树皮可提取栲胶；树叶可制饲料。

银叶金合欢 *Acacia podalyriifolia* A. Cunn.

含羞草科 Mimosaceae

金合欢属 ***Acacia***

鉴别特征：常绿灌木或小乔木，树高 2 ～ 6m；树干分枝低，主干不明显；树皮灰绿色；小枝条柔软稍下垂。叶互生，退化而成的叶状柄银灰绿色，椭圆形，大小约 3cm×2cm，先端具尾状钩；头状花序 2 ～ 10 个排成总状花序或生于叶腋，长 3.5 ～ 6.5cm，头状花序直径 0.7 ～ 1.0cm，花金黄色，鲜艳夺目，具香味。荚果扁平，边缘翘起并扭曲，种子处稍凸；种子椭圆形或卵形，黑色或黑褐色，具光泽。花期 3 ～ 6 月，果期 7 ～ 11 月。

分布：浙江、台湾、福建、广东、广西、云南、四川。

用途：木材坚硬，可为贵重器材；根及荚果含丹宁，可为黑色染料，入药能收敛、清热；花可提香精；茎流出的树脂可供美工用及药用。

藤金合欢 *Acacia sinuata*（Lour.）Merr.

含羞草科 Mimosaceae

金合欢属 ***Acacia***

鉴别特征：攀援藤本；小枝、叶轴被灰色短绒毛，有散生、多而小的倒刺。托叶卵状心形，早落。二回羽状复叶；羽片 6 ～ 10 对；总叶柄近基部及最顶 1 ～ 2 对羽片之间有 1 个腺体；小叶 15 ～ 25 对，线状长圆形，上面淡绿，下面粉白，具缘毛。头状花序球形，再排成圆锥花序；花白色或淡黄色，芳香。荚果带形，有种子6～10颗。花期4～6月，果期7～12月。

分布：江西、湖南、广东、广西、贵州、云南。

用途：树皮含单宁；入药有解热、散血之效。

阔荚合欢 *Albizia lebbeck* (Linn.) Benth.

含羞草科 Mimosaceae

合欢属 ***Albizia***

鉴别特征：落叶乔木；嫩枝密被短柔毛，老枝无毛。二回羽状复叶；总叶柄近基部及叶轴上羽片着生处均有腺体；羽片 2 ～ 4 对，长 6 ～ 15cm；小叶 4 ～ 8 对，长椭圆形或略斜的长椭圆形，先端圆钝或微凹。头状花序，花序直径 3 ～ 4cm；小花梗长 3 ～ 5mm；花芳香，花萼管状，被微柔毛；花冠黄绿色，裂片三角状卵形。荚果带状，扁平，麦秆色，光亮，无毛，常宿存于树上经久不落；种子 4 ～ 12 颗，椭圆形，棕色。花期 5 ～ 9 月，果期 10 月至次年 5 月。

分布：广东、广西、福建、台湾有栽培。

用途：良好的庭园观赏植物及行道树；叶可作家畜的饲料。

细叶合欢 *Calliandra brevipes*

含羞草科 Mimosaceae

粉扑花属 ***Calliandra***

鉴别特征：常绿灌木或小乔木；枝条于生长初期挺直伸长，之后才逐渐向四周弯曲。叶片为极细致二回羽状复叶，小叶 10 ～ 30 对，线状刀形。头状花序，腋生，小花无花瓣，雌雄蕊细长聚集如粉扑状，蕊末端粉红色、基部白色，花气味芬芳。荚果呈扁平线形。花期 5 ～ 7 月，果期 9 ～ 11 月。

分布：我国大部分地区有栽培。

用途：木质坚实细密，花纹美丽，多用作室内装饰及制作器具、家具的材料。

朱缨花 *Calliandra haematocephala* Hassk.

含羞草科 Mimosaceae

朱缨花属 *Calliandra*

鉴别特征：落叶灌木或小乔木；枝条扩展，小枝褐色，粗糙。托叶卵状披针形，宿存。头状花序腋生，有花25～40朵；花萼绿色；花冠淡紫红色，顶端裂片无毛；雄蕊突露于花冠之外，雄蕊白色，管口内有钻状附属体，上部离生的花丝深红色。荚果线状倒披针形，暗棕色，成熟时由顶至基部沿缝线开裂，果瓣外翻；种子长圆形，棕色。花期8～9月，果期10～11月。

分布：台湾、福建、广东有栽培。

用途：花色艳丽，是优良的观花树种，适宜在园林绿地中栽植。

银合欢 *Leucaena leucocephala* (Lam.) de Wit

含羞草科 Mimosaceae

银合欢属 *Leucaena*

鉴别特征：灌木或小乔木；幼枝被短柔毛，老枝无毛，具褐色皮孔，无刺；托叶三角形，小。叶轴被柔毛，在最下一对羽片着生处有1个黑色腺体；小叶5～15对，线状长圆形。头状花序常1～2个腋生；苞片紧贴，被毛，早落；花白色；花萼顶端具5细齿，外面被柔毛；花瓣窄倒披针形，背面被疏柔毛。荚果带状，顶端凸尖，基部有柄，被微柔毛，纵裂。种子6～25颗，卵圆形。花期4～7月，果期8～10月。

分布：台湾、福建、广东、广西、云南。

用途：荒山造林；材用。

光荚含羞草 *Mimosa sepiaria* Benth.

含羞草科 Mimosaceae

含羞草属 *Mimosa*

鉴别特征：落叶灌木；小枝无刺，密被黄色绒毛。二回羽状复叶，羽片 6 ～ 7 对，叶轴无刺，被短柔毛，小叶 12 ～ 16 对，线形，革质，先端具小尖头，除边缘疏具缘毛外，余无毛，中脉略偏上缘。头状花序球形；花白色；花萼杯状，极小；花瓣长圆形，仅基部联合；雄蕊 8 枚。荚果带状，劲直，无刺毛，褐色，通常有 5 ～ 7 个荚节，成熟时荚节脱落而残留荚缘。

分布：广东。

猴耳环 *Pithecellobium clypearia* (Jack) Benth.

含羞草科 Mimosaceae

猴耳环属 *Pithecellobium*

鉴别特征：乔木，高可达 10m；小枝无刺，有明显的棱角，密被黄褐色绒毛。托叶早落；二回羽状复叶；羽片 3 ～ 8 对；总叶柄具 4 棱，密被黄褐色柔毛，叶轴上及叶柄近基部处有腺体，最下部的羽片有小叶 3 ～ 6 对，最顶部的羽片有小叶 10 ～ 12 对；小叶革质，斜菱形，顶部的最大，往下渐小，上面光亮。花具短梗，数朵聚成小头状花序，再排成顶生和腋生的圆锥花序；花萼钟状，5 齿裂，与花冠同密被褐色柔毛；花冠白色或淡黄色；雄蕊长约为花冠的 2 倍，下部合生。荚果旋卷，边缘在种子间缢缩；种子 4 ～ 10 颗，黑色。花期 2 ～ 6 月；果期 4 ～ 8 月。

分布：浙江、福建、台湾、广东、广西、云南。

用途：树皮含单宁，可提制栲胶。

苏木科

红花羊蹄甲 *Bauhinia blakeana* Dunn

苏木科 Caesalpiniaceae

羊蹄甲属 *Bauhinia*

鉴别特征：乔木；分枝多，小枝细长，被毛。叶革质，近圆形或阔心形。总状花序顶生或腋生，有时复合成圆锥花序，被短柔毛；花蕾纺锤形；萼佛焰状，有淡红色和绿色线条；花瓣红紫色，倒披针形。通常不结果。花期全年，3～4月为盛花期。

分布：华南。广州主要的庭园树之一，世界各地广泛栽植。

龙须藤 *Bauhinia championii*（Benth.）Benth. var. *championii*

苏木科 Caesalpiniaceae

羊蹄甲属 *Bauhinia*

鉴别特征：藤本，有卷须；嫩枝和花序薄被紧贴的小柔毛。叶纸质，卵形或心形。总状花序狭长，腋生；花瓣白色，具瓣柄，瓣片匙形，外面中部疏被

丝毛。荚果倒卵状长圆形或带状，扁平，果瓣革质；种子2～5颗，圆形，扁平。花期6～10月，果期7～12月。

分布：浙江、台湾、福建、广东、广西、江西、湖南、湖北、贵州。

粉叶羊蹄甲 *Bauhinia glauca*（Wall. ex Benth.）Benth.

苏木科 Caesalpiniaceae

羊蹄甲属 *Bauhinia*

鉴别特征： 木质藤本，除花序稍被锈色短柔毛外，其余无毛；卷须略扁，旋卷。叶纸质，近圆形，罅口狭窄，裂片卵形，内侧近平行，先端圆钝，基部阔，心形至截平；伞房花序式的总状花序顶生或与叶对生，具密集的花；花瓣白色，倒卵形，各瓣近相等，具长柄，边缘皱波状。荚果带状，薄，无毛，不开裂，荚缝稍厚；种子10～20颗，在荚果中央排成一纵列，卵形，极扁平。花期4～6月，果期7～9月。

分布： 广东、广西、江西、湖南、贵州、云南等地。

华南云实 *Caesalpinia crista* Linn.

苏木科 Caesalpiniaceae

云实属 *Caesalpinia*

鉴别特征： 木质藤本；树皮黑色，有少数倒钩刺。二回羽状复叶，叶轴有黑色倒钩刺；羽片2～3对；小叶4～6对，对生，具短柄，革质，卵形或椭圆形，先端圆钝，有时微缺，稀急尖，基部宽楔形或钝，两面无毛。总状花序排列成顶生、疏松的圆锥花序。花芳香；花萼裂片5，披针形；花瓣5，不相等，其中4片黄色，卵形，无毛，瓣柄短，上面1片具红色斑纹，向瓣柄渐窄，内面中部有毛。荚果斜宽卵形，革质，肿胀，具网脉，无翅或翅不明显，先端有喙；种子1颗，扁平。花期4～7月，果期7～12月。

分布： 云南、贵州、四川、湖北、湖南、广西、广东、福建、台湾。

用途： 荚果含单宁；种子为补药，亦可榨油；叶能祛淤止痛，捣敷消肿毒。

翅荚决明 *Cassia alata* Linn.

苏木科 Caesalpiniaceae

决明属 *Cassia*

鉴别特征：直立灌木；枝粗壮，绿色。托叶三角形；小叶 6～12 对，薄革质，倒卵状长圆形或长圆形。花序顶生和腋生，单生或分枝；花瓣黄色，有明显的紫色脉纹。荚果长带状；种子 50～60 颗，扁平，三角形。花期 11 月至次年 1 月，果期 12 月至次年 2 月。

分布：广东、云南（南部）。

双荚决明 *Cassia bicapsularis* Linn.

苏木科 Caesalpiniaceae

决明属 *Cassia*

鉴别特征：直立灌木；多分枝，无毛。小叶 3～4 对，倒卵形或倒卵状长圆形，膜质，下面粉绿色。总状花序生于枝条顶端的叶腋间，常集成伞房花序状，花鲜黄色。荚果圆柱状，膜质，缝线狭窄；种子 2 列。花期 10～11 月，果期 11 月至次年 3 月。

分布：栽培于广东、广西等地。原产美洲热带地区，现广布于全世界热带地区。

用途：可作绿肥，也可作绿篱及观赏植物。

腊肠树 *Cassia fistula* Linn.

苏木科 Caesalpiniaceae

决明属 *Cassia*

鉴别特征：落叶小乔木或中等乔木；枝细长；树皮幼时光滑，灰色，老时

粗糙，暗褐色。小叶 3 ～ 4 对，对生，薄革质，阔卵形，卵形或长圆形，边全缘。总状花序，疏散，下垂；花与叶同时开放；花瓣黄色，倒卵形。荚果圆柱形，黑褐色；种子 40 ～ 100 颗，为横隔膜所分开。花期 6 ～ 8 月，果期 10 月。

分布：我国南部和西南部各地均有栽培。

用途：树皮含单宁，可作红色染料；根、树皮、果瓤和种子均可入药作缓泻剂。

铁刀木 *Cassia siamea* Lam.

苏木科 Caesalpiniaceae

决明属 *Cassia*

鉴别特征：乔木；树皮灰色，近光滑，稍纵裂；嫩枝有棱条，疏被短柔毛。小叶对生，6 ～ 10 对，革质，长圆形或长圆状椭圆形，边全缘；托叶线形，早落。总状花序生于枝条顶端的叶腋，并排成伞房花序状；花瓣黄色，阔倒卵形。荚果扁平，熟时带紫褐色；种子 10 ～ 20 颗。花期 10 ～ 11 月，果期 12 月至次年 1 月。

分布：除云南有野生外，南方各地均有栽培。

用途：木材为上等家具原料；老树材可为乐器装饰。

凤凰木 *Delonix regia*（Boj.）Raf.

苏木科 Caesalpiniaceae

凤凰木属 *Delonix*

鉴别特征：高大落叶乔木，无刺；树皮粗糙，灰褐色；小枝常被短柔毛并有明显的皮孔。叶为二回偶数羽状复叶，具托叶；羽片对生，15～20对；小叶25对，密集对生，长圆形。伞房状总状花序顶生或腋生；花鲜红至橙红色；花瓣5，匙形，红色，具黄色及白色花斑。荚果带形，扁平，暗红褐色，成熟时黑褐色；种子20～40颗，横长圆形，平滑，坚硬，黄色染有褐斑。花期6～7月，果期8～10月。

分布：云南、广西、广东、福建、台湾等地有栽培。

用途：树脂能溶于水，用于工艺；木材可作小型家具和工艺原料。

蝶形花科

蔓花生 *Arachis duranensis*

蝶形花科 Papilionaceae

落花生属 *Arachis*

鉴别特征：多年生宿根草本植物。复叶互生，小叶两对呈倒卵形。茎为蔓性，株高10～15cm，匍匐生长。花为腋生，蝶形，金黄色。花期春季至秋季。

分布：原产亚洲热带及南美洲，我国台湾栽培较多，福建、广东也正开始推广。

用途：可用作改土绿肥，牧草，公园绿化、水土保持覆盖等。

大猪屎豆 *Crotalaria assamica* Benth.

蝶形花科 Papilionoideae

猪屎豆属 *Crotalaria*

鉴别特征: 直立高大草本，高达 1.5m；茎枝粗壮，圆柱形，被锈色柔毛。单叶，叶片质薄，倒披针形或长椭圆形，先端钝圆，具细小短尖，基部楔形，上面无毛，下面被锈色短柔毛。总状花序顶生或腋生，有花 20 ～ 30 朵；花冠黄色，旗瓣圆形或椭圆形，长 15 ～ 20mm，基部具胼胝体 2 枚，先端微凹或圆，翼瓣长圆形，长 15 ～ 18mm，龙骨瓣弯曲，几达 90°，中部以上变狭形成长喙，伸出萼外。荚果长圆形，长 4 ～ 6cm，径约 1.5cm，果颈长约 5mm；种子 20 ～ 30 颗。花果期 5 ～ 12 月。

分布: 台湾、广东、海南、广西、贵州、云南。

用途: 供药用，可祛风除湿、消肿止痛。

藤黄檀 *Dalbergia hancei*

蝶形花科 Papilionaceae

黄檀属 *Dalbergia*

鉴别特征: 藤本；枝纤细，幼枝略被柔毛，小枝有时变钩状或旋扭。羽状复叶；小叶 3 ～ 6 对，较小，狭长圆形或倒卵状长圆形，先端钝或圆，微缺，基部圆或阔楔形。总状花序远较复叶短，数个总状花序常再集成腋生短圆锥花序；花冠绿白色，芳香，各瓣均具长柄，旗瓣椭圆形。荚果扁平，长圆形或带状，无毛，基部收缩为一细果颈，通常有 1 颗种子，稀 2 ～ 4 颗；种子肾形，极扁平。花期 4 ～ 5 月。

分布: 广东、海南、广西、四川等地。

用途: 茎皮含单宁；纤维供编织；根、茎入药。

降香 *Dalbergia odorifera*

蝶形花科 Papilionaceae

黄檀属 *Dalbergia*

鉴别特征： 乔木；除幼嫩部分、花序及子房略被短柔毛外，全株无毛；树皮褐色或淡褐色，粗糙，有纵裂槽纹。小枝有小而密集皮孔。羽状复叶复叶；托叶早落；小叶（3）4～5（6）对，近革质，卵形或椭圆形。圆锥花序腋生；花冠乳白色或淡黄色，旗瓣倒心形，翼瓣长圆形，龙骨瓣半月形，背弯拱。荚果舌状长圆形，果瓣革质，有种子 1～2 颗。

分布： 广东、海南（中部和南部）。

用途： 木材质优，为上等家具良材；有香味，可作香料；根部心材名降香，为良好的镇痛剂，又治刀伤出血。

小槐花 *Desmodium caudatum*（Thunb.）DC.

蝶形花科 Papilionaceae

山蚂蝗属 *Desmodium*

鉴别特征： 直立灌木或亚灌木；树皮灰褐色，分枝多，上部分枝略被柔毛。叶为羽状三出复叶，小叶 3，小叶近革质或纸质。总状花序顶生或腋生，花萼窄钟形；花冠绿白或黄白色，具明显脉纹。荚果线形，扁平，被伸展的钩状毛，腹背缝线浅缢缩，有荚节 4～8，荚节长椭圆形。花期 7～9 月，果期 9～11 月。

分布： 长江以南各地，西至喜马拉雅山脉，东至台湾。

用途： 根、叶供药用，能祛风活血、利尿、杀虫，亦可作牧草。

假地豆 *Desmodium heterocarpon*（L.）DC.

蝶形花科 Papilionaceae

山蚂蝗属 *Desmodium*

鉴别特征：小灌木或亚灌木，基部多分枝。叶具3小叶；顶生小叶椭圆形、长椭圆形或宽倒卵形，侧生小叶较小，先端具短尖，基部钝，上面无毛，下面被贴伏白色短柔毛，侧脉5～10对。总状花序；花极密，2朵生于每节上。花冠紫色或白色，旗瓣倒卵状长圆形，基部具短瓣柄，翼瓣倒卵形，具耳和瓣柄，龙骨瓣极弯曲。荚果密集，窄长圆形，有4～7荚节；荚节近方形。

分布：长江以南各地，西至云南，东至台湾。

用途：全株供药用，能清热，治跌打损伤。

鸡冠刺桐 *Erythrina crista-galli* Linn.

蝶形花科 Papilionaceae

刺桐属 *Erythrina*

鉴别特征：落叶灌木或小乔木，茎和叶柄稍具皮刺。羽状复叶具3小叶；小叶长卵形或披针状长椭圆形。花与叶同出，总状花序顶生，每节有花1～3朵；花深红色。荚果褐色，种子间缢缩；种子大，亮褐色。

分布：广东、台湾、云南（西双版纳）有栽培。

用途：可供庭园观赏。

刺桐 *Erythrina variegata* Linn.

蝶形花科 Papilionaceae

刺桐属 *Erythrina*

鉴别特征：大乔木；树皮灰褐色，枝有明显叶痕及短圆锥形的黑色直刺。羽状复叶具3小叶，常密集枝端；托叶披针形，早落；小叶膜质，宽卵形或菱状卵形；小叶柄基部有一对腺体状的托叶。总状花序顶生；花萼佛焰苞状；花冠红色，旗瓣椭圆形；翼瓣与龙骨瓣近等长；龙骨瓣2片离生。荚果黑色，肥厚；种子肾形，暗红色。花期3月，果期8月。

分布：台湾、福建、广东、广西等地。

用途：花美丽，可栽作观赏树木；树皮或根皮入药，祛风湿，舒筋通络，治风湿麻木、腰腿筋骨疼痛、跌打损伤。

截叶铁扫帚 *Lespedeza cuneata* G. Don

蝶形花科 Papilionaceae

胡枝子属 *Lespedeza*

鉴别特征：灌木；茎被毛，上部分枝。叶密集，柄短；小叶楔形或线状楔形，具小刺尖，基部楔形，上面近无毛，下面密被伏毛。总状花序腋生，具2～4朵花；花萼狭钟形，密被伏毛，5深裂，裂片披针形；花冠淡黄色或白色，旗瓣基部有紫斑，有时龙骨瓣先端带紫色，冀瓣与旗瓣近等长，龙骨瓣稍长。荚果宽卵形或近球形，被伏毛。花期7～8月，果期9～10月。

分布：陕西、甘肃、山东、台湾、河南、湖北、湖南、广东、四川、云南、西藏等地。

美丽胡枝子 *Lespedeza formosa* (Vog.) Koehne

蝶形花科 Papilionaceae

胡枝子属 *Lespedeza*

鉴别特征：直立灌木；多分枝，枝伸展，被疏柔毛。托叶披针形至线状披针形，褐色，被疏柔毛；小叶椭圆形、长圆状椭圆形或卵形，稀倒卵形，两端稍尖或稍钝。总状花序单一，腋生，比叶长，或构成顶生的圆锥花序；花萼钟状，5 深裂，裂片长圆状披针形，长为萼筒的 2～4 倍，外面密被短柔毛；花冠红紫色。荚果倒卵形或倒卵状长圆形，表面具网纹且被疏柔毛。花期 7～9 月，果期 9～10 月。

分布：河北、陕西、甘肃、山东、江苏、安徽、浙江、江西、福建、河南、湖北、湖南、广东、广西、四川、云南等地。

香花崖豆藤 *Millettia dielsiana* Harms

蝶形花科 Papilionaceae

崖豆藤属 *Millettia*

鉴别特征：攀援灌木；茎皮灰褐色，剥裂，枝无毛或被微毛。羽状复叶，叶轴被稀疏柔毛，后秃净，上面有沟；托叶线形；小叶 2 对，纸质，披针形、长圆形至狭长圆形，先端急尖至渐尖，偶钝圆，基部钝圆，偶近心形。圆锥花序顶生，宽大，花序轴多少被黄褐色柔毛；花单生；花冠紫红色，旗瓣阔卵形至倒阔卵形。荚果线形至长圆形，果瓣薄，近木质，瓣裂，有种子 3～5 粒；种子长圆状凸镜形。花期 5～9 月，果期 6～11 月。

分布：广东、海南、广西、四川、贵州、云南等地。

厚果崖豆藤 *Millettia pachycarpa* Benth.

蝶形花科 Papilionaceae

崖豆藤属 ***Millettia***

鉴别特征：藤本。茎中空，嫩枝褐色，密被黄色绒毛；老枝黑色，无毛，散生褐色皮孔。羽状复叶，托叶宽卵形，贴生鳞芽两侧，宿存；小叶6～8对，草质，长椭圆形，上面无毛，下面沿中脉密被褐色绒毛，无小托叶。总状圆锥花序；花2～5朵着生节上；花萼杯状，密被绒毛；花冠淡紫色，旗瓣卵形，无毛，基部无胼胝体，翼瓣与龙骨瓣稍短于旗瓣。荚果肿胀，长圆形，单粒种子时卵形，绒毛秃净，表皮黄褐色，密布浅黄色疣点，果瓣厚木质，迟裂，具1～5粒种子。种子暗褐色，肾形，或挤压时呈棋子形。花期4～6月，果期6～11月。

分布：浙江（南部）、江西、福建、台湾、湖南、广东、广西、四川、贵州、云南、西藏。

用途：种子和根可作杀虫药。

软荚红豆 *Ormosia semicastrata* Hance f. *semicastrata*

蝶形花科 Papilionaceae

红豆属 ***Ormosia***

鉴别特征：常绿乔木，高达12m；树皮褐色。皮孔凸起并有不规则的裂纹。小枝具黄色柔毛。奇数羽状复叶；叶革质，卵状长椭圆形或椭圆形。圆锥花序顶生，在下部的分枝生于叶腋内；花冠白色，旗瓣近圆形，翼瓣线状倒披针形，龙骨瓣长圆形。荚果小，近圆形，稍肿胀，革质，光亮，干时黑褐色，有种子1粒；种子扁圆形，鲜红色。花期4～5月。

分布：江西（南部）、福建（东南部）、广东、海南、广西（东部）。

用途：韧皮纤维可作人造棉和编绳原料。

排钱树 *Phyllodium pulchellum*（L.）Desv.

蝶形花科 Papilionaceae

排钱树属 *Phyllodium*

鉴别特征：灌木。小枝被白色或灰色短柔毛。叶具3小叶，革质，顶生小叶卵形、椭圆形或倒卵形，先端钝或急尖，基部圆或钝，侧生小叶较顶生小叶短，约为其一半，基部偏斜，上面近无毛，下面疏被短柔毛。伞形花序有5～6花，藏于叶状苞片内；花冠白色或淡黄色，旗瓣基部渐窄，具短宽的瓣柄，翼瓣基部具耳和瓣柄，龙骨瓣基部无耳但具瓣柄。荚果通常有荚节2，成熟时无毛或有疏短柔毛及缘毛。种子宽椭圆形或近圆形。花期7～9月，果期10～11月。

分布：福建、江西（南部）、广东、海南、广西、云南（南部）、台湾。

用途：根、叶供药用。

葛 *Pueraria lobata*（Willd.）Ohwi var. *lobata*（Willd.）Ohwi

蝶形花科 Papilionaceae

葛属 *Pueraria*

鉴别特征：粗壮藤本。全株被黄色长硬毛，有粗厚的块状根。羽状复叶具3小叶；托叶背着，卵状长圆形，具线条；小托叶线状披针形，与小叶柄等长或较长；小叶三裂，偶尔全缘，顶生小叶宽卵形或斜卵形，先端长渐尖，侧生小叶斜卵形，稍小，上面被淡黄色、平伏的疏柔毛。总状花序中部以上有颇密集的花；花2～3朵聚生于花序轴的节上；花冠紫色，旗瓣倒卵形。荚果长椭圆形，扁平，被褐色长硬毛。花期9～10月，果期11～12月。

分布：我国南北各地，除新疆、青海及西藏外，分布几遍全国。

用途：葛根供药用，有解表退热、生津止渴、止泻的功能；茎皮纤维供织布和造纸用。

鹿藿 *Rhynchosia volubilis* Lour.

蝶形花科 Papilionaceae

鹿藿属 *Rhynchosia*

鉴别特征： 缠绕草质藤本。全株各部多少被灰色至淡黄色柔毛；茎略具棱。叶为羽状或有时近指状 3 小叶；托叶小，披针形；小叶纸质。总状花序排列稍密集；花冠黄色，旗瓣近圆形，翼瓣倒卵状长圆形。荚果长圆形，红紫色；种子通常 2 粒，椭圆形或近肾形，黑色，光亮。花期 5 ～ 8 月，果期 9 ～ 12 月。

分布： 长江以南各地。

用途： 根祛风和血、镇咳祛痰，治风湿骨痛、气管炎；叶外用治疥疮。

田菁 *Sesbania cannabina* (Retz.) Poir.

蝶形花科 Papilionaceae

田菁属 *Sesbania*

鉴别特征： 一年生草本；茎绿色，有时带褐红色，微被白粉，有不明显淡绿色线纹。羽状复叶；叶轴上面具沟槽，小叶 20 ～ 30（40）对，对生或近对生，线状长圆形，两面被紫色小腺点，下面尤密。总状花序，具 2 ～ 6 朵花，疏松；花冠黄色，旗瓣横椭圆形至近圆形，先端微凹至圆形，基部近圆形，外面散生大小不等的紫黑点和线，翼瓣倒卵状长圆形。荚果细长，长圆柱形，微弯，外面具黑褐色斑纹，有种子 20 ～ 35 粒，种子间具横隔；种子绿褐色，有光泽。花果期 7 ～ 12 月。

分布： 云南、广东等地有栽培。

用途： 茎、叶可作绿肥及牲畜饲料。

葫芦茶 *Tadehagi triquetrum*（L.）Ohashi

蝶形花科 Papilionaceae

葫芦茶属 *Tadehagi*

鉴别特征： 灌木或亚灌木。幼枝三棱形，棱上被疏短硬毛。仅具单小叶；托叶披针形，有条纹；叶柄两侧有宽翅；小叶纸质，窄披针形或卵状披针形，上面无毛，下面中脉或侧脉疏被短柔毛，侧脉 8 ～ 14 对，不达叶缘，叶下面网脉明显。总状花序，花 2 ～ 3 朵簇生于每节上。花萼上部裂片先端微 2 裂或有时全缘；花冠淡紫色或蓝紫色，旗瓣近圆形，翼瓣倒卵形，基部具耳，龙骨瓣镰形，弯曲，瓣柄与瓣片近等长；雄蕊二体。荚果，密被黄色或白色糙伏毛，荚节 5 ～ 8。花期 6 ～ 10 月，果期 10 ～ 12 月。

分布： 福建、江西、广东、海南、广西、贵州、云南。

用途： 全株供药用。

金缕梅科

蕈树 *Altingia chinensis*

金缕梅科 Hamamelidaceae

蕈树属 *Altingia*

鉴别特征： 常绿乔木，树皮灰色，稍粗糙；当年枝无毛，干后暗褐色。叶革质或厚革质，二年生，倒卵状矩圆形；托叶细小，早落。雄花短穗状花序常多个排成圆锥花序，花序柄有短柔毛；雄蕊多数，花药倒卵形。雌花头状花序单生或数个排成圆锥花序，有花 15 ～ 26 朵，苞片 4 ～ 5 片，卵形或披针形。头状果序近于球形；种子多数，褐色，有光泽。

分布： 广东、广西、贵州、云南（东南部）、湖南、福建、江西、浙江。

用途： 可提取蕈香油，供药用及香料用；木材供建筑及制家具用，在森林里亦常被砍倒作放养香菇的母树。

细柄蕈树 *Altingia gracilipes*

金缕梅科 Hamamelidaceae

蕈树属 ***Altingia***

鉴别特征：常绿乔木；嫩枝略有短柔毛，干后灰褐色，老枝灰色，有皮孔；芽体卵圆形，有多数鳞状苞片，外侧略有微毛。叶革质，卵状披针形。雄花头状花序圆球形，常多个排成圆锥花序，生枝顶叶腋内；苞片 4 ～ 5 片，卵状披针形，膜质。雌花头状花序生于当年枝的叶腋里，单独或数个排成总状式，有花 5 ～ 6 朵。头状果序倒圆锥形，有蒴果 5 ～ 6 个。种子多数，细小，多角形，褐色。

分布：浙江（南部）、福建、广东。

用途：树皮里流出的树脂含有芳香性挥发油，可供药用，以及作香料和定香之用。

枫香树 *Liquidambar formosana*

金缕梅科 Hamamelidaceae

枫香树属 ***Liquidambar***

鉴别特征：落叶乔木，树皮灰褐色，方块状剥落；小枝干后灰色，被柔毛，略有皮孔；芽体卵形，鳞状苞片敷有树脂，干后棕黑色，有光泽。叶薄革质，阔卵形，掌状 3 裂，中央裂片较长，先端尾状渐尖；边缘有锯齿，齿尖有腺状突。头状果序圆球形，木质；蒴果下半部藏于花序轴内，有宿存花柱及针刺状萼齿。种子多数，褐色，多角形或有窄翅。

分布：我国秦岭及淮河以南各地。

用途：树脂供药用；根、叶及果实亦可入药。

檵木 *Loropetalum chinense*

金缕梅科 Hamamelidaceae

檵木属 *Loropetalum*

鉴别特征：灌木，有时为小乔木，多分枝，小枝有星状毛。叶革质，卵形，下面被星状毛，稍带灰白色，侧脉约5对，在下面凸起，全缘；叶柄有星状毛；托叶膜质，三角状披针形，早落。花3～8朵簇生，白色，比新叶先开放，或与嫩叶同时开放；苞片线形；萼筒杯状，被星状毛；花瓣4片，带状。蒴果卵圆形，被褐色星状绒毛。种子卵圆形，黑色，发亮。花期3～4月。

分布：安徽、广东、四川、云南、贵州等地。

用途：药用。

红花檵木 *Loropetalum chinense* var. *rubrum* Yieh

金缕梅科 Hamamelidaceae

檵木属 *Loropetalum*

鉴别特征：灌木，有时为小乔木，多分枝，小枝有星状毛。叶革质，卵形；托叶膜质，三角状披针形，早落。花3～8朵簇生，紫红色；花瓣4片，带状。种子卵圆形，黑色，发亮。花期3～4月。

分布：我国南方各地有栽培。

用途：叶用于止血；根及叶用于跌打损伤，有祛淤生新功效。

红花荷 *Rhodoleia championii* Hook. f.

金缕梅科 Hamamelidaceae

红花荷属 *Rhodoleia*

鉴别特征：常绿乔木，嫩枝颇粗壮，无毛，干后皱缩，暗褐色。叶厚革质，卵形，上面深绿色，发亮，下面灰白色，无毛。头状花序；花瓣匙形，红色。蒴果卵圆形，果皮薄木质，干后上半部4片裂开；种子扁平，黄褐色。花期3～4月。

分布：广东。

杨柳科

垂柳 *Salix babylonica* f. *babylonica*

杨柳科 Salicaceae

柳属 *Salix*

鉴别特征：乔木，树冠开展而疏散。树皮灰黑色，不规则开裂；枝细，下垂，淡褐黄色、淡褐色或带紫色，无毛。叶狭披针形或线状披针形；托叶仅生在萌发枝上，斜披针形或卵圆形，边缘有齿牙。雄花序苞片披针形，外面有毛，腺体2；雌花序苞片披针形，外面有毛，腺体1。蒴果带绿黄褐色。花期3～4月，果期4～5月。

分布：产长江流域与黄河流域，其他各地均有栽培。

用途：木材可供制家具；枝条可编筐；树皮含鞣质，可提制栲胶；叶可作羊饲料。

长梗柳 *Salix dunnii* var. *dunnii*

杨柳科 Salicaceae

柳属 *Salix*

鉴别特征： 灌木或小乔木。当年生枝紫色，密生柔毛，后无毛。叶椭圆形，或椭圆状披针形；托叶半心形，有腺锯齿，两面被毛。雄花序疏花；雄蕊 3 ～ 6，花药卵球形，黄色；苞片卵形或倒卵形；腺体 2。雌花序较短；子房狭卵形至披针形；苞片与子房柄等长，特征同雄花；仅具腹腺。花期 4 月，果期 5 月。

分布： 福建、广东、江西、浙江等地。

杨梅科

杨梅 *Myrica rubra*（Lour.）S. et Zucc.

杨梅科 Myricaceae

杨梅属 *Myrica*

鉴别特征： 常绿乔木。小枝及芽无毛。叶革质，楔状倒卵形或长椭圆状倒卵形，全缘。雄花序单生或数序簇生叶腋，圆柱状；雄花具 2 ～ 4 卵形小苞片，雄蕊 4 ～ 6，花药暗红色，无毛。雌花序单生叶腋；雌花具 4 卵形小苞片。核果球形，具乳突，果皮肉质，多汁液及树脂，味酸甜，熟时深红或紫红色。花期 4 月，果期 6 ～ 7 月。

分布： 江苏、浙江、台湾、福建、江西、湖南、贵州、四川、云南、广西、广东。

用途： 水果；树皮富于单宁，可用作赤褐色染料及医药上的收敛剂。

桦木科

桤木 *Alnus cremastogyne* Burk.

桦木科 Betulaceae

桤木属 *Alnus*

鉴别特征： 乔木；树皮灰色，平滑；枝条灰色或灰褐色，无毛。叶倒卵形、倒卵状矩圆形、倒披针形或矩圆形，顶端骤尖或锐尖，基部楔形或微圆，边缘具极不明显而稀疏的钝齿，上面疏生腺点，幼时疏被长柔毛，下面密生腺点，脉腋间有时具簇生的髯毛；叶柄无毛，很少于幼时具淡黄色短柔毛。雄花序单生。小坚果卵形，膜质翅宽仅为果的1/2。

分布： 我国特有种，四川各地普遍分布，广东有少量分布。

用途： 木材较松，宜作薪炭及燃料，亦可用于制作镜框或箱子等。

壳斗科

罗浮锥 *Castanopsis faberi* Hance

壳斗科 Fagaceae

锥属 *Castanopsis*

鉴别特征： 乔木，高 8 ～ 20m；树皮灰褐色，粗糙。二年生叶革质，卵形、狭长椭圆形或披针形。雄花序单穗腋生或多穗排成圆锥花序；每壳斗有雌花 3 朵或 2 朵。壳斗有坚果 2 个，稀 1 个或 3 个，圆球形或阔椭圆形或阔卵形；坚果圆锥形。花期 4 ～ 5 月，果次年 9 ～ 11 月成熟。

分布： 长江以南大多数地区。

用途： 环孔材，木质部有细、宽两类木射线，木射线黄白色，属白锥类。

黧蒴锥 *Castanopsis fissa* (Champ. ex Benth.) Rehd. et Wils.

壳斗科 Fagaceae

锥属 *Castanopsis*

鉴别特征：乔木。芽鳞、幼枝及幼枝下面均被易脱落红褐色粉状蜡鳞层及褐黄色微柔毛。叶长椭圆形，具波状钝齿；壳斗幼时被暗红色粉状蜡鳞，成熟时椭圆形或近球形，几全包果或大部分包果，小苞片组成具稀疏脊肋或疣突 3 ～ 5 圆环，不规则 2 ～ 3（4）瓣裂，裂瓣常卷曲，果椭圆形或近球形。子叶皱褶，有涩味。花期 4 ～ 6 月，果期 9 ～ 11 月。

分布：福建、江西、湖南、贵州、广东、海南、香港、广西、云南（东南部）。

毛锥 *Castanopsis fordii* Hance

壳斗科 Fagaceae

锥属 *Castanopsis*

鉴别特征：乔木，大树高达 30m，胸径约 1m。叶革质，长椭圆形或长圆形，或兼有倒披针状长椭圆形，顶端急尖，稀圆形，基部心形或浅耳垂状，少有圆形，全缘，中脉在叶面明显凹陷，侧脉每边 14 ～ 18 条，稀较少，在叶面裂缝状凹陷，网状叶脉明显或纤细，叶背红棕色（嫩叶）、棕灰色或灰白色（成长叶）。雄穗状花序常多穗排成圆锥花序；壳斗密聚于果序轴上，每壳斗有坚果 1 个；坚果扁圆锥形，密被伏毛。花期 3 ～ 4 月，果次年 9 ～ 10 月成熟。

分布：浙江、江西、福建、湖南、广东、广西。

红锥 *Castanopsis hystrix* Miq.

壳斗科 Fagaceae

锥属 *Castanopsis*

鉴别特征： 乔木。幼枝、叶柄及花序均被微柔毛及细片状蜡鳞。叶纸质或薄革质，披针形，有时兼有倒卵状椭圆形，先端渐尖或尾尖，基部宽楔形或稍圆，全缘或近顶部具少数浅齿，上面中脉凹下，侧脉 9 ～ 15 对，下面被黄褐色至红褐色蜡鳞层。雄花序圆锥状或穗状，雌花序穗状。壳斗连刺径 2.5 ～ 4cm，4 瓣裂，刺长 0.6 ～ 1cm；果圆锥状，无毛。花期 4 ～ 6 月，果期次年 8 ～ 10 月。

分布： 福建（东南部）、湖南（西南部）、广东、海南、广西、贵州、云南（南部）、西藏（东南部）。

用途： 材用。

青冈 *Cyclobalanopsis glauca* (Thunb.) Oerst.

壳斗科 Fagaceae

青冈属 *Cyclobalanopsis*

鉴别特征： 常绿乔木，高达 20m，胸径可达 1m。小枝无毛。叶片革质，倒卵状椭圆形或长椭圆形，顶端渐尖或短尾状，基部圆形或宽楔形，叶缘中部以上有疏锯齿，叶背支脉明显，叶面无毛，叶背有整齐平伏白色单毛，老时渐脱落。雄花序长 5 ～ 6cm，花序轴被绿色绒毛。果序长 1.5 ～ 3cm，着生果 2 ～ 3 个。壳斗碗形，包着坚果 1/3 ～ 1/2，被薄毛；坚果卵形、长卵形或椭圆形，无毛或被薄毛，果脐平坦或微凸起。花期 4 ～ 5 月，果期 10 月。

分布： 陕西、甘肃、江苏、安徽、浙江、江西、福建、台湾、河南、湖北、湖南、广东、广西、四川、贵州、云南、西藏等地。

用途： 木材坚韧，可供桩柱、车船、工具柄等用材。

烟斗柯 *Lithocarpus corneus* (Lour.) Rehd.

壳斗科 Fagaceae

柯属 *Lithocarpus*

鉴别特征：乔木。小枝淡黄灰色，无毛或被短柔毛，散生微凸起的皮孔。叶常聚生于枝顶部，纸质或革质，椭圆形、倒卵状长椭圆形或卵形，顶部渐尖或短凸尖，基部楔形至近于圆形，叶缘有裂齿或浅波浪状，叶背被雨点状、无色、半透明、甚细小的鳞腺。雌花通常着生于雄花序轴的下段。壳斗碗状或半圆形；坚果半圆形或宽陀螺形，顶部圆，果壁近角质，比壳壁厚。花期几乎全年，盛花期 5 ～ 7 月，果次年约同期成熟。

分布：台湾、福建、湖南、贵州、广西、广东、云南（东南部）。

硬壳柯 *Lithocarpus hancei* (Benth.) Rehd.

壳斗科 Fagaceae

柯属 *Lithocarpus*

鉴别特征：乔木，除花序轴及壳斗被灰色短柔毛外各部均无毛。小枝淡黄灰色或灰色，常有很薄的透明蜡层。叶薄纸质至硬革质，长与宽的变异很大，长宽比约为 1.2∶1，可达 5∶1，顶部圆、钝、急尖或长渐尖，基部通常沿叶柄下延，全缘，或叶缘略背卷，中脉在叶面至少下半段明显凸起，侧脉纤细而密，两面同色，有时干后在叶面及叶柄有白色粉霜。雄穗状花序通常多穗排成圆锥花序。坚果扁圆形、近圆球形或高过于宽的圆锥形。花期 4 ～ 6 月，果次年 9 ～ 12 月成熟。

分布：秦岭南坡以南各地。

用途：制扁担、农具。

紫玉盘柯 *Lithocarpus uvariifolius* (Hance) Rehd.

壳斗科 Fagaceae

柯属 *Lithocarpus*

鉴别特征：乔木，当年生枝、叶柄、叶背中脉、侧脉及花序轴均密被棕色或褐锈色略粗糙长毛。叶革质或厚纸质，倒卵形、倒卵状椭圆形，有时椭圆形，顶部短凸尖或短尾状，很少短渐尖，基部近于圆形，叶缘近顶部有少数浅裂齿或波浪状，很少全缘。花序轴粗壮；雄花序穗状，单生或多穗聚生于枝顶部。坚果成熟时多呈菱形或多边形，具肋状凸起的纹网，坚果半圆形，顶部圆或近平坦，很少凹陷，密被细伏毛。花期 5～7 月，果次年 10～12 月成熟。

分布：福建（西南部）、广东、广西。

用途：嫩叶经制作后带甜味，民间用以代茶叶，作清凉解热剂。

榆科

朴树 *Celtis sinensis* Pers.

榆科 Ulmaceae

朴属 *Celtis*

鉴别特征：落叶乔木。叶多为卵形或卵状椭圆形，但不带菱形，基部几乎不偏斜或仅稍偏斜，先端尖至渐尖，但不为尾状渐尖。果较小，一般直径 5～7mm，很少有达 8mm 的。花期 3～4 月，果期 9～10 月。

分布：山东、河南、江苏、安徽、浙江、福建、江西、湖南、湖北、四川、贵州、广西、广东、台湾。

光叶山黄麻 *Trema cannabina* Lour.

榆科 Ulmaceae

山黄麻属 *Trema*

鉴别特征： 灌木或小乔木；小枝纤细，黄绿色，被贴生的短柔毛，后渐脱落。叶近膜质，卵形或卵状矩圆形，稀披针形，先端尾状渐尖或渐尖，基部圆或浅心形，稀宽楔形，边缘具圆齿状锯齿。花单性，雌雄同株，聚伞花序一般长不过叶柄。核果近球形或阔卵圆形，微压扁，熟时橘红色，有宿存花被。花期 3 ～ 6 月，果期 9 ～ 10 月。

分布： 贵州、广东、海南、广西、四川等地。

用途： 韧皮纤维供制麻绳、纺织和造纸用；种子油供制皂和作润滑油用。

山黄麻 *Trema tomentosa* (Roxb.) Hara

榆科 Ulmaceae

山黄麻属 *Trema*

鉴别特征： 小乔木或灌木；树皮灰褐色，平滑或细龟裂。叶纸质或薄革质，宽卵形或卵状矩圆形，稀宽披针形，先端渐尖至尾状渐尖，稀锐尖，基部心形，边缘有细锯齿。花被片 5 片，卵状矩圆形，外面被微毛，边缘有缘毛。核果宽卵珠状，成熟时具不规则的蜂窝状皱纹，褐黑色或紫黑色。种子阔卵珠状，两侧有棱。花期3～6月，果期 9 ～ 11 月，在热带地区，几乎四季开花。

分布： 福建（南部）、台湾、广东等地。

用途： 韧皮纤维可作人造棉、麻绳和造纸原料。

榔榆 *Ulmus parvifolia* Jacq.

榆科 Ulmaceae

榆属 *Ulmus*

鉴别特征：落叶乔木；树皮灰或灰褐色，内皮红褐色。一年生枝密被短柔毛。叶披针状卵形或窄椭圆形，单锯齿，侧脉 10 ～ 15 对。秋季开花，3 ～ 6 朵成簇状聚伞花序，花被上部杯状，下部管状，花被片 4 片，深裂近基部。翅果椭圆形或卵状椭圆形；果柄疏被短毛。花果期 8 ～ 10 月。

分布：河北、山东、江苏、安徽、浙江、福建、台湾、江西、广东、广西、湖南、湖北、贵州、四川、陕西、河南等地。

用途：材用、药用。

桑科

藤构 *Broussonetia kaempferi* Sieb. var. *australis* Suzuki

桑科 Moraceae

构属 *Broussonetia*

鉴别特征：蔓生藤状灌木；树皮黑褐色；小枝显著伸长，幼时被浅褐色柔毛，成长脱落。叶互生，螺旋状排列，近对称的卵状椭圆形，先端渐尖至尾尖，基部心形或截形，边缘锯齿细，齿尖具腺体，不裂，稀为 2 ～ 3 裂，表面无毛，稍粗糙。花雌雄异株，雄花序短穗状；雄花花被片 3 ～ 4 片，裂片外面被毛，雄蕊 3 ～ 4，花药黄色，椭圆球形，退化雌蕊小；雌花集生为球形头状花序。聚花果直径 1cm，花柱线形，延长。花期 4 ～ 6 月，果期 5 ～ 7 月。

分布：浙江、湖北、湖南、安徽、江西、福建、广东、广西、云南、四川、贵州、台湾等地。

用途：韧皮纤维为优良造纸原料。

构树 *Broussonetia papyrifera* (Linn.) L'Hér. ex Vent.

桑科 Moraceae

构属 *Broussonetia*

鉴别特征： 乔木；树皮暗灰色；小枝密生柔毛。叶螺旋状排列，广卵形至长椭圆状卵形，边缘具粗锯齿；托叶大，卵形。花雌雄异株；雄花序为柔荑花序，苞片披针形，花被4裂，裂片三角状卵形；雌花序球形头状，苞片棍棒状，顶端被毛，花被管状。聚花果成熟时橙红色，肉质；瘦果表面有小瘤，龙骨双层，外果皮壳质。花期4～5月，果期6～7月。

分布： 我国南北各地。

用途： 韧皮纤维可作造纸原料；果实及根、皮可供药用。

柘树 *Cudrania tricuspidata* (Carr.) Bur. ex Lavallee

桑科 Moraceae

柘属 *Cudrania*

鉴别特征： 灌木或小乔木；树皮灰褐色，小枝无毛，略具棱，有棘刺；冬芽赤褐色。叶卵形或菱状卵形，偶为三裂，先端渐尖，基部楔形至圆形，表面深绿色，背面绿白色；叶柄被微柔毛。雌雄异株，雌雄花序均为球形头状花序，单生或成对腋生，具短总花梗。聚花果近球形，肉质，成熟时橘红色。花期5～6月，果期6～7月。

分布： 华北、华东、华中、华南、西南各地。

用途： 茎皮纤维可以造纸；根皮药用；嫩叶可以养幼蚕；果可生食或酿酒；木材心部黄色，质坚硬细致，可以制作家具或黄色染料；柘树也为良好的绿篱树种。

高山榕 *Ficus altissima*

桑科 Moraceae

榕属 *Ficus*

鉴别特征： 大乔木；树皮灰色，平滑；幼枝绿色，被微柔毛。叶厚革质，广卵形至广卵状椭圆形；托叶厚革质，外面被灰色绢丝状毛。榕果成对腋生，椭圆状卵圆形，成熟时红色或带黄色；雄花散生榕果内壁，花被片 4 片，膜质，透明；雌花无柄，花被片与瘿花同数。瘦果表面有瘤状凸体。花期 3～4 月，果期 5～7 月。

分布： 产海南、广西、云南，广东等地有栽培。

印度榕 *Ficus elastica* Roxb. ex Hornem.

桑科 Moraceae

榕属 *Ficus*

鉴别特征： 乔木；树皮灰白色，平滑；幼时附生。叶厚革质，长圆形或椭圆形，先端骤尖，基部宽楔形，全缘，下面具钟乳体，2 级及 1 级侧脉均不明显，平行展出；叶柄粗，托叶膜质，深红色，长达 10cm，脱落后有环状痕。榕果成对生于落叶枝叶腋，卵状长椭圆形，黄绿色，基生苞片风帽状，脱落后基部有环状痕；雄花、瘿花、雌花同生于榕果内壁。瘦果卵圆形，具小瘤，花柱长，宿存，柱头近头状。花期冬季。

分布： 世界各地有栽培。

用途： 观赏。

水同木 *Ficus fistulosa* Reinw. ex Bl.

桑科 Moraceae

榕属 *Ficus*

鉴别特征：小乔木。叶互生，纸质，倒卵形或长圆形，先端短尖，基部楔形或稍圆，全缘或微波状，上面无毛，下面微被柔毛或黄色小突体；托叶卵状披针形。榕果簇生于老干发出的瘤状枝上，近球形，光滑，熟时橘红色，不裂。雄花和瘿花生于同一榕果内壁；雄花生于近口部，少数，具短梗；瘿花具柄，花被片极短或无；雌花生于雌株榕果内，花被管状。瘦果近斜方形，具小瘤，花柱棒状。花期5～7月。

分布：广东、香港、广西、云南等地。

粗叶榕 *Ficus hirta* Vahl

桑科 Moraceae

榕属 *Ficus*

鉴别特征：小乔木或灌木状；嫩枝中空，小枝、叶和榕果被刚毛。叶互生，纸质，多型，具细锯齿，全缘或3～5深裂，上面疏生平伏硬毛，下面被开展柔毛；叶柄膜质，红色，被柔毛。榕果成对腋生或生于落叶枝上，球形或椭圆状球形，被刚毛；雌花果球形，雄花及瘿果卵球形，无柄或近无柄；雄花生于榕果内壁近口部；雌花生雌株榕果内。瘦果椭圆球形。

分布：云南、贵州、广西、广东、海南、湖南、福建、江西。

用途：药用、材用。

黄金榕 *Ficus microcarpa* cv.Golden Leaves.

桑科 Moraceae

榕属 *Ficus*

鉴别特征：常绿小乔木，高达25m；树冠阔伞形，宽幅可达30m，枝干上有下垂的气根。单叶互生，倒卵形至椭圆形，长4～10cm，革质，全缘。花单性，雌雄同株，隐头花序。果实球形，熟时红色。

分布：广东、广西、海南、台湾等地。

用途：叶色金黄亮丽，易造型，园林应用广泛，常作行道树、园景树、绿篱树。

琴叶榕 *Ficus pandurata* Hance var. *pandurata*

桑科 Moraceae

榕属 *Ficus*

鉴别特征：小灌木。嫩叶幼时被白色柔毛。叶纸质，提琴形或倒卵形；托叶披针形，迟落。榕果单生叶腋，鲜红色，椭圆形或球形，花被片4片，线形；瘿花有柄或无柄，花被片3～4片，倒披针形至线形；雌花花被片3～4片，椭圆形。花期6～8月。

分布：广东、海南、广西、福建、湖南、湖北、江西、安徽（南部）、浙江。

用途：祛风除湿、解毒消肿、活血通经。

条叶榕 *Ficus pandurata* Hance var. *angustifolia* Cheng

桑科 Moraceae

榕属 *Ficus*

鉴别特征： 小灌木；小枝、嫩叶幼时被白色柔毛。叶纸质，叶线状披针形，先端渐尖，侧脉 8 ～ 18 对；叶柄疏被糙毛。榕果单生叶腋，鲜红色，椭圆形或球形，顶部脐状凸起，基生苞片 3 片，卵形，总梗纤细；雄花有柄，生榕果内壁口部，花被片 4 片，线形，雄蕊 3，稀为 2，长短不一；瘿花有柄或无柄，花被片 3 ～ 4 片，倒披针形至线形；雌花花被片 3 ～ 4 片，椭圆形，花柱侧生，细长，柱头漏斗形。花期 6 ～ 8 月。

分布： 我国东南部各地（西至湖北宜昌）。

薜荔 *Ficus pumila* Linn. var. *pumila*

桑科 Moraceae

榕属 *Ficus*

鉴别特征： 攀援或匍匐灌木。叶两型，不结果枝节上生不定根，叶卵状心形，薄革质，基部稍不对称，尖端渐尖，叶柄很短；结果枝上无不定根，叶革质，卵状椭圆形，先端急尖至钝形，基部圆形至浅心形，全缘，上面无毛，背面被黄褐色柔毛，网脉甚明显，呈蜂窝状。榕果单生叶腋，瘿花果梨形，雌花果近球形，顶部截平，略具短钝头或为脐状凸起，基部收窄成一短柄，榕果幼时被黄色短柔毛，成熟黄绿色或微红；雄花生榕果内壁口部，多数，排为几行；瘿花具柄，花被片 3 ～ 4 片，线形，花柱侧生；雌花生另一植株榕果内壁，花柄长，花被片 4 ～ 5 片。瘦果近球形，有黏液。花果期 5 ～ 8 月。

分布： 福建、江西、浙江、安徽、江苏、台湾、湖南、广东、广西、贵州、云南（东南部）、四川、陕西。

用途： 瘦果水洗可作凉粉；藤叶药用。

菩提树 *Ficus religiosa* L.

桑科 Moraceae

榕属 *Ficus*

鉴别特征: 大乔木，幼时附生于其他树上；树皮灰色，平滑或微具纵纹；小枝灰褐色，幼时被微柔毛。叶革质，三角状卵形，先端骤尖，顶部延伸为尾状，尾尖长 2 ～ 5cm，基部宽截形至浅心形，全缘或为波状，基生叶脉三出，侧脉 5 ～ 7 对；叶柄纤细，有关节，与叶片等长或长于叶片。榕果球形至扁球形，成熟时红色，光滑。花期 3 ～ 4 月，果期 5 ～ 6 月。

分布: 广东、广西、云南，多为栽培。

用途: 观赏。

变叶榕 *Ficus variolosa* Lindl. ex Benth.

桑科 Moraceae

榕属 *Ficus*

鉴别特征: 小乔木或灌木状，高达 10m；树皮灰褐色，全株无毛。叶薄革质，窄椭圆形或窄椭圆状披针形，全缘；托叶长三角形。榕果成对或单生叶腋，球形，具瘤体，顶部苞片脐状凸起，基生苞片 3 片，卵状三角形，基部微合生；瘿花子房球形，花柱短，侧生；雌雄异株，雌花生于榕果内壁，花被片 3 ～ 4 片，子房花柱侧生，细长。瘦果具瘤体。花期 12 月至次年 6 月。

分布: 浙江、江西、福建、广东、广西、湖南、贵州、云南（东南部及南部）。

用途: 药用。

黄葛树 *Ficus virens* Ait. var. *sub-lanceolata* (Miq.) Corner

桑科 Moraceae

榕属 *Ficus*

鉴别特征：落叶或半落叶乔木，有板根或支柱根，幼时附生。叶薄革质或皮纸质，近披针形；托叶披针状卵形。榕果单生或成对腋生或簇生于已落叶枝叶腋，球形，成熟时紫红色；无总梗。雄花、瘿花、雌花生于同一榕果内。瘦果表面有皱纹。花期5～8月。

分布：云南、广东、海南、广西、福建、台湾、浙江。

用途：常用作行道树，为良好的荫蔽树种；木材纹理细致、美观，可供雕刻。

荨麻科

楼梯草 *Elatostema involucratum* Franch. et sav.

荨麻科 Urticaceae

楼梯草属 *Elatostema*

鉴别特征：多年生草本。茎肉质，无毛，稀上部有疏柔毛。叶无柄或近无柄；叶片草质，斜倒披针状长圆形或斜长圆形，有时稍镰状弯曲，顶端骤尖（骤尖部分全缘），基部在狭侧楔形，在宽侧圆形或浅心形，边缘在基部之上有较多牙齿，钟乳体明显，叶脉羽状。花序雌雄同株或异株；雄花序有梗。瘦果卵球形，有少数不明显纵肋。花期5～10月。

分布：云南、贵州、四川、湖南、广西（西部）、广东、江西、福建、浙江等地。

用途：全草药用，有活血祛淤、利尿、消肿之效。

糯米团 *Gonostegia hirta*（Bl.）Miq.

荨麻科 Urticaceae

糯米团属 ***Gonostegia***

鉴别特征：多年生草本；茎蔓生、铺地或渐升，上部带四棱形，有短柔毛。叶对生；叶片草质或纸质，宽披针形至狭披针形、狭卵形，稀卵形或椭圆形，边缘全缘；托叶钻形。团伞花序腋生，通常两性，有时单性，雌雄异株。雄花花被片5片，分生，倒披针形，顶端短骤尖。雌花花被菱状狭卵形，有疏毛，果期呈卵形。瘦果卵球形，白色或黑色，有光泽。花期5～9月。

分布：我国长江以南各地。

用途：全草药用，治消化不良、食积胃病等症，外用治血管神经性水肿、疔疮疖肿、乳腺炎、外伤出血等症。

羽脉赤车 *Pellionia incisoserrata*（H. Schoter）W. T. Wang

荨麻科 Urticaceae

赤车属 ***Pellionia***

鉴别特征：多年生草本。叶具短柄或无柄，无毛；叶片草质，斜椭圆形或斜狭椭圆形，顶端渐尖或长渐尖，基部在狭侧楔形，在宽侧宽楔形或圆形，边缘自基部之上有小牙齿或牙齿，钟乳体明显，密，叶脉羽状，侧脉每侧6～10条。花序雌雄异株；雄花序有长梗，直径1.6～2.8cm，3～4回分枝，与花被片均密被极短的小毛。瘦果狭卵球形或卵球形，有短条状凸起。花期5～6月。

分布：广西、广东。

蔓赤车 *Pellionia scabra* Benth.

荨麻科 Urticaceae

赤车属 *Pellionia*

鉴别特征：亚灌木。叶具短柄或近无柄；叶片草质，斜狭菱状倒披针形或斜狭长圆形，顶端渐尖、长渐尖或尾状，边缘下部全缘，其上有少数小牙齿，上面有少数贴伏的短硬毛，沿中脉有短糙毛，下面有密或疏的短糙毛；托叶钻形。花序通常雌雄异株。雄花为稀疏的聚伞花序，花被片5片，椭圆形。雌花序有多数密集的花，花被片4～5片，狭长圆形。瘦果近椭圆球形，有小瘤突。花期春季至夏季。

分布：云南（东南部）、广西、广东、贵州、四川（东南部和东部）、湖南、江西、安徽（南部）、浙江、福建、台湾。

小叶冷水花 *Pilea microphylla*（L.）Liebm.

荨麻科 Urticaceae

冷水花属 *Pilea*

鉴别特征：草本，无毛；茎多分枝，密布线形钟乳体。叶小，同对的不等大，倒卵形或匙形，全缘，下面干时细蜂巢状，上面钟乳体线形，叶脉羽状，中脉稍明显，侧脉不明显；托叶三角形。雌雄同株，有时同序，聚伞花序密集成头状。瘦果卵圆形，褐色，光滑。花期夏秋季，果期秋季。

分布：广东、广西、福建、江西、浙江和台湾低海拔地区。

用途：观赏。

冷水花 *Pilea notata* C. H. Wright

荨麻科 Urticaceae

冷水花属 ***Pilea***

鉴别特征：多年生草本。叶纸质，卵形或卵状披针形，先端尾尖或渐尖，基部圆，有齿。花雌雄异株；雄花序聚伞总状，雌聚伞花序较短而密集。雄花花被4深裂，裂片卵状长圆形，宿存，近先端有短角；雌花花被片3片。瘦果宽卵圆形，顶端歪斜，有刺状小疣。花期6～9月，果期9～11月。

分布：广东、广西、湖南、湖北、贵州、四川、甘肃（南部）、陕西（南部）、河南（南部）、安徽（南部）、江西、浙江、福建、台湾。

用途：全草药用。

矮冷水花 *Pilea peploides* (Gaudich.) Hook. et Arn.

荨麻科 Urticaceae

冷水花属 ***Pilea***

鉴别特征：一年生草本，常丛生。茎肉质，带红色。叶膜质，常集生茎顶，同对叶近等大，菱状圆形，先端钝，基部楔形或宽楔形，全缘或波状，两面有紫褐色斑点。雌雄同株，雌雄花序常同生或单生叶腋，有时同序；聚伞花序密集成头状。雄花具梗，淡黄色，花被片4片；雌花具短梗，淡绿色，花被片2片。瘦果，卵圆形，黄褐色，光滑。花期4～7月，果期7～8月。

分布：广东、辽宁、内蒙古（东部）、河北、河南、安徽、江西、湖南。

冬青科

秤星树 *Ilex asprella* (Hook. et Arn.) Champ. ex Benth. var. *asprella*

冬青科 Aquifoliaceae

冬青属 *Ilex*

鉴别特征: 落叶灌木；具长枝和宿短枝，长枝纤细，栗褐色，无毛，具淡色皮孔，短枝多皱，具宿存的鳞片和叶痕。叶膜质，在长枝上互生，在缩短枝上1～4枚簇生枝顶，卵形或卵状椭圆形，边缘具锯齿；托叶小，胼胝质，三角形，宿存。雄花序：2～3花呈束状或单生于叶腋或鳞片腋内，位于腋芽与叶柄之间；花4～5基数；花冠白色，辐状，花瓣4～5，近圆形。雌花序：单生于叶腋或鳞片腋内，无毛；花4～6基数；花萼4～6深裂，裂片边缘具缘毛；花冠辐状，花瓣近圆形，基部合生。果球形，熟时变黑色，具分核4～6粒。花期3月，果期4～10月。

分布: 浙江、江西、福建、台湾、湖南、广东、广西、香港等地。

用途: 根、叶入药。

凹叶冬青 *Ilex championii* Loes.

冬青科 Aquifoliaceae

冬青属 *Ilex*

鉴别特征: 常绿灌木或乔木。叶生于1～2年生枝上，叶片厚革质，卵形或倒卵形，稀倒卵状椭圆形，先端圆而微凹或微缺，基部钝，全缘，叶面绿色，具光泽，背面淡绿色，具深色腺点，主脉在两面隆起或平坦，侧脉8～10对，在叶面不明显，背面明显；叶柄上面具宽而浅的纵槽，疏被微小柔毛，上半段具叶片下延而成的狭翅。花4基数，白色；花瓣长圆状卵形，基部稍合生。果扁球形，成熟后红色，内果皮革质。花期6月，果期8～11月。

分布: 江西、福建、湖南、广东等地。

枸骨 *Ilex cornuta* Lindl. et Paxt.

冬青科 Aquifoliaceae

冬青属 *Ilex*

鉴别特征：常绿灌木或小乔木。小枝粗，具纵沟，沟内被微柔毛。叶二型，四角状长圆形，先端宽三角形，有硬刺齿，或长圆形、卵形及倒卵状长圆形，全缘，先端具尖硬刺，反曲，基部具 1 ～ 3 对刺齿，无毛，侧脉 5 ～ 6 对。花序簇生叶腋，花 4 基数，淡黄绿色。果球形，熟时红色，宿存柱头盘状；分核 4，倒卵形或椭圆形，背部密被皱纹及纹孔及纵沟，内果皮骨质。花期 4 ～ 5 月，果期 10 ～ 12 月。

分布：江苏、上海、安徽、浙江、江西、湖北、湖南、广东等地。

用途：根、枝叶和果入药；种子含油，可作肥皂原料；树皮可作染料和提取栲胶；木材软韧，可用作牛鼻栓。

无刺枸骨 *Ilex cornuta* var. *fortunei*

冬青科 Aquifoliaceae

冬青属 *Ilex*

鉴别特征：无刺枸骨是冬青属枸骨的自然变种，常绿灌木或小乔木，树种枝繁叶茂。叶硬革质，椭圆形，全缘，叶尖为骤尖，较硬，叶面绿色，有光泽，叶互生。树冠圆整，4 ～ 5 月开黄绿色小花，核果球形，初为绿色，入秋成熟转红。无主干，基部以上开叉分枝。果经冬不凋，艳丽可爱。

分布：江苏、上海、安徽、浙江、江西、湖北、湖南、广东等地。

榕叶冬青 *Ilex ficoidea* Hemsl.

冬青科 Aquifoliaceae

冬青属 *Ilex*

鉴别特征：常绿乔木。叶生于1～2年生枝上，叶片革质，长圆状椭圆形，卵状或稀倒卵状椭圆形，先端骤然尾状渐尖，基部钝，楔形或近圆形，边缘具不规则的细圆齿状锯齿，齿尖变黑色，干后稍反卷，叶面深绿色，具光泽，背面淡绿色，主脉在叶面狭凹陷，背面隆起，侧脉8～10对，背面稍凸起，于边缘网结，细脉不明显。聚伞花序或单花簇生于当年生枝的叶腋内，花4基数，白色或淡黄绿色，芳香。果球形或近球形，成熟后红色，内果皮石质。花期3～4月，果期8～11月。

分布：安徽（南部）、浙江、江西、福建、广东、台湾等地。

凸脉冬青 *Ilex kobuskiana* S. Y. Hu

冬青科 Aquifoliaceae

冬青属 *Ilex*

鉴别特征：常绿灌木或乔木，高可达15m。叶生于1～2年生枝上，叶片厚革质，卵形、椭圆形或长圆形，先端骤然短渐尖，微凹或钝，基部圆形或钝，稀楔形，全缘，主脉在叶面平坦或略凸起，背面隆起，侧脉9～10对，于叶缘附近网结，在叶面不明显，背面显著，网状脉仅背面明显。雄花序：簇的个体分枝为具3花的聚伞花序；花瓣倒卵状椭圆形，基部合生。果卵形，成熟后红色，内果皮革质。花期5～7月，果期6～11月。

分布：浙江、江西、湖北、广东等地。

毛冬青 *Ilex pubescens* Hook. et Arn. var. *pubescens*

冬青科 Aquifoliaceae

冬青属 *Ilex*

鉴别特征：常绿灌木或小乔木；小枝纤细，近四棱形，灰褐色，密被长硬毛，具纵棱脊。叶生于1～2年生枝上，叶片纸质或膜质，椭圆形或长卵形，先端急尖或短渐尖，基部钝，边缘具疏而尖的细锯齿或近全缘。雄花序：簇的单个分枝具1或3花的聚伞花序，花4～5基数，粉红色，花瓣4～6枚，卵状长圆形或倒卵形。雌花序：簇生，被长硬毛，单个分枝具单花，稀具3花；花6～8基数，花瓣5～8枚，长圆形。果球形，成熟后红色。花期4～5月，果期8～11月。

分布：安徽、浙江、江西、福建、台湾、湖南、广东、海南、香港、广西、贵州。

铁冬青 *Ilex rotunda* Thunb.

冬青科 Aquifoliaceae

冬青属 *Ilex*

鉴别特征：常绿灌木或乔木；树皮灰色至灰黑色。叶仅见于当年生枝上，叶片薄革质或纸质，卵形、倒卵形或椭圆形，先端短渐尖，基部楔形或钝，全缘，稍反卷，聚伞花序或伞形状花序具4～6（13）花，单生于当年生枝的叶腋内。雄花序：花白色，花萼盘状，花冠辐状，花瓣长圆形。雌花序：花白色，5～7基数，花萼浅杯状，花冠辐状，花瓣倒卵状长圆形。果近球形或稀椭圆形，成熟时红色，内果皮近木质。花期4月，果期8～12月。

分布：江苏、广东、香港、安徽、江西、海南、云南等地。

用途：叶和树皮入药。

三花冬青 *Ilex triflora* Bl. var. *triflora*

冬青科 Aquifoliaceae

冬青属 *Ilex*

鉴别特征：常绿灌木或乔木。叶生于1～3年生的枝上，叶片近革质，椭圆形、长圆形或卵状椭圆形。雄花1～3朵排成聚伞花序；花4基数，白色或淡红色；花瓣阔卵形，基部稍合生。雌花1～5朵簇生于当年生或二年生枝的叶腋内，花瓣阔卵形至近圆形，基部稍合生。果球形，成熟后黑色；分核4，卵状椭圆形，内果皮革质。花期5～7月，果期8～11月。

分布：安徽、浙江、江西、福建、湖北（西北部）、湖南、广东、广西、海南、四川、贵州、云南等地。

卫矛科

过山枫 *Celastrus aculeatus* Merr.

卫矛科 Celastraceae

南蛇藤属 *Celastrus*

鉴别特征：小枝幼时被棕褐色短毛；冬芽圆锥状，基部芽鳞宿存，有时坚硬成刺状。叶多椭圆形或长方形，先端渐尖或窄急尖，基部阔楔形，稀近圆形，边缘上部具疏浅细锯齿，下部多为全缘，两面光滑无毛。聚伞花序短，腋生或侧生，通常3花；萼片三角卵形；花瓣长方披针形，花盘稍肉质，全缘；雄蕊具细长花丝，长3～4mm，具乳突，花丝在雌花中退化，长仅1.5mm；子房球状，在雄花中退化，长2mm以下。蒴果近球状，直径7～8mm，宿萼明显增大；种子新月状或弯成半环状，长约5mm，表面密布小疣点。

分布：浙江、福建、江西、广东、广西、云南。

短梗南蛇藤 *Celastrus rosthornianus* Loes.

卫矛科 Celastraceae

南蛇藤属 *Celastrus*

鉴别特征： 小枝具较稀皮孔，腋芽圆锥状或卵状。叶纸质，果期常稍革质，叶片长方椭圆形、长方窄椭圆形，稀倒卵椭圆形，先端急尖或短渐尖，基部楔形或阔楔形，边缘是疏浅锯齿，或基部近全缘。花序顶生及腋生，顶生者为总状聚伞花序，腋生者短小，具 1 至数花，花序梗短；花瓣近长方形；花盘浅裂，裂片顶端近截平。蒴果近球状，近果处较粗；种子阔椭圆状。花期 4～5 月，果期 8～10 月。

分布： 广东、广西、云南等地。

用途： 茎皮纤维质量较好；根皮入药，治蛇咬伤及肿毒；树皮和叶可提取有效成分制成农药。

百齿卫矛 *Euonymus centidens* Levl.

卫矛科 Celastraceae

卫矛属 *Euonymus*

鉴别特征： 灌木；小枝方棱状，常有窄翅棱。叶纸质或近革质，窄长椭圆形或近长倒卵形，先端长渐尖，叶缘具密而深的尖锯齿，齿端常具黑色腺点，有时齿较浅而钝；近无柄或有短柄。聚伞花序 1～3 朵花，稀较多；花序梗 4 棱；小花梗常稍短；花 4 数，淡黄色；萼片齿端常具黑色腺点；花瓣长圆形。蒴果 4 深裂，成熟裂瓣 1～4，每裂内常只有 1 粒种子；种子长圆状，假种皮黄红色，覆盖于种子向轴面的一半，末端窄缩成脊状。花期 6 月，果期 9～10 月。

分布： 云南、四川、安徽、江西、广东、广西、湖南。

扶芳藤 *Euonymus fortunei*（Turcz.）Hand. -Mazz.

卫矛科 Celastraceae

卫矛属 *Euonymus*

鉴别特征： 常绿藤状灌木。枝具气生根。叶对生，薄革质，椭圆形、长圆状椭圆形或长倒卵形，基部楔形，边缘齿浅而不明显，小脉不明显。聚伞花序3～4次分枝，每花序有4～7朵花，分枝中央有单花。花4数，白绿色；花萼裂片半圆形；花瓣近圆形。蒴果近球形，熟时粉红色，果皮光滑。种子长方椭圆形，假种皮鲜红色，全包种子。花期6月，果期10月。

分布： 江苏、浙江、安徽、江西、湖北、湖南、四川、陕西、广东等地。

雷公藤 *Tripterygium wilfordii* Hook. f.

卫矛科 Celastraceae

雷公藤属 *Tripterygium*

鉴别特征： 藤本灌木，高1～3m。小枝棕红色，具4～6细棱，被密毛及细密皮孔。叶椭圆形、倒卵状椭圆形、长方椭圆形或卵形，先端急尖或短渐尖，基部阔楔形或圆形，边缘有细锯齿。圆锥聚伞花序较窄小，花白色；花瓣长方卵形，边缘微蚀。翅果长圆状，中央果体较大；种子细柱状。

分布： 台湾、福建、江苏、浙江、安徽、湖北、湖南、广西、广东。

铁青树科

华南青皮木 *Schoepfia chinensis*

铁青树科 Olacaceae

青皮木属 ***Schoepfia***

鉴别特征：落叶小乔木。叶纸质，长椭圆形或卵状披针形，先端渐尖或钝尖，基部楔形，叶脉红色，侧脉3～5对；叶柄红色。聚伞花序近似头状花序状，具（1）2～3朵花；花无梗；萼筒大部与子房合生，顶端4～5齿裂；无副萼；花冠筒状，白色或淡红色，顶端4～5齿裂。果椭圆状或长圆状，成熟时几全为增大的萼筒所包围，萼筒红色或紫红色，基部为膨大的“基座”所托。花叶同放。花期2～4月，果期4～6月。

分布：四川（西南部）、云南、广西、广东、湖南（南部）、江西、福建、台湾。

桑寄生科

桑寄生 *Taxillus sutchuenensis* (Lecomte) Danser

桑寄生科 Loranthaceae

钝果寄生属 ***Taxillus***

鉴别特征：灌木；小枝黑色。叶近对生或互生，革质，卵形至椭圆形，先端圆钝，基部近圆。总状花序1～3生于小枝落叶腋部或叶腋，具3～4朵花，花密集呈伞形，花红色，花托椭圆状；副萼环状，具4齿；花冠花蕾时筒状，稍弯，下部膨胀，顶部椭圆状，花裂片4片，披针形，反折。果椭圆状，黄绿色，果皮具颗粒状体。花期6～8月。

分布：秦岭以南各地。

用途：全株入药，为中药桑寄生正品。

檀香科

寄生藤 *Dendrotrophe frutescens*

檀香科 Santalaceae

寄生藤属 ***Dendrotrophe***

鉴别特征：木质藤本，常呈灌木状。枝幼时三棱形，扭曲。叶厚，倒卵形至阔椭圆形，先端圆钝，有短尖，基部收狭而下延成叶柄，基出3脉，侧脉大致沿边缘内侧分出，干后明显。花通常单性，雌雄异株。雄花球形，5～6朵集成聚伞状花序；小苞片近离生；花被5裂，裂片三角形；雌花或两性花通常单生；雌花短圆柱状，花柱短小，柱头不分裂，锥尖形；两性花，卵形。核果卵圆形，带红色，顶端有内拱形宿存花被，成熟时棕黄色或红褐色。花期1～3月，果期6～8月。

分布：福建、广东、广西、云南。

用途：全株供药用。

鼠李科

多花勾儿茶 *Berchemia floribunda* (Wall.) Brongn. var. *floribunda*

鼠李科 Rhamnaceae

勾儿茶属 ***Berchemia***

鉴别特征：藤状或直立灌木；幼枝黄绿色，光滑无毛。叶纸质，上部叶较小，卵形或卵状椭圆形至卵状披针形；托叶狭披针形，宿存。花多数，通常数朵簇生排成顶生宽聚伞圆锥花序，或下部兼腋生聚伞总状花序；花瓣倒卵形，雄蕊与花瓣等长。核果圆柱状椭圆形。花期7～10月，果期次年4～7月。

分布：山西、陕西、甘肃、河南、安徽、江苏、浙江、江西、福建、广东、广西、湖南、湖北、四川、贵州、云南、西藏。

用途：根入药，有祛风除湿、散淤消肿、止痛之功效；嫩叶可代茶。

枳椇 *Hovenia acerba* Lindl.

鼠李科 Rhamnaceae

枳椇属 *Hovenia*

鉴别特征：高大乔木；小枝褐色或黑紫色，被棕褐色短柔毛或无毛，有明显白色的皮孔。叶互生，厚纸质至纸质，宽卵形至心形，顶端长或短渐尖，基部截形或心形，常具细锯齿。二歧式聚伞圆锥花序，顶生和腋生；花两性；萼片具网状脉或纵条纹；花瓣椭圆状匙形，具短爪；花柱半裂。浆果状核果近球形，成熟时黄褐色或棕褐色，果序轴明显膨大；种子暗褐色或黑紫色。花期 5 ～ 7 月，果期 8 ～ 10 月。

分布：甘肃、陕西、河南、安徽、江苏、浙江、江西、福建、广东、广西、湖南、湖北、四川、云南、贵州。

用途：可供材用；果序可食；种子入药。

长叶冻绿 *Rhamnus crenata* Sieb. et Zucc.

鼠李科 Rhamnaceae

鼠李属 *Rhamnus*

鉴别特征：落叶灌木或小乔木；幼枝带红色，被毛，后脱落，小枝被疏柔毛。叶纸质，倒卵状椭圆形、椭圆形或倒卵形，稀倒披针状椭圆形或长圆形，顶端渐尖、尾状长渐尖或骤缩成短尖，基部楔形或钝，边缘具圆齿状齿或细锯齿。花数朵或 10 余朵密集成腋生聚伞花序；花瓣近圆形，顶端 2 裂。核果球形或倒卵状球形，绿色或红色，成熟时黑色或紫黑色；种子无沟。花期 5 ～ 8 月，果期 8 ～ 10 月。

分布：广东、广西、湖南、湖北等地。

用途：根有毒，作药用。

雀梅藤 *Sagerefia thea* (Osbeck) Johnst. var. *thea*

鼠李科 Rhamnaceae

雀梅藤属 *Sageretia*

鉴别特征： 藤状或直立灌木；小枝具刺，互生或近对生，褐色，被短柔毛。叶纸质，近对生或互生，通常椭圆形、矩圆形或卵状椭圆形，稀卵形或近圆形。花黄色，有芳香，通常 2 至数朵簇生排成顶生或腋生疏散穗状或圆锥状穗状花序；花瓣匙形，顶端 2 浅裂，常内卷，短于萼片。核果近圆球形，成熟时黑色或紫黑色，具 1 ～ 3 个分核，味酸；种子扁平，两端微凹。花期 7 ～ 11 月，果期次年 3 ～ 5 月。

分布： 安徽、江苏、浙江、江西、福建、台湾、广东、广西、湖南、湖北、四川、云南。

用途： 叶可代茶，也可供药用，治疮疡肿毒；根可治咳嗽，降气化痰；果味酸可食；由于此植物枝密集具刺，在南方常栽培作绿篱。

胡颓子科

胡颓子 *Elaeagnus pungens* Thunb.

胡颓子科 Elaeagnaceae

胡颓子属 *Elaeagnus*

鉴别特征： 灌木；具刺，棘刺顶生或腋生。叶革质，椭圆形或宽椭圆形，两端钝或基部圆，边缘微反卷或皱波状，上面幼时被银白色和少数褐色鳞片，下面密被鳞片，网状脉，上面凸起，下面不明显。花白色，下垂，密被鳞片，1 ～ 3 朵花生于叶腋锈色短枝；萼筒圆筒形或近漏斗状圆筒形，在子房上骤收缩，裂片三角形或长圆状三角形，内面疏生白色星状毛。果椭圆形，幼时被褐色鳞片，熟时红色；果核内面具白色丝状绵毛。花期 9 ～ 12 月，果期次年 4 ～ 6 月。

分布： 江苏、浙江、福建、安徽、江西、湖北、湖南、贵州、广东、广西。

用途： 种子、叶和根可入药；果实可生食、酿酒和熬糖；茎皮纤维可造纸。

葡萄科

显齿蛇葡萄 *Ampelopsis grossedentata*（Hand.-Mazz.）W. T. Wang

葡萄科 Vitaceae

蛇葡萄属 *Ampelopsis*

鉴别特征：木质藤本；小枝圆柱形，有显著纵棱纹，无毛。卷须二叉分枝，相隔 2 节间断与叶对生。叶为 1 ～ 2 回羽状复叶，二回羽状复叶者基部一对为 3 小叶；小叶卵圆形、卵椭圆形或长椭圆形，顶端急尖或渐尖，基部阔楔形或近圆形；托叶早落。花序为伞房状多歧聚伞花序，与叶对生；花瓣 5，卵椭圆形。果近球形，有种子 2 ～ 4 颗；种子倒卵圆形，顶端圆形。花期 5 ～ 8 月，果期 8 ～ 12 月。

分布：江西、福建、湖北、湖南、广东、广西、贵州、云南。

乌蔹莓 *Cayratia japonica*（Thunb.）Gagnep.

葡萄科 Vitaceae

乌蔹莓属 *Cayratia*

鉴别特征：草质藤本；小枝圆柱形，有纵棱纹。卷须 2 ～ 3 叉分枝，相隔 2 节间断与叶对生。叶为鸟足状 5 小叶，椭圆形至椭圆状披针形，具疏锯齿，中央小叶显著狭长；侧脉 5 ～ 9 对，网脉不明显。复二歧聚伞花序腋生；花萼碟形；花瓣 4，三角状宽卵形；花盘发达，4 浅裂。果近球形，有种子 2 ～ 4 颗；种子倒三角状卵圆形。花期 3 ～ 8 月，果期 8 ～ 11 月。

分布：陕西、河南、山东、安徽、江苏、浙江、湖北、湖南、福建、台湾、广东、广西、海南、四川、贵州、云南。

用途：全草入药。

异叶地锦 *Parthenocissus dalzielii* Gagnep.

葡萄科 Vitaceae

地锦属 *Parthenocissus*

鉴别特征：木质藤本；小枝无毛。卷须总状 5 ～ 8 分枝，嫩时顶端膨大呈圆球形，遇附着物时扩大为吸盘状。叶两型：侧出较小的长枝上常散生较小的单叶，叶卵圆形；主枝或短枝上集生 3 小叶复叶，中央小叶长椭圆形，先端渐尖，基部楔形，侧生小叶卵状椭圆形，有不明显小齿，两面无毛。多歧聚伞花序常生于短枝顶端叶腋，较叶柄短；花萼碟形，边缘波状或近全缘；花瓣 4 ～ 5，倒卵状椭圆形。果球形，成熟时紫黑色，有种子 1 ～ 4 颗。花期 5 ～ 7 月，果期 7 ～ 11 月。

分布：湖北、湖南、江西、浙江、福建、台湾、广东、广西、四川、贵州。

扁担藤 *Tetrastigma planicaule*（Hook.）Gagnep.

葡萄科 Vitaceae

崖爬藤属 *Tetrastigma*

鉴别特征：木质大藤本；茎扁压，深褐色。小枝圆柱形或微扁，有纵棱纹，无毛。卷须不分枝，相隔 2 节间断与叶对生。叶为掌状 5 小叶，小叶披针形，边缘有锯齿，两面无毛；侧脉 5 ～ 6 对，网脉凸出；中央小叶柄比侧生小叶柄长 2 ～ 4 倍，无毛。花序腋生，下部有节，节上有褐色苞片，稀与叶对生而基部无节和苞片，二级和三级分枝 4（3），集生成伞形；花瓣 4，卵状三角形，顶端呈风帽状。果实近球形，多肉质，有种子 1 ～ 2（3）颗；种子长椭圆形。花期 4 ～ 6 月，果期 8 ～ 12 月。

分布：福建、广东、广西、贵州、云南、西藏（东南部）。

用途：藤茎供药用，有祛风湿之效。

芸香科

酒饼簕 *Atalantia buxifolia* (Poir.) Oliv.

芸香科 Rutaceae

酒饼簕属 *Atalantia*

鉴别特征: 灌木；茎多刺。单叶，硬革质，有柑橘香气，卵形、倒卵形、椭圆形或近圆形，侧脉多，近平行，叶缘有弧形边脉，油点甚多；叶柄粗。花多朵簇生叶腋；萼裂片及花瓣均5片；花瓣白色，雄蕊10，分离，有时少数在基部合生。果球形，稍扁圆形或近椭圆形，果皮平滑，有稍凸起油腺点，蓝黑色，含胶液；果萼宿存。花期5～12月，果期9～12月，常在同植株上花果并茂。

分布: 海南、台湾、福建、广东、广西。

柚 *Citrus maxima* (Burm.) Merr.

芸香科 Rutaceae

柑橘属 *Citrus*

鉴别特征: 乔木；嫩枝、叶背、花梗、花萼及子房均被柔毛，嫩叶通常暗紫红色，嫩枝扁且有棱。叶质颇厚，色浓绿，阔卵形或椭圆形，顶端钝或圆，有时短尖，基部圆。总状花序，有时兼有腋生单花；花蕾淡紫红色，稀乳白色。果圆球形、扁圆形、梨形或阔圆锥状，淡黄色或黄绿色，杂交种有朱红色的。种子形状不规则，通常近似长方形，上部质薄且常截平，下部饱满。花期4～5月，果期9～12月。

分布: 长江以南各地，最北限见于河南信阳及南阳一带，全为栽培。

用途: 果肉含维生素C较高，有消食、解酒功效。

佛手 *Citrus medica* L. var. *sarcodactylis* Swingle

芸香科 Rutaceae

柑橘属 *Citrus*

鉴别特征：常绿灌木或小乔木；茎叶基有长约 6cm 的硬锐刺，新枝三棱形。单叶互生，长椭圆形，有透明油点。叶缘有浅钝裂齿；总状花序有花达12朵，有时兼有腋生单花；花两性，有单性花趋向，则雌蕊退化；花瓣 5 片；子房在花柱脱落后即行分裂，在果的发育过程中成为手指状肉条。果大，供药用，皮鲜黄色，皱而有光泽，顶端分歧，常张开如手指状，故名佛手，肉白，无种子。花期 4 ～ 5 月，果期 10 ～ 11 月。

分布：我国长江以南各地有栽种。

用途：作中药；制成凉果食用；观赏。

黄皮 *Clausena lansium*（Lour.）Skeels

芸香科 Rutaceae

黄皮属 *Clausena*

鉴别特征：小乔木；小枝、叶轴、花序轴密被凸起油腺点及短毛。奇数羽状复叶，小叶 5 ～ 11，卵形或卵状椭圆形，长 6 ～ 14cm，基部近圆形或宽楔形，叶缘波状或具浅圆锯齿，上面中脉常被细毛。圆锥花序顶生，多花；花瓣 5，白色，稍芳香，长圆形，被毛。果球形、椭圆形或宽卵形，淡黄色至暗黄色，被毛，果肉乳白色，半透明。花期3～5月，果期6～8月。

分布：我国南方各地。

用途：鲜食，盐渍或糖渍成凉果；根、叶及果核（即种子）有行气、消滞、解表、散热、止痛、化痰功效；叶和根含黄酮甙、生物碱、香豆素及酚类化合物；种子含油约 53%。

三桠苦 *Evodia lepta* var. *lepta*

芸香科 Rutaceae

吴茱萸属 *Evodia*

鉴别特征: 乔木，树皮灰白或灰绿色，光滑，纵向浅裂。3 小叶，有时偶有 2 小叶或单小叶同时存在，叶柄基部稍增粗，小叶长椭圆形，两端尖，有时倒卵状椭圆形，全缘，油点多；小叶柄甚短。花序腋生，很少同时有顶生，花甚多；萼片及花瓣均 4 片；萼片细小；花瓣淡黄色或白色，常有透明油点。分果瓣淡黄色或茶褐色，散生肉眼可见的透明油点，每分果瓣有 1 种子；种子蓝黑色，有光泽。花期 4 ～ 6 月，果期 7 ～ 10 月。

分布: 台湾、福建、江西、广东、海南、广西、贵州、云南（南部），最北限约在北纬 25°，西南至云南腾冲县。

用途: 根、叶、果都用作草药，味苦，性寒，一说其根有小毒。

九里香 *Murraya exotica* L.

芸香科 Rutaceae

九里香属 *Murraya*

鉴别特征: 小乔木。奇数羽状复叶，倒卵形或倒卵状椭圆形，全缘；小叶柄甚短。花序伞房状或圆锥状聚伞花序，顶生，或兼有腋生，花白色，芳香；萼片卵形；花瓣 5，长椭圆形，花时反折；雄蕊 10，较花瓣稍短，花丝白色；花柱及子房均淡绿色，柱头黄色。果橙黄色至朱红色，宽卵形或椭圆形，顶部短尖，稍歪斜，有时球形。种子被绵毛。花期 4 ～ 8 月，果期 9 ～ 12 月。

分布: 台湾、福建、广东、海南、广西。

枳 *Poncirus trifoliata*（L.）Raf.

芸香科 Rutaceae

枳属 *Poncirus*

鉴别特征：小乔木，树冠伞形或圆头形。枝绿色，嫩枝扁，有纵棱，刺长达 4cm，刺尖干枯状，红褐色，基部扁平。叶柄有狭长的翼叶，通常指状 3 出叶，很少 4 ～ 5 小叶，杂交种的则除 3 小叶外尚有 2 小叶或单小叶同时存在，小叶叶缘有细钝裂齿或全缘，花单朵或成对腋生；花瓣白色，匙形。果近圆球形或梨形，大小差异较大；种子阔卵形，乳白色或乳黄色，有黏液，平滑或间有不明显的细脉纹，长 9 ～ 12mm。花期 5 ～ 6 月，果期 10 ～ 11 月。

分布：广东、山东、河南等地。

飞龙掌血 *Toddalia asiatica*（L.）Lam.

芸香科 Rutaceae

飞龙掌血属 *Toddalia*

鉴别特征：藤本；老茎干有较厚的木栓层及黄灰色、纵向细裂且凸起的皮孔，茎枝及叶轴有甚多向下弯钩的锐刺。小叶无柄，对光透视可见密生的透明油点，揉之有类似柑橘叶的香气，卵形、倒卵形、椭圆形或倒卵状椭圆形。花淡黄白色；雄花序为伞房状圆锥花序；雌花序呈聚伞圆锥花序。果橙红色或朱红色；种皮褐黑色，有极细小的窝点。花期几乎全年，在五岭以南各地，多于春季开花；沿长江两岸各地，多于夏季开花。果期多在秋冬季。

分布：秦岭南坡以南各地。

用途：全株用作草药。

竹叶花椒 *Zanthoxylum armatum* DC.

芸香科 Rutaceae

花椒属 *Zanthoxylum*

鉴别特征： 小乔木或灌木状；枝无毛，基部具宽而扁锐刺。奇数羽状复叶，叶轴、叶柄具翅，下面有时具皮刺，无毛；小叶对生，纸质，几无柄，披针形、椭圆形或卵形，疏生浅齿，或近全缘，齿间或沿叶缘具油腺点，叶下面基部中脉两侧具簇生柔毛，下面中脉常被小刺。聚伞状圆锥花序腋生或兼生于侧枝之顶，具花约 30 朵，花枝无毛；花淡黄色。果紫红色，疏生微凸油腺点。花期 4 ～ 5 月，果期 8 ～ 10 月。

分布： 山东以南，南至海南，东南至台湾，西南至西藏东南部。

用途： 根、茎、叶、果及种子均用作草药。

岭南花椒 *Zanthoxylum austrosinense* Huang

芸香科 Rutaceae

花椒属 *Zanthoxylum*

鉴别特征： 小乔木或灌木；枝褐黑色，少或多刺，各部无毛。叶有小叶 5 ～ 11 片；整齐对生，很少位于基部的 2 片为互生状，披针形，位于叶轴基部的通常卵形，顶部渐尖，基部圆或近心脏形，油点清晰，叶缘有裂齿。花序顶生，通常生于侧枝之顶，有花稀超过 30 朵；花单性，有时两性（则杂性同株）。果梗暗紫红色，长 1 ～ 2cm；分果瓣与果梗同色，径约 5mm，有少数微凸起的油点，芒尖极短；种子顶端略尖。花期 3 ～ 4 月，果期 8 ～ 9 月。

分布： 江西、湖南、福建、广东、广西。

砚壳花椒 *Zanthoxylum dissitum* Hemsl.

芸香科 Rutaceae

花椒属 *Zanthoxylum*

鉴别特征: 攀援藤本；老茎的皮灰白色，枝干上的刺多劲直，叶轴及小叶中脉上的刺向下弯钩，刺褐红色。小叶互生或近对生，形状多样，全缘或叶边缘有裂齿，顶部渐尖至长尾状，厚纸质或近革质，无毛，中脉在叶面凹陷。花序腋生，花序轴有短细毛；萼片及花瓣均 4 片，油点不显；萼片紫绿色，宽卵形；花瓣淡黄绿色，宽卵形。果密集于果序上，果梗短，果棕色；种子径 8 ～ 10mm。

分布: 广西、云南、贵州、湖南、湖北、广东、江西等地。

两面针 *Zanthoxylum nitidum* (Roxb.) DC. var. *nitidum*

芸香科 Rutaceae

花椒属 *Zanthoxylum*

鉴别特征: 幼龄植株为直立的灌木，成龄植株为攀援于其他树上的木质藤本。叶有小叶（3）5 ～ 11 片；小叶对生，成长叶硬革质，阔卵形或近圆形，或狭长椭圆形，顶部长或短尾状，顶端有明显凹口，凹口处有油点，边缘有疏浅裂齿，齿缝处有油点，有时全缘。花序腋生；花 4 基数；萼片上部紫绿色；花瓣淡黄绿色，卵状椭圆形或长圆形。果皮红褐色，顶端有短芒尖；种子圆珠状。花期 3 ～ 5 月，果期 9 ～ 11 月。

分布: 台湾、福建、广东、海南、广西、贵州、云南。

用途: 活血化淤，行气止痛，祛风通络，解毒消肿，用于跌打损伤、胃痛、牙痛、风湿痹痛、毒蛇咬伤，外治烧烫伤。

苦木科

臭椿 *Ailanthus altissima*（Mill.）Swingle

苦木科 Simaroubaceae

臭椿属 *Ailanthus*

鉴别特征：落叶乔木；树皮平滑而有直纹；嫩枝被黄色或黄褐色柔毛，后脱落。奇数羽状复叶；小叶13～27，对生或近对生，纸质，卵状披针形，先端长渐尖，基部截平或稍圆，全缘，具1～3对粗齿，齿背有腺体，下面灰绿色。圆锥花序长达30cm。花淡绿色；翅果长椭圆形。种子位于翅的中间，扁圆形。花期4～5月，果期8～10月。

分布：我国除黑龙江、吉林、新疆、青海、宁夏、甘肃和海南外，各地均有分布。

用途：可作石灰岩地区的造林树种，也可作园林风景树和行道树；木材黄白色，可制作农具等；叶可饲春蚕；树皮、根皮、果实均可入药；种子含油35%。

楝科

米仔兰 *Aglaia odorata* Lour.

楝科 Meliaceae

米仔兰属 *Aglaia*

鉴别特征：小乔木或灌木状；茎多分枝，幼枝顶部被星状锈色鳞片。复叶长5～12（16）cm，叶轴及叶柄具窄翅，小叶3～5，对生，厚纸质。圆锥花序腋生，无毛；花芳香；花瓣5，黄色，长圆形或近圆形，顶端圆而截平；雄蕊花丝筒倒卵形或近钟形，无毛，顶端全缘或具圆齿，花药5，内藏。浆果，卵形或近球形，初被散生星状鳞片，后脱落；种子具肉质假种皮。花期5～12月，果期7月至次年3月。

分布：广东、广西。

麻楝 *Chukrasia tabularis* A. Juss. var. *tabularis*

楝科 Meliaceae

麻楝属 *Chukrasia*

鉴别特征：乔木，高达25m；老茎树皮纵裂，幼枝赤褐色，无毛，具苍白色的皮孔。叶通常为偶数羽状复叶，无毛，小叶10～16枚；小叶互生，纸质，卵形至长圆状披针形。圆锥花序顶生，疏散；花有香味；花瓣黄色或略带紫色，长圆形，外面中部以上被稀疏的短柔毛。蒴果灰黄色或褐色，近球形或椭圆形；种子扁平，椭圆形。花期4～5月，果期7月至次年1月。

分布：广东、广西、云南、西藏。

用途：木材芳香，坚硬，有光泽，易加工，耐腐，为建筑、船、家具等良好用材。

楝 *Melia azedarach* L.

楝科 Meliaceae

楝属 *Melia*

鉴别特征：落叶乔木，高达10余米；树皮灰褐色，纵裂。分枝广展，小枝有叶痕。叶为2～3回奇数羽状复叶，卵形、椭圆形至披针形，先端短渐尖，基部楔形或宽楔形，多少偏斜，边缘有钝锯齿。圆锥花序；花芳香；花瓣淡紫色，倒卵状匙形，两面均被微柔毛。核果球形至椭圆形，内果皮木质，4～5室，每室有种子1颗；种子椭圆形。花期4～5月，果期10～12月。

分布：黄河以南各地。

用途：楝是家具、建筑、农具、舟车、乐器等良好用材；根皮可驱蛔虫和钩虫，根皮粉调醋可治疥癣；用苦楝子做成油膏可治头癣；果核仁油可供制油漆、润滑油和肥皂。

无患子科

复羽叶栾树 *Koelreuteria bipinnata* Franch.

无患子科 Sapindaceae

栾树属 *Koelreuteria*

鉴别特征：乔木。二回羽状复叶，小叶9～17，互生，稀对生，斜卵形，先端短尖或短渐尖，基部宽楔形或圆，有内弯小锯齿；圆锥花序，分枝广展，与花梗均被柔毛。萼5裂达中部，裂片宽卵状三角形或长圆形，有短而硬的缘毛及流苏状腺体，边缘啮蚀状；花瓣4，长圆状披针形。蒴果椭圆形或近球形，具3棱，淡紫红色，熟时褐色，顶端钝或圆，有小凸尖，果瓣椭圆形或近圆形，具网状脉纹，内面有光泽。花期7～9月，果期8～10月。

分布：云南、贵州、四川、湖北、湖南、广西、广东等地。

用途：根入药；花能清肝明目，清热止咳，又为黄色染料。

槭树科

紫果槭 *Acer cordatum* Pax

槭树科 Aceraceae

槭属 *Acer*

鉴别特征：常绿乔木，常高7m，稀达10m。树皮灰色或淡黑灰色，光滑。小枝细瘦，无毛。叶纸质或近于革质，卵状长圆形稀卵形，基部近心脏形，先端渐尖，除接近先端部分具稀疏的细锯齿外，其余部分全缘；上面深褐绿色，光滑；下面淡褐绿色，无毛，主脉及侧脉4～5对，在两面均显著，基出的侧脉长度约为叶片长度1/3；小的网脉在两面均显著呈网状；叶柄紫色或淡紫色。花3～5朵，伞房花序。翅果嫩时紫色，成熟时黄褐色；翅宽1cm。花期4月下旬，果期9月。

分布：湖北（西部）、四川（东部）、贵州、湖南、江西、安徽、浙江、福建、广东、广西。

用途：观赏。

两型叶网脉槭 *Acer reticulatum* Champ. var. *dimorphifolium*（Metc.）Fang et W.K.Hu

槭树科 Aceraceae

槭属 *Acer*

鉴别特征：常绿灌木或小乔木；树皮灰色或深灰色。叶厚革质，全缘，长圆状椭圆形或长圆状披针形，先端渐尖或短渐尖，基部宽楔形或近于圆形；上下两面均淡绿色，网脉均很显著，有光泽。花杂性，雄花与两性花同株，成伞房花序，无毛；萼片 5，淡紫绿色，卵形或卵状长圆形，先端钝圆，边缘微被睫毛；花瓣 5，白色，匙形，先端现凹缺。小坚果凸起，球形；翅与小坚果长 2.5 ～ 3cm，宽 1 ～ 1.2cm，张开成钝角。花期 12 月至次年 1 月，果期 5 ～ 6 月。

分布：广东。

清风藤科

清风藤 *Sabia japonica* Maxim.

清风藤科 Sabiaceae

清风藤属 *Sabia*

鉴别特征：落叶藤本；老枝常宿存木质化单刺状或双刺状叶柄基部。叶卵状椭圆形、卵形或宽卵形，上面中脉有疏毛，下面带白色，脉上被疏柔毛，侧脉 3 ～ 5 对；先叶开花，单生叶腋。花基部有 4 苞片，苞片倒卵形；萼片 5，近圆形或宽卵形，具缘毛；花瓣 5，淡黄绿色，倒卵形或长圆状倒卵形，具脉纹；花盘杯状，有 5 裂齿。分果爿近圆形或肾形；核有中肋，两侧面具蜂窝状凹穴。花期 2 ～ 3 月，果期 4 ～ 7 月。

分布：江苏、安徽、浙江、福建、江西、广东、广西。

用途：植株含清风藤碱甲等多种生物碱，供药用，治风湿、鹤膝风、麻痹等症。

革叶清风藤 *Sabia coriacea* Rehd. et Wils.

清风藤科 Sabiaceae

清风藤属 *Sabia*

鉴别特征：常绿攀援木质藤本。叶革质，长圆形或椭圆形，先端尖或渐尖，基部阔楔形或圆，叶面深绿色，有光泽，叶背淡绿色。聚伞花序有花5～10朵，呈伞状；萼片5，广卵形；花瓣5片，浅绿带紫红色，长圆状卵形或卵形。分果爿近圆形或倒卵形，鲜时红色；核有中肋，中肋两边各有一行蜂窝状凹穴，两侧面平，腹部微凹或平。花期4月，果期9～11月。

分布：福建（华中部）、江西（南部）、广东（北部、东部及南部）。

省沽油科

锐尖山香圆 *Turpinia arguta*（Lindl.）Seem. var. *arguta*

省沽油科 Staphyleaceae

山香圆属 *Turpinia*

鉴别特征：落叶灌木；老枝灰褐色，幼枝具灰褐色斑点。单叶，对生，厚纸质，椭圆形或长椭圆形。顶生圆锥花序较叶短，密集或较疏松，花瓣白色，无毛。果近球形，幼时绿色，转红色，干后黑色，表面粗糙，有种子2～3颗。

分布：福建、江西、湖南、广东、广西、贵州、四川。

用途：叶可作家畜饲料。

漆树科

南酸枣 *Choerospondias axillaris* (Roxb.) Burtt et Hill. var. *axillaris*

漆树科 Anacardiaceae

南酸枣属 *Choerospondias*

鉴别特征: 落叶乔木；树皮灰褐色，片状剥落，小枝粗壮，暗紫褐色，无毛，具皮孔。奇数羽状复叶，有小叶3～6对；小叶膜质至纸质，卵形或卵状披针形或卵状长圆形，全缘或幼株叶边缘具粗锯齿。雄花花瓣长圆形，具褐色脉纹，开花时外卷；雌花单生于上部叶腋，较大，无毛。核果椭圆形或倒卵状椭圆形，成熟时黄色，果核顶端具5个小孔。

分布: 西藏、云南、贵州、广西、广东、湖南、湖北、江西、福建、浙江、安徽。

用途: 树皮和叶可提栲胶；果可生食或酿酒；树皮和果入药，有消炎解毒、止血止痛之效，外用治大面积水火烧烫伤。

杧果 *Mangifera indica* L.

漆树科 Anacardiaceae

杧果属 *Mangifera*

鉴别特征: 大乔木。叶薄革质，常集生枝顶，叶形和大小变化较大，通常为长圆形或长圆状披针形，先端渐尖，边缘皱波状，无毛。圆锥花序被灰黄色微柔毛；花小，杂性，黄色或淡黄色。核果肾形，成熟时黄色，中果皮肉质，肥厚，鲜黄色，味甜，果核坚硬。

分布: 云南、广西、广东、福建、台湾。

用途: 热带著名水果，可制罐头和果酱或盐渍供调味，亦可酿酒；果皮入药；叶和树皮可作黄色染料；木材坚硬，耐海水，宜做舟车或家具等；杧果是良好的庭园和行道绿化树种。

扁桃 *Mangifera persiciformis* C. Y. Wu et T. L. Ming

漆树科 Anacardiaceae

杧果属 *Mangifera*

鉴别特征： 常绿乔木；小枝圆柱形，无毛，灰褐色，具条纹。叶薄革质，狭披针形或线状披针形，边缘皱波状，无毛，中脉两面隆起，侧脉约20对，斜升，近边缘处弧形网结，侧脉和网脉两面凸起。圆锥花序顶生，单生或2～3条簇生，长10～19cm，无毛，花黄绿色；花瓣4～5，长圆状披针形，里面具4～5条凸起的脉纹，汇合于近基部；花盘垫状，4～5裂，雄蕊仅1个发育。果桃形，略压扁，果肉较薄，果核大，具斜向凹槽，灰白色；种子近肾形，一端较大，子叶不裂。

分布： 广西、广东。

用途： 果可食；庭园和行道绿化树种。

盐肤木 *Rhus chinensis* Mill.

漆树科 Anacardiaceae

盐肤木属 *Rhus*

鉴别特征： 落叶小乔木或灌木；小枝棕褐色，被锈色柔毛，具圆形小皮孔。奇数羽状复叶有小叶(2)3～6对，叶轴具宽的叶状翅，小叶多形，卵形或椭圆状卵形或长圆形，先端急尖，基部圆形，叶面暗绿色，叶背粉绿色，被白粉，叶背被锈色柔毛，脉上较密，侧脉和细脉在叶面凹陷，在叶背凸起。圆锥花序宽大，多分枝；苞片披针形，被微柔毛，花白色。核果球形，略压扁，被具节柔毛和腺毛，成熟时红色。花期8～9月，果期10月。

分布： 我国除黑龙江、吉林、辽宁、内蒙古和新疆外，其余各地均有分布。

用途： 种子可榨油；根、叶、花及果均可供药用。

野漆 *Toxicodendron succedaneum* (L.) O. Kuntze

漆树科 Anacardiaceae

漆属 *Toxicodendron*

鉴别特征：乔木；小枝粗壮，无毛，紫褐色。奇数羽状复叶互生，集生小枝顶端，无毛，叶轴和叶柄圆柱形；小叶对生或近对生，坚纸质至薄革质，长圆状椭圆形、阔披针形或卵状披针形，全缘，两面无毛，叶背常具白粉，侧脉弧形上升，两面略突。圆锥花序；花黄绿色；花瓣长圆形，中部具不明显的羽状脉或近无脉，开花时外卷。核果大，偏斜；外果皮薄，淡黄色，无毛；中果皮厚，蜡质，白色；果核坚硬，压扁。

分布：华北至长江以南各地。

用途：根、叶及果入药。

木蜡树 *Toxicodendron sylvestre* (Sieb. et Zucc.) O. Kuntze

漆树科 Anacardiaceae

漆属 *Toxicodendron*

鉴别特征：落叶乔木或小乔木；幼枝和芽被黄褐色绒毛，树皮灰褐色。奇数羽状复叶互生，有小叶 3～6 对，稀 7 对，叶轴和叶柄圆柱形，密被黄褐色绒毛；小叶对生，纸质，卵形或卵状椭圆形或长圆形，全缘。圆锥花序密被锈色绒毛；花黄色，花瓣长圆形，具暗褐色脉纹。核果极偏斜，压扁，先端偏于一侧；外果皮薄，具光泽，无毛，成熟时不裂；中果皮蜡质；果核坚硬。

分布：长江以南各地。

牛栓藤科

红叶藤 *Rourea minor*（Gaertn.）Leenh.

牛栓藤科 Connaraceae

红叶藤属 *Rourea*

鉴别特征：藤本或攀援灌木，高达 25m；枝圆柱形，深褐色，无毛或幼枝被疏短柔毛。奇数羽状复叶，小叶 3 ~ 7 片，通常 3 片，纸质，近圆形、卵圆形或披针形，顶端叶片稍大，卵圆形或长椭圆形，先端急尖至短渐尖，基部阔楔形至圆形，两侧对称稍偏斜，全缘，上下两面均无毛。圆锥花序腋生，成簇；花芳香，萼片卵形，先端边缘常被缘毛；花瓣白色或黄色，长椭圆形，无毛。果实弯月形或椭圆形而稍弯曲，深绿色，干时黑色。种子椭圆形，红色，全部包以膜质假种皮。花期 4 ~ 10 月，果期 5 月至次年 3 月。

分布：台湾、广东、云南。

胡桃科

少叶黄杞 *Engelhardtia fenzlii* Merr.

胡桃科 Juglandaceae

黄杞属 *Engelhardtia*

鉴别特征：小乔木，无毛。枝条灰白色，被有锈褐色或橙黄色的圆形腺体。偶数羽状复叶；小叶 1 ~ 2 对，对生或近对生或互生，叶片椭圆形至长椭圆形，全缘，基部歪斜。雌雄同株或稀异株；雌雄花序常生于枝顶端而成圆锥状或伞形状花序束，顶端 1 条为雌花序，下方数条为雄花序，或雌雄花序分开，则雌花序单独顶生而雄花序数条形成花序束，均为葇荑状。果实球形，密被橙黄色腺体。7 月开花，9 ~ 10 月果成熟。

分布：广东、福建、浙江、江西、湖南、广西。

用途：树皮纤维质量好，可制人造棉，亦含鞣质可提栲胶；叶有毒，制成溶剂能防治农作物病虫害，亦可毒鱼；木材为工业用材，也用于制造家具。

枫杨 *Pterocarya stenoptera*

胡桃科 Juglandaceae

枫杨属 *Pterocarya*

鉴别特征：高大乔木。偶数稀奇数羽状复叶，叶轴具窄翅；小叶多枚，无柄，长椭圆形或长椭圆状披针形，先端短尖，基部楔形至圆，具内弯细锯齿。雄葇荑花序单生于去年生枝叶腋，雌葇荑花序顶生。果序长 20 ～ 45cm，果长椭圆形，果翅条状长圆形。花期 4 ～ 5 月，果期 8 ～ 9 月。

分布：广东、广西、湖南、湖北、四川等地。

用途：可作绿化树种；树皮与枝皮含鞣质，亦可供纤维；果实可作饲料或酿酒；种子可榨油。

山茱萸科

香港四照花 *Dendrobenthamia hongkongensis* (Hemsl.) Hutch.

山茱萸科 Cornaceae

四照花属 *Dendrobenthamia*

鉴别特征：常绿乔木或灌木；树皮深灰色或黑褐色，平滑；幼枝绿色，老枝浅灰色或褐色，无毛，有多数皮孔。叶对生，薄革质至厚革质，椭圆形至长椭圆形，稀倒卵状椭圆形，先端短渐尖形或短尾状，基部宽楔形或钝尖形。头状花序球形，由 50 ～ 70 朵花聚集而成；总苞片 4，白色，宽椭圆形至倒卵状宽椭圆形；花小，有香味，花萼管状，绿色；花瓣 4，长圆椭圆形，淡黄色。果序球形，被白色细毛，成熟时黄色或红色；总果梗绿色。花期 5 ～ 6 月，果期 11 ～ 12 月。

分布：广东、广西、四川、贵州、云南等地。

用途：木材为建筑材料；果作食用，又可作为酿酒原料。

八角枫科

毛八角枫 *Alangium kurzii* Craib

八角枫科 Alangiaceae

八角枫属 *Alangium*

鉴别特征：小乔木；小枝近圆柱形；当年生枝紫绿色，有淡黄色绒毛和短柔毛，多年生枝深褐色，无毛，具稀疏的淡白色圆形皮孔。叶互生，纸质，近圆形或阔卵形，顶端长渐尖，基部心脏形或近心脏形，倾斜，两侧不对称，全缘，主脉 3 ～ 5 条，在上面显著，下面凸起，侧脉 6 ～ 7 对，上面微现，下面显著。聚伞花序有 5 ～ 7 花；花萼漏斗状，花瓣 6 ～ 8，线形，初白色，后变淡黄色。核果椭圆形，幼时紫褐色，成熟后黑色，顶端有宿存的萼齿。花期 5 ～ 6 月，果期 9 月。

分布：江苏、浙江、安徽、江西、湖南、贵州、广东、广西。

用途：种子可榨油，供工业用。

五加科

白簕 *Acanthopanax trifoliatus*（L.）Merr. var. *trifoliatus*

五加科 Araliaceae

五加属 *Acanthopanax*

鉴别特征：灌木；枝软弱铺散，老枝灰白色，新枝黄棕色，疏生下向刺；刺基部扁平，先端钩曲。叶有小叶 3，稀 4 ～ 5；小叶片纸质，稀膜质，椭圆状卵形至椭圆状长圆形，稀倒卵形，先端尖至渐尖，基部楔形，两侧小叶片基部歪斜，两面无毛，或上面脉上疏生刚毛，边缘有细锯齿或钝齿，侧脉 5 ～ 6 对，明显或不甚明显，网脉不明显。伞形花序 3 ～ 10 个，稀多至 20 个组成顶生复伞形花序或圆锥花序，有花多数，稀少数；花黄绿色；花瓣 5，三角状卵形，开花时反曲。果实扁球形，黑色。花期 8 ～ 11 月，果期 9 ～ 12 月。

分布：我国中部和南部，西自云南西部国境线，东至台湾，北起秦岭南坡，南至海南的广大地区均有分布。

用途：根有祛风除湿、舒筋活血、消肿解毒之效。

虎刺楤木 *Aralia armata*（Wall.）Seem.

五加科 Araliaceae

楤木属 *Aralia*

鉴别特征：多刺灌木。三回羽状复叶，叶轴和羽片轴疏生细刺；羽片有小叶 5 ～ 9，基部有小叶 1 对，纸质，长圆状卵形，先端渐尖，基部圆形或心形，歪斜，两面脉上疏生小刺，下面密生短柔毛，后毛脱落，边缘具细齿或不整齐锯齿。圆锥花序大，序轴及分枝疏生弯刺；伞形花序直径 2 ～ 4cm，花梗被细刺及柔毛；萼无毛，边缘有5个三角形小齿；花瓣5，卵状三角形；雄蕊5；子房5室；花柱5，离生。果球形，具 5 棱。花期 8 ～ 10 月，果期 9 ～ 11 月。

分布：云南、贵州、广西、广东、江西。

用途：根皮可入药。

变叶树参 *Dendropanax proteus*（Champ.）Benth.

五加科 Araliaceae

树参属 *Dendropanax*

鉴别特征：灌木。叶片革质、纸质或薄纸质，无腺点，叶形变异很大，不分裂叶片椭圆形、卵状椭圆形、椭圆状披针形、长圆状披针形以至线状披针形或狭披针形，分裂叶片倒三角形，掌状 2 ～ 3 深裂，两面均无毛，边缘近先端处有细齿 2 ～ 3 个，有时中部以上全部有细齿，基脉三出，中脉隆起，侧脉 5 ～ 9 对，上面微隆起，下面稍明显至明显，网脉不明显。伞形花序单生或2～3个聚生，有花十数朵至数十朵或更多；萼边缘有 4 ～ 5 个小齿；花瓣 4 ～ 5，卵状三角形；雄蕊与花瓣同数。果实球形，平滑。花期 8 ～ 9 月，果期 9 ～ 10 月。

分布：福建、江西（安远）、湖南（宜章）、广东、广西、云南。

用途：根、茎有祛除风湿、活血通络之效。

鹅掌柴 *Schefflera octophylla* (Lour.) Harms

五加科 Araliaceae

鹅掌柴属 ***Schefflera***

鉴别特征：乔木或灌木。掌状复叶；小叶 6～9，革质或纸质，椭圆形，幼时密生星状短柔毛，后渐脱净，全缘，侧脉 7～10 对，网脉不明显；小叶柄不等长。由伞形花序聚生成大型圆锥花序，顶生，初密生星状短柔毛，后毛渐稀；花白色，芳香；萼疏生星状短柔毛至无毛，边缘有 5～6 个细齿；花瓣 5，无毛；雄蕊 5；子房下位，5～7 室，花柱合生成粗短的柱状。果球形。花期 11～12 月，果期 12 月。

分布：西藏、云南、广西、广东、浙江、福建、台湾。

用途：根皮、茎皮及叶入药。

伞形科

积雪草 *Centella asiatica* (L.) Urban

伞形科 Umbelliferae

积雪草属 ***Centella***

鉴别特征：多年生草本；茎匍匐，节上生根。叶肾形或马蹄形，长 1～2.8cm，宽 1.5～5cm，有钝锯齿，两面无毛或下面脉上疏生柔毛；叶柄长 1.5～27cm。伞形花序有花 3～4 朵；花瓣卵形，紫红色或乳白色。果两侧扁，有毛或平滑。花果期 4～10 月。

分布：陕西、江苏、安徽、浙江、江西、湖南、湖北、福建、台湾、广东、广西、四川、云南等地。

用途：全草入药。

天胡荽 *Hydrocotyle sibthorpioides* Lam.

伞形科 Umbelliferae

天胡荽属 *Hydrocotyle*

鉴别特征：多年生草本，有气味。茎细长而匍匐，平铺地上成片，节上生根。叶片膜质至草质，圆形或肾圆形，基部心形，两耳有时相接；叶柄无毛或顶端有毛；托叶略呈半圆形，薄膜质，全缘或稍有浅裂。伞形花序与叶对生，单生于节上；小总苞片卵形至卵状披针形，膜质，有黄色透明腺点，花瓣卵形，绿白色，有腺点。果实略呈心形，两侧扁压。花果期 4 ～ 9 月。

分布：广东、广西、台湾、四川、云南等地。

用途：全草入药。

水芹 *Oenanthe javanica* （Bl.）DC.

伞形科 Umbelliferae

水芹属 *Oenanthe*

鉴别特征：多年生草本，茎直立或基部匍匐。基生叶有柄，基部有叶鞘；叶片轮廓三角形，1 ～ 2 回羽状分裂，末回裂片卵形至菱状披针形，边缘有牙齿或圆齿状锯齿；茎上部叶无柄，裂片和基生叶的裂片相似，较小。复伞形花序顶生；无总苞。果实近于四角状椭圆形或筒状长圆形，侧棱较背棱和中棱隆起，木栓质，分生果横剖面近于五边状的半圆形。花期 6 ～ 7 月，果期 8 ～ 9 月。

分布：我国各地。

用途：茎、叶可作蔬菜食用；全草民间也作药用，有降低血压的功效。

窃衣 *Torilis scabra* (Thunb.) DC.

伞形科 Umbelliferae

窃衣属 ***Torilis***

鉴别特征： 一年生或多年生草本，高10～70cm，全体有贴生短硬毛；茎单生，向上有分枝。叶卵形，二回羽状分裂，小叶狭披针形至卵形，长2～10mm，宽2～5mm，顶端渐尖，边缘有整齐缺刻或分裂；叶柄长3～4cm。复伞形花序；总花梗长1～8cm；无总苞片或有1～2片，条形，长3～5mm；花梗4～10，长2～5mm。双悬果矩圆形，长5～7mm，有3～6个具钩、较长而颇张开的皮刺。

分布： 安徽、江苏、浙江、江西、福建、湖北、湖南、广东、广西、四川、贵州、陕西、甘肃等地。

杜鹃花科

吊钟花 *Enkianthus quinqueflorus* Lour.

杜鹃花科 Ericaceae

吊钟花属 ***Enkianthus***

鉴别特征： 灌木或小乔木；树皮灰黄色；多分枝，枝圆柱状，无毛。叶常密集于枝顶，互生，革质，两面无毛，长圆形或倒卵状长圆形，边缘反卷。花通常3～8（13）朵组成伞房花序，苞片长圆状椭圆形、匙形或线状披针形，膜质；花萼5裂，裂片三角状披针形；花冠宽钟状，粉红色或红色，口部5裂。蒴果椭圆形，淡黄色，具5棱。花期3～5月，果期5～7月。

分布： 江西、福建、湖北、湖南、广东、广西、四川、贵州、云南。

用途： 美丽的观赏花卉，在广州花市享有盛誉。

刺毛杜鹃 *Rhododendron championae* Hook. var. *championae*

杜鹃花科 Ericaceae

杜鹃属 *Rhododendron*

鉴别特征： 常绿灌木，高 2 ～ 5m；枝褐色，被开展的腺头刚毛和短柔毛。叶厚纸质，长圆状披针形，先端渐尖，基部楔形，稀近于圆形，边缘密被长刚毛和疏腺头刚毛，上面深绿色，疏被短刚毛，下面苍白色，密被刚毛和短柔毛。伞形花序生枝顶叶腋，有花 2 ～ 7 朵；花萼裂片形状多变，5 深裂，裂片常呈三角状长圆形，边缘具腺头刚毛；花冠白色或淡红色，狭漏斗状，5 深裂，裂片长圆形或长圆状披针形。蒴果圆柱形，密被腺头刚毛和短柔毛，花柱宿存。花期 4 ～ 5 月，果期 5 ～ 11 月。

分布： 浙江、江西、福建、湖南、广东、广西。

毛棉杜鹃花 *Rhododendron moulmainense* Hook. f.

杜鹃花科 Ericaceae

杜鹃属 *Rhododendron*

鉴别特征： 灌木或小乔木；幼枝粗壮，淡紫褐色，无毛，老枝褐色或灰褐色。叶厚革质，集生枝端，近于轮生，长圆状披针形或椭圆状披针形，上面深绿色，叶脉凹陷，下面淡黄白色或苍白色，中脉凸出。数伞形花序生枝顶叶腋，每花序有花 3 ～ 5 朵；花冠淡紫色、粉红色或淡红白色，狭漏斗形，5 深裂，裂片开展，匙形或长倒卵形。蒴果圆柱状，先端渐尖，花柱宿存。花期 4 ～ 5 月，果期 7 ～ 12 月。

分布： 江西、福建、湖南、广东、广西、四川、贵州、云南。

用途： 优良的盆景材料。

锦绣杜鹃 *Rhododendron pulchrum* Sweet

杜鹃花科 Ericaceae

杜鹃属 *Rhododendron*

鉴别特征：半常绿灌木；枝开展，淡灰褐色，被淡棕色糙伏毛。叶薄革质，椭圆状长圆形至椭圆状披针形或长圆状倒披针形。伞形花序顶生，有花 1 ～ 5 朵；花冠玫瑰紫色，阔漏斗形，裂片 5，阔卵形，具深红色斑点。蒴果长圆状卵球形，被刚毛状糙伏毛。花期 4 ～ 5 月，果期 9 ～ 10 月。

分布：江苏、浙江、江西、福建、湖北、湖南、广东、广西。

溪畔杜鹃 *Rhododendron rivulare* Hand.-Mazz.

杜鹃花科 Ericaceae

杜鹃属 *Rhododendron*

鉴别特征：常绿灌木；幼枝纤细，淡紫褐色，密被锈褐色短腺头毛，疏生扁平糙伏毛和刚毛状长毛；老枝灰褐色，近于无毛。叶纸质，卵状披针形或长圆状卵形，边缘全缘，密被腺头睫毛，上面深绿色，下面淡黄褐色。伞形花序顶生，有花多达 10 朵以上；花冠漏斗形，紫红色，花冠管狭圆筒形，向基部渐窄，裂片 5，长圆状卵形；子房卵球形，褐色，密被红棕色刚毛。蒴果长卵球形，密被刚毛状长毛。花期 4 ～ 6 月，果期 7 ～ 11 月。

分布：湖北、湖南、广东、广西、四川、贵州。

杜鹃 *Rhododendron simsii* Planch.

杜鹃花科 Ericaceae

杜鹃属 *Rhododendron*

鉴别特征：落叶灌木。叶革质，常集生枝端，卵形、椭圆形或卵状椭圆形，具细齿，两面被糙伏毛。花2～6簇生枝顶，花萼5深裂，花冠漏斗状，玫瑰色、鲜红色或深红色，5裂，裂片上部有深色斑点；雄蕊10，与花冠等长，子房10室。蒴果卵圆形，有宿萼。花期4～5月，果期6～8月。

分布：江苏、安徽、浙江、江西、福建、台湾、湖北、湖南、广东、广西、四川、贵州、云南。

用途：全株供药用。

柿树科

乌材 *Diospyros eriantha* Champ. ex Benth.

柿树科 Ebenaceae

柿属 *Diospyros*

鉴别特征：常绿乔木或灌木；树皮灰色、灰褐色至黑褐色，幼枝、冬芽、叶下面脉上、幼叶叶柄和花序等处有锈色粗伏毛。叶纸质，长圆状披针形，先端短渐尖，基部楔形或钝，有时近圆形，边缘微背卷，有时有睫毛。花序腋生，聚伞花序式，基部有苞片数片，苞片覆瓦状排列，卵形；花冠白色，高脚碟状，果卵形或长圆形。种子黑色，其形状因果内所含种子多少而不同；宿存萼增大，4裂，裂片平而略开展，卵形。花期7～8月，果期10月至次年1～2月。

分布：广东、广西、台湾等地。

用途：未成熟果实可提取柿漆供涂雨具、渔网等用。

野柿 *Diospyros kaki* Thunb. var. *silvestris* Makino

柿树科 Ebenaceae

柿属 *Diospyros*

鉴别特征：落叶乔木，高达15m；小枝及叶柄密生黄褐色柔毛。叶椭圆状卵形、矩圆状卵形或倒卵形，先端短尖，基部宽楔形或近圆形，下面淡绿色，有褐色柔毛；叶柄长1～1.5cm。花雌雄异株或同株，雄花为短聚伞花序，雌花单生叶腋，花冠白色。果实直径不超过5cm。

分布：四川、重庆、云南、广东、广西（北部）、江西、福建等地的山区。

用途：未成熟柿子用于提取柿漆；果脱涩后可食；树皮亦含鞣质。

君迁子 *Diospyros lotus* L.

柿树科 Ebenaceae

柿属 *Diospyros*

鉴别特征：落叶乔木；树冠近球形或扁球形。叶近膜质，椭圆形至长椭圆形，先端渐尖或急尖，基部钝，宽楔形以至近圆形。雄花1～3朵腋生，簇生，近无梗；花萼钟形；花冠壶形，带红色或淡黄色；雌花单生，几无梗，淡绿色或带红色；花冠壶形。果近球形或椭圆形，初熟时为淡黄色，后则变为蓝黑色，常被有白色薄蜡层，8室；种子长圆形，褐色，侧扁，背面较厚。花期5～6月，果期10～11月。

分布：山东、辽宁、河南、河北、山西、陕西、甘肃、江苏、浙江、安徽、江西、湖南、湖北、广东、贵州、四川、云南、西藏等地。

紫金牛科

小紫金牛 *Ardisia chinensis* Benth.

紫金牛科 Myrsinaceae

紫金牛属 *Ardisia*

鉴别特征：亚灌木状矮灌木，具蔓生走茎。叶片坚纸质，倒卵形或椭圆形，顶端钝或钝急尖，基部楔形，全缘或于中部以上具疏波状齿，叶面无毛，叶脉平整。亚伞形花序，单生于叶腋，有花3（～5）朵；花长约3mm，花萼仅基部联合，萼片三角状卵形，顶端急尖，具缘毛，有时具疏腺点；花瓣白色，广卵形，顶端急尖。果球形，由红变黑，无毛，无腺点。花期4～6月，果期10～12月。

分布：浙江、江西、福建、台湾、广东、广西等地。

用途：药用。

硃砂根 *Ardisia crenata* Sims var. *crenata*

紫金牛科 Myrsinaceae

紫金牛属 *Ardisia*

鉴别特征：灌木，高1～2m；茎粗壮，无毛。叶片革质或坚纸质，椭圆形、椭圆状披针形至倒披针形，顶端急尖或渐尖，基部楔形，边缘具皱波状或波状齿，具明显的边缘腺点，两面无毛。伞形花序或聚伞花序，着生于侧生特殊花枝顶端；花瓣白色，稀略带粉红色，盛开时反卷，卵形。果球形，鲜红色，具腺点。花期5～6月，果期10～12月，有时2～4月。

分布：西藏、湖北、台湾、广东、广西、海南等地。

用途：根、叶可祛风除湿、散淤止痛、通经活络，用于跌打风湿、消化不良、咽喉炎及月经不调等症；果可食，亦可榨油，油可供制肥皂。

郎伞木 *Ardisia elegans* Andr.

紫金牛科 Myrsinaceae

紫金牛属 *Ardisia*

鉴别特征： 灌木，高1～3m。叶片坚纸质，略厚，椭圆状披针形、倒披针形或稀狭卵形，顶端急尖或渐尖，基部楔形，边缘通常具明显的圆齿，齿间具边缘腺点，或呈皱波状，或近全缘，两面无毛，无腺点；叶柄具沟和狭翅。复伞形花序或由伞房花序组成的圆锥花序，着生于侧生特殊花枝顶端，花瓣粉红色，稀红色或白色，广卵形，仅基部联合。果球形，深红色，具明显的腺点。花期6～7月，果期12月至次年3～4月。

分布： 广东、广西。

用途： 供药用，治腰骨疼痛、跌打等症；叶用于拔疮毒。

虎舌红 *Ardisia mamillata* Hance

紫金牛科 Myrsinaceae

紫金牛属 *Ardisia*

鉴别特征： 矮小灌木，具匍匐的木质根茎。叶互生或簇生于茎顶端，叶片坚纸质，倒卵形至长圆状倒披针形，顶端急尖或钝，基部楔形或狭圆形，边缘具不明显的疏圆齿，边缘腺点藏于毛中，两面绿色或暗紫红色，被锈色或有时为紫红色糙伏毛。伞形花序，单生，着生于侧生特殊花枝顶端，每植株有花枝1～2个，稀3个；花枝有花约10朵，近顶端常有叶1～2片，稀达4片；花瓣粉红色，稀近白色；具腺点。果球形，鲜红色。花期6～7月，果期11月至次年1月，有时达6月。

分布： 四川、贵州、云南、湖南、广西、广东、福建。

用途： 全草入药；叶外敷可拔刺拔针、去疮毒等。

山血丹 *Ardisia punctata* Lindl.

紫金牛科 Myrsinaceae

紫金牛属 *Ardisia*

鉴别特征： 灌木或小灌木；茎幼时被细微柔毛，无皱纹。叶片革质或近坚纸质，长圆形至椭圆状披针形，顶端急尖或渐尖，稀钝，基部楔形，近全缘或具微波状齿，齿尖具边缘腺点。亚伞形花序，单生或稀为复伞形花序，着生于侧生特殊花枝顶端；花瓣白色，椭圆状卵形，顶端圆形，具明显的腺点。果球形，深红色，微肉质，具疏腺点。花期 5 ～ 7 月，果期 10 ～ 12 月，有时有的植株上部枝条开花，下部枝条果熟。

分布： 浙江、江西、福建、湖南、广东、广西。

用途： 根可调经、通经、活血、祛风、止痛。

罗伞树 *Ardisia quinquegona* Bl. var. *quinquegona*

紫金牛科 Myrsinaceae

紫金牛属 *Ardisia*

鉴别特征： 灌木或灌木状小乔木；小枝细，无毛，有纵纹，嫩时被锈色鳞片。叶片坚纸质，长圆状披针形、椭圆状披针形至倒披针形，顶端渐尖，基部楔形，全缘，两面无毛。聚伞花序或亚伞形花序，腋生；花瓣白色，广椭圆状卵形，具腺点，外面无毛，里面近基部被细柔毛。果扁球形，具钝 5 棱。花期 5 ～ 6 月，果期 12 月或 2 ～ 4 月。

分布： 云南、广西、广东、福建、台湾。

用途： 全株入药，有消肿、清热解毒的作用，用于治跌打损伤；亦作兽用药。

网脉酸藤子 *Embelia rudis* Hand.-Mazz.

紫金牛科 Myrsinaceae

酸藤子属 *Embelia*

鉴别特征：灌木，分枝多；枝条无毛，密布皮孔。叶片坚纸质，长圆状卵形或卵形，边缘具细或粗锯齿，有时具重锯齿或几全缘，两面无毛，叶面中脉下凹，背面隆起，侧脉多数，直达齿尖，细脉网状，明显隆起，腺点疏而不明显；叶柄具狭翅，多少被微柔毛。总状花序腋生；花梗被乳突；花5数，花萼基部联合；花瓣分离，淡绿色或白色。果球形，蓝黑色或带红色，具腺点，宿存萼紧贴果。花期10～12月，果期4～7月。

分布：浙江、江西、福建、台湾、湖南、广西、广东、四川、贵州、云南。

用途：根、茎可供药用。

杜茎山 *Maesa japonica* (Thunb.) Moritzi.

紫金牛科 Myrsinaceae

杜茎山属 *Maesa*

鉴别特征：灌木；小枝无毛。叶革质，椭圆形、披针状椭圆形、倒卵形或披针形，几全缘或中部以上具疏锯齿，两面无毛，侧脉5～8对，不甚明显，尾端直达齿尖；叶柄无毛。总状或圆锥花序腋生，无毛；苞片卵形；小苞片紧贴花萼基部；花萼具明显的脉状腺条纹，无毛；花冠白色，长钟形，花冠筒具脉状腺纹，裂片卵形或肾形，略具细齿。果球形，肉质，具脉状腺纹，宿萼包果顶端，花柱宿存。花期1～3月，果期10月或5月。

分布：云南、江西、广东、广西、台湾、海南等地均有分布。

用途：果可食；全株供药用。

鲫鱼胆 *Maesa perlarius*（Lour.）Merr.

紫金牛科 Myrsinaceae

杜茎山属 *Maesa*

鉴别特征： 小灌木；分枝多。叶纸质，宽椭圆状卵形或椭圆形，中下部以上具粗齿，幼时两面被密长硬毛，侧脉 7 ～ 9 对。总状花序或圆锥花序，腋生，被毛；苞片及小苞片均被毛，萼片宽卵形，较萼筒长或几等长，具脉状线纹；花冠白色，钟形，较花萼长 1 倍，无毛，裂片与花冠筒等长，宽卵形，具波状细齿；雄蕊在雄花中着生花冠管上部，内藏，花丝较花药略长；雌蕊较雄蕊略短，柱头 4 裂。果球形，无毛，宿萼达果中部略上，花柱宿存。花期 3 ～ 4 月，果期 12 月至次年 5 月。

分布： 广东、广西、贵州、海南、四川、台湾、云南。

用途： 全株供药用。

安息香科

赛山梅 *Styrax confusus* Hemsl.

安息香科 Styracaceae

安息香属 *Styrax*

鉴别特征： 小乔木，高 2 ～ 8m；树皮灰褐色，平滑，嫩枝扁圆柱形，密被黄褐色星状短柔毛，成长后脱落，圆柱形，紫红色。叶革质或近革质，椭圆形，顶端急尖或钝渐尖，基部圆形或宽楔形，边缘有细锯齿；初时两面均疏被星状短柔毛，以后脱落，仅叶脉上有毛，侧脉每边 5 ～ 7 条，第三级小脉网状，两面均明显隆起。花白色。果实近球形或倒卵形，外面密被灰黄色星状绒毛和星状长柔毛，果皮常具皱纹；种子倒卵形，褐色，平滑或具深皱纹。花期 4 ～ 6 月，果期 9 ～ 11 月。

分布： 四川、贵州、广西、广东、湖南、湖北、安徽、江苏、江西、浙江、福建等地。

用途： 种子油供制润滑油、肥皂和油墨等。

白花龙 *Styrax faberi* Perk.

安息香科 Styracaceae

安息香属 ***Styrax***

鉴别特征: 灌木；嫩枝纤弱，具沟槽，扁圆形，密被星状长柔毛，老枝圆柱形，紫红色。叶互生，纸质，有时侧枝最下两叶近对生而较大，椭圆形、倒卵形或长圆状披针形，顶端急渐尖或渐尖，基部宽楔形或近圆形，边缘具细锯齿。总状花序顶生，有花 3～5 朵，下部常单花腋生；花白色；花萼杯状，膜质，外面密被灰黄色星状绒毛和星状短柔毛，花冠裂片膜质，披针形或长圆形。果实倒卵形或近球形，外面密被灰色星状短柔毛。花期 4～6 月，果期 8～10 月。

分布: 广东、广西、贵州、四川等地。

山矾科

光叶山矾 *Symplocos lancifolia* Sieb. et Zucc.

山矾科 Symplocaceae

山矾属 ***Symplocos***

鉴别特征: 小乔木。叶纸质或近膜质，干后有时呈红褐色，卵形至阔披针形，先端尾状渐尖，基部阔楔形或稍圆，边缘具稀疏的浅钝锯齿。穗状花序长 1～4cm；苞片椭圆状卵形，小苞片三角状阔卵形，背面均被短柔毛，有缘毛；花萼长 1.6～2mm，5 裂，裂片卵形，顶端圆，背面被微柔毛，与萼筒等长或稍长于萼筒，萼筒无毛；花冠淡黄色，5 深裂几达基部，裂片椭圆形。核果近球形，直径约 4mm，顶端宿萼裂片直立。花期 3～11 月，果期 6～12 月；边开花边结果。

分布: 浙江、台湾、福建、广东、海南、广西、江西、湖南、湖北、四川、贵州、云南。

用途: 叶可作茶；根药用，治跌打。

黄牛奶树 *Symplocos laurina* (Retz.) Wall.

山矾科 Symplocaceae

山矾属 *Symplocos*

鉴别特征：乔木；小枝无毛，芽被褐色柔毛。叶革质，倒卵状椭圆形或狭椭圆形，先端急尖或渐尖，基部楔形或宽楔形，边缘有细小的锯齿。穗状花序长3～6cm，基部通常分枝，花序轴通常被柔毛，在结果时毛渐脱落；苞片和小苞片外面均被柔毛，边缘有腺点，苞片阔卵形；花萼无毛，裂片半圆形，短于萼筒；花冠白色，长约4mm，5深裂几达基部。核果球形，顶端宿萼裂片直立。花期8～12月，果期次年3～6月。

分布：西藏、云南、四川、贵州、湖南、广西、广东、福建、台湾、江苏、浙江等地。

用途：木材作板料、木尺；种子油作滑润油或制肥皂；树皮药用，治感冒。

白檀 *Symplocos paniculata* (Thunb.) Miq.

山矾科 Symplocaceae

山矾属 *Symplocos*

鉴别特征：落叶灌木或小乔木；嫩枝有灰白色柔毛，老枝无毛。叶膜质或薄纸质，阔倒卵形、椭圆状倒卵形或卵形，边缘有细尖锯齿，叶面无毛或有柔毛，叶背通常有柔毛或仅脉上有柔毛；中脉在叶面凹下，侧脉在叶面平坦或微凸起。圆锥花序；花冠白色，5深裂几达基部。核果熟时蓝色，卵状球形，稍偏斜，顶端宿萼裂片直立。

分布：东北、华北、华中、华南、西南各地。

用途：叶药用；根皮与叶可提取有效成分制成农药。

老鼠矢 *Symplocos stellaris* Brand

山矾科 Symplocaceae

山矾属 ***Symplocos***

鉴别特征：常绿乔木；小枝粗，髓心中空，具横隔；芽、嫩枝、嫩叶柄、苞片和小苞片均被红褐色绒毛。叶厚革质，叶面有光泽，叶背粉褐色，披针状椭圆形或狭长圆状椭圆形，先端急尖或短渐尖，基部阔楔形或圆形，通常全缘，很少有细齿。团伞花序着生于二年生枝的叶痕之上；花萼长约3mm，裂片半圆形，有长缘毛；花冠白色，5深裂几达基部，裂片椭圆形。核果狭卵状圆柱形，顶端宿萼裂片直立；核具6～8条纵棱。花期4～5月，果期6月。

分布：湖南、江西、浙江、福建、广东、台湾等地。

马钱科

白背枫 *Buddleja asiatica* Lour.

马钱科 Loganiaceae

醉鱼草属 ***Buddleja***

鉴别特征：直立灌木或小乔木；嫩枝条四棱形，老枝条圆柱形；幼枝、叶下面、叶柄和花序均密被灰色或淡黄色星状短绒毛，有时毛被极密而成绵毛状。叶对生，叶片膜质至纸质，狭椭圆形、披针形或长披针形。总状花序窄而长，由多个小聚伞花序组成，单生或者3至数个聚生于枝顶或上部叶腋内，再排列成圆锥花序；花冠芳香，白色，有时淡绿色，花冠管圆筒状，直立，外面近无毛或被稀疏星状毛，内面仅中部以上被短柔毛或绵毛，花冠裂片近圆形，广展，外面几无毛。蒴果椭圆状；种子灰褐色，椭圆形，两端具短翅。花期1～10月，果期3～12月。

分布：陕西、江西、福建、台湾、湖北、湖南、广东、海南、广西、四川、贵州、云南、西藏等地。

用途：根和叶供药用，有祛风化湿、行气活络之功效；花芳香，可提取芳香油。

灰莉 *Fagraea ceilanica*

马钱科 Loganiaceae

灰莉属 *Fagraea*

鉴别特征： 乔木或攀援灌木状，树皮灰色；全株无毛。小枝粗圆，老枝具凸起叶痕及托叶痕。叶稍肉质，椭圆形、倒卵形或卵形，侧脉 4～10 对，不明显；叶柄基部具鳞片状托叶。花单生或为顶生二歧聚伞花序；花冠漏斗状，稍肉质，白色，芳香。浆果卵圆形或近球形，具尖喙，基部具宿萼；种子椭圆状肾形。花期 4～8 月，果期 7 月至次年 3 月。

分布： 台湾、海南、广东、广西、云南（南部）。

用途： 观赏。

钩吻 *Gelsemium elegans*

马钱科 Loganiaceae

钩吻属 *Gelsemium*

鉴别特征： 常绿木质藤本。小枝圆柱形，幼时具纵棱。叶片膜质，卵形、卵状长圆形或卵状披针形，顶端渐尖，基部阔楔形至近圆形。花密集，组成顶生和腋生的三歧聚伞花序；花冠黄色，漏斗状，内面有淡红色斑点。蒴果卵形或椭圆形，果皮薄革质，内有种子 20～40 颗；种子扁压状椭圆形或肾形，边缘具有不规则齿裂状膜质翅。花期 5～11 月，果期 7 月至次年 3 月。

分布： 广东、海南、广西、贵州、云南等地。

用途： 全株有大毒，供药用；亦可提取有效成分制成农药。

木犀科

清香藤 *Jasminum lanceolarium* Roxb.

木犀科 Oleaceae

素馨属 *Jasminum*

鉴别特征：大型攀援灌木。小枝圆柱形，稀具棱，节处稍压扁，光滑无毛或被短柔毛。叶对生或近对生，三出复叶，有时花序基部侧生小叶退化成线状而成单叶；叶片上面绿色，光亮，无毛或被短柔毛，下面色较淡，光滑或疏被至密被柔毛，具凹陷的小斑点；小叶片椭圆形、长圆形、卵圆形、卵形或披针形，稀近圆形。复聚伞花序常排列成圆锥状，顶生或腋生，有花多朵，密集；花芳香；花冠白色，高脚碟状，披针形、椭圆形或长圆形。果球形或椭圆形，黑色，干时呈橘黄色。花期 4 ～ 10 月，果期 6 月至次年 3 月。

分布：湖南、江西、浙江、福建、广东、台湾、陕西、甘肃等地。

女贞 *Ligustrum lucidum* Ait.

木犀科 Oleaceae

女贞属 *Ligustrum*

鉴别特征：乔木或灌木；树皮灰褐色。枝黄褐色、灰色或紫红色，圆柱形，疏生圆形或长圆形皮孔。叶片常绿色，革质，卵形、长卵形或椭圆形至宽椭圆形，叶缘平坦，中脉在上面凹入，下面凸起。圆锥花序顶生；花序轴及分枝轴无毛，紫色或黄棕色，果时具棱；花无梗或近无梗。果肾形，成熟时蓝黑或红黑色，被白粉。花期 5 ～ 7 月，果期 7 月至次年 5 月。

分布：湖南、江西、浙江、福建、广东、四川等地。

用途：种子油可制肥皂；花可提取芳香油；果可供酿酒或制酱油；枝、叶上放养白蜡虫，能生产白蜡，蜡可供工业及医药用；果入药称女贞子，为强壮剂；叶药用，具有解热镇痛的功效；植株可作丁香、桂花的砧木或行道树。

小蜡 *Ligustrum sinense* Lour.

木犀科 Oleaceae

女贞属 *Ligustrum*

鉴别特征: 落叶灌木或小乔木。叶片纸质或薄革质，卵形、椭圆状卵形、长圆形、长圆状椭圆形至披针形，或近圆形，先端锐尖、短渐尖至渐尖，或钝而微凹，基部宽楔形至近圆形，或为楔形。圆锥花序顶生或腋生，塔形，花序轴被较密淡黄色短柔毛或柔毛以至近无毛。果近球形。花期 3 ～ 6 月，果期 9 ～ 12 月。

分布: 广东、广西、贵州、四川、云南等地。

用途: 果实可酿酒；种子榨油供制肥皂；树皮和叶入药。

木犀 *Osmanthus fragrans*（Thunb.）Lour.

木犀科 Oleaceae

木犀属 *Osmanthus*

鉴别特征: 常绿乔木或灌木；树皮灰褐色。小枝黄褐色，无毛。叶片革质，椭圆形、长椭圆形或椭圆状披针形，全缘或通常上半部具细锯

齿，两面无毛，腺点在两面连成小水泡状凸起。聚伞花序簇生于叶腋，或近于帚状，每腋内有花多朵；花极芳香；花冠黄白色、淡黄色、黄色或橘红色。果歪斜，椭圆形，呈紫黑色。花期 9 月至 10 月上旬，果期次年 3 月。

分布: 原产我国西南，现各地广泛栽培。

用途: 花为名贵香料，并作食品香料。

夹竹桃科

黄蝉 *Allemanda neriifolia* Hook.

夹竹桃科 Apocynaceae

黄蝉属 *Allemanda*

鉴别特征：灌木，具乳汁；枝条灰白色。叶3～5枚轮生，全缘，椭圆形或倒卵状长圆形，先端渐尖或急尖，基部楔形，除叶背中脉和侧脉被短柔毛外，其余无毛；叶脉在叶背凸起，侧脉每边7～12条，未达边缘即行网结。聚伞花序顶生；总花梗和花梗被秕糠状小柔毛；花橙黄色，张口直径约4cm；花冠漏斗状，内面具红褐色条纹，冠檐顶端5裂，花冠裂片向左覆盖。蒴果球形，具长刺；种子扁平，具薄膜质边缘。花期5～8月，果期10～12月。

分布：广西、广东、福建、台湾及北京（温室内）的庭园均有栽培。

用途：观赏。

糖胶树 *Alstonia scholaris*（L.）R. Br.

夹竹桃科 Apocynaceae

鸡骨常山属 *Alstonia*

鉴别特征：乔木，高达20m；枝轮生，具乳汁，无毛。叶3～8片轮生，倒卵状长圆形、倒披针形或匙形，稀椭圆形或长圆形，无毛，顶端圆形，钝或微凹，稀急尖或渐尖，基部楔形。花白色，多朵组成稠密的聚伞花序，顶生，被柔毛；花冠高脚碟状。蓇葖2，细长，线形，外果皮近革质，灰白色；种子长圆形，红棕色，两端被红棕色长缘毛，缘毛长1.5～2cm。花期6～11月，果期10月至次年4月。

分布：广西(南部、西部)、广东、云南(南部)有野生。

用途：根、树皮、叶均含多种生物碱，供药用。

长春花 *Catharanthus roseus* (L.) G. Don

夹竹桃科 Apocynaceae

长春花属 *Catharanthus*

鉴别特征: 半灌木；略有分枝，有水液，全株无毛或仅有微毛；茎近方形，有条纹，灰绿色。叶膜质，倒卵状长圆形，先端浑圆，有短尖头，基部广楔形至楔形，渐狭而成叶柄；叶脉在叶背略隆起。聚伞花序腋生或顶生，有花2～3朵；花萼5深裂；花冠红色，高脚碟状，花冠筒圆筒状。蓇葖双生，直立，平行或略叉开；外果皮厚纸质，有条纹，被柔毛；种子黑色，长圆状圆筒形，两端截形，具有颗粒状小瘤。花期、果期几乎全年。

分布: 我国栽培于西南、华中、华南及华东各地。

用途: 植株含长春碱，可药用，有降低血压之效。

海杧果 *Cerbera manghas* L.

夹竹桃科 Apocynaceae

海杧果属 *Cerbera*

鉴别特征: 乔木；枝条粗厚，绿色，具不明显皮孔，无毛；全株具丰富乳汁。叶厚纸质，倒卵状长圆形或倒卵状披针形；中脉和侧脉在叶背凸起，侧脉在叶缘前网结。花白色，芳香；总花梗和花梗绿色，无毛，具不明显的斑点；花冠裂片白色，背面左边染淡红色，倒卵状镰形，顶端具短尖头。核果双生或单个，阔卵形或球形，外果皮纤维质或木质，未成熟绿色，成熟时橙黄色；种子通常1颗。花期3～10月，果期7月至次年4月。

分布: 广东、广西（南部）、台湾。

用途: 果皮毒性强烈，人、畜误食能致死；树皮、叶、乳汁能制药剂；观赏。

酸叶胶藤 *Ecdysanthera rosea* Hook. et Arn.

夹竹桃科 Apocynaceae

花皮胶藤属 *Ecdysanthera*

鉴别特征：高攀木质大藤本，具乳汁。叶纸质，阔椭圆形，顶端急尖，基部楔形，两面无毛，叶背被白粉。聚伞花序圆锥状，顶生，着花多朵；总花梗略具白粉和被短柔毛；花小，粉红色；花冠近坛状。蓇葖2枚，叉开成近一直线，圆筒状披针形，外果皮有明显斑点；种子长圆形，顶端具白色绢质种毛。花期4～12月，果期7月至次年1月。

分布：湖南、江西、浙江、福建、广东、台湾等地。

用途：全株供药用。

狗牙花 *Ervatamia divaricata*（L.）Burk. 'Gouyahua'

夹竹桃科 Apocynaceae

狗牙花属 *Ervatamia*

鉴别特征：小乔木或灌木状，除花萼外，余无毛。叶椭圆形或窄椭圆形，先端渐尖，基部楔形。聚伞花序腋生，通常双生，近小枝端部集成假二歧状，着花6～10朵；苞片鳞片状；花蕾卵圆形，顶端骤尖或钝；花萼裂片具缘毛；花冠单瓣或重瓣，白色，裂片倒卵形或宽倒卵形；雄蕊着生花冠筒下部，内藏。蓇荚果窄长斜椭圆形。花期4～9月，果期7～11月。

分布：栽培于我国南方各地。

用途：叶可药用；根药用可治头痛和骨折等。

尖山橙 *Melodinus fusiformis* Champ. ex Benth.

夹竹桃科 Apocynaceae

山橙属 *Melodinus*

鉴别特征：粗壮木质藤本，具乳汁；茎皮灰褐色；幼枝、嫩叶、叶柄、花序被短柔毛，老渐无毛。叶近革质，椭圆形或长椭圆形，稀椭圆状披针形。聚伞花序生于侧枝的顶端，着花 6 ～ 12 朵；花冠白色，花冠裂片长卵圆形或倒披针形，偏斜不正；副花冠呈鳞片状在花喉中稍伸出，鳞片顶端 2 ～ 3 裂。浆果橙红色，椭圆形，顶端短尖；种子压扁，近圆形或长圆形。花期 4 ～ 9 月，果期 6 月至次年 3 月。

分布：广东、广西、贵州等地。

用途：全株供药用。

鸡蛋花 *Plumeria rubra* L. ‘Acutifolia’

夹竹桃科 Apocynaceae

鸡蛋花属 *Plumeria*

鉴别特征：小乔木；枝条粗壮，具丰富乳汁，绿色，无毛。叶厚纸质，长圆状倒披针形或长椭圆形，顶端短渐尖，基部狭楔形，两面无毛；中脉在叶面凹入，在叶背略凸起，侧脉两面扁平，每边 30 ～ 40 条，未达叶缘网结成边脉；叶柄上面基部具腺体，无毛。聚伞花序顶生；总花梗三歧，肉质，绿色；花梗淡红色；花冠外面白色，花冠筒外面及裂片外面左边略带淡红色斑纹，花冠内面黄色，花冠筒圆筒形。蓇葖双生，广歧，圆筒形；种子斜长圆形，扁平，顶端具膜质的翅。花期 5 ～ 10 月，果期栽培极少结果，一般为 7 ～ 12 月。

分布：广东、广西、云南、福建等地有栽培，在云南南部山中有逸为野生的。

用途：观赏。

羊角拗 *Strophanthus divaricatus* (Lour.) Hook. et Arn.

夹竹桃科 Apocynaceae

羊角拗属 *Strophanthus*

鉴别特征：藤本或灌木状；具长匍匐茎，除花冠外其余无毛，乳汁清或淡黄色；小枝密被皮孔。叶窄椭圆形或倒卵状长圆形。花萼裂片窄三角形，聚伞花序具花3～15朵；花冠黄色，两面被微柔毛或内面无毛，基部内面具红色斑点。蓇葖果水平叉开，木质，椭圆状长圆形；种子纺锤形。花期5～7月，果期6～12月。

分布：贵州、云南、广西、广东、福建等地。

用途：全株植物含毒，误食致死；药用强心剂；农业上用作杀虫剂及毒雀鼠，制剂可用于浸苗和拌种。

络石 *Trachelospermum jasminoides* (Lindl.) Lem. var. *jasminoides*

夹竹桃科 Apocynaceae

络石属 *Trachelospermum*

鉴别特征：常绿木质藤本，具乳汁；茎赤褐色，圆柱形，有皮孔；小枝被黄色柔毛，老时渐无毛。叶革质或近革质，椭圆形至卵状椭圆形或宽倒卵形。二歧聚伞花序腋生或顶生，花多朵组成圆锥状；花白色，芳香。蓇葖双生，叉开，无毛，线状披针形，向先端渐尖；种子多数，褐色，线形。花期3～7月，果期7～12月。

分布：山东、安徽、江苏、浙江、福建、台湾、江西、河北、河南、湖北、湖南、广东、广西、云南、贵州、四川、陕西等地。

用途：根、茎、叶、果实供药用，有祛风活络、利关节、止血、止痛、消肿、清热解毒之功效。

茜草科

茜树 *Aidia cochinchinensis* Lour.

茜草科 Rubiaceae

茜树属 *Aidia*

鉴别特征：无刺灌木或乔木；枝无毛。叶革质或纸质，对生，椭圆状长圆形、长圆状披针形或狭椭圆形；托叶披针形，无毛，顶端长尖，脱落。聚伞花序与叶对生或生于无叶的节上，多花，有短柔毛或无毛；花冠黄色或白色，有时红色。浆果球形，无毛或有疏柔毛，紫黑色；种子多数。花期3～6月，果期5月至次年2月。

分布：江苏、浙江、江西、福建、台湾、湖北、湖南、广东、广西、海南、四川、贵州、云南。

水团花 *Adina pilulifera* (Lam.) Franch. ex Drake

茜草科 Rubiaceae

水团花属 *Adina*

鉴别特征：常绿灌木至小乔木。叶对生，厚纸质，椭圆形至椭圆状披针形，顶端短尖至渐尖而钝头，基部钝或楔形，有时渐狭窄。头状花序明显腋生，极稀顶生；花冠白色，窄漏斗状，花冠管被微柔毛，花冠裂片卵状长圆形。小蒴果楔形；种子长圆形，两端有狭翅。花期6～7月。

分布：长江以南各地。

用途：全株可治家畜瘟疹热症；木材供雕刻用。

白果香楠 *Alleizettella leucocarpa*（Champ. ex Benth.）Tirveng.

茜草科 Rubiaceae

白香楠属 *Alleizettella*

鉴别特征：无刺灌木；小枝被锈色糙伏毛或柔毛，老时毛渐脱落。叶纸质或薄革质，对生，长圆状倒卵形、长圆形、狭椭圆形或披针形，顶端渐尖至尾状渐尖，基部楔形。聚伞花序有花数朵，生于侧生短枝的顶端或老枝的节上，有糙伏毛或硬毛；花冠白色，高脚碟形，外面上部有糙伏毛，喉部有长柔毛，花冠裂片 5，近卵形，外反。浆果球形，淡黄白色，有疏柔毛或无毛；种子扁球形。花期 4～6 月，果期 6 月至次年 2 月。

分布：福建、广东、香港、广西、海南。

丰花草 *Borreria stricta*（L. f.）G. Mey.

茜草科 Rubiaceae

丰花草属 *Borreria*

鉴别特征：直立、纤细草本；茎单生，很少分枝，四棱柱形，粗糙，节间延长。叶近无柄，革质，线状长圆形，顶端渐尖，基部渐狭，两面粗糙，鲜时深绿色。花多朵丛生成球状生于托叶鞘内，无梗；小苞片线形，透明，长于花萼；花冠近漏斗形，白色，顶端略红。蒴果长圆形或近倒卵形，成熟时从顶部开裂至基部，隔膜脱落；种子狭长圆形，一端具小尖头，一端钝，干后褐色，具光泽并具横纹。花果期 10～12 月。

分布：安徽、浙江、江西、台湾、广东、香港、海南、广西、四川、贵州、云南。

阔叶丰花草 *Borreria latifolia*（Aubl.）K. Schum.

茜草科 Rubiaceae

丰花草属 *Borreria*

鉴别特征：草本，被毛；茎和枝均为明显的四棱柱形，棱上具狭翅。叶椭圆形或卵状长圆形，长度变化大，边缘波浪形，鲜时黄绿色，叶面平滑；侧脉明显。花数朵丛生于托叶鞘内，无梗；花冠漏斗形，浅紫色。蒴果椭圆形，被毛；种子近椭圆形，两端钝，干后浅褐色或黑褐色，无光泽，有小颗粒。花果期5～7月。

分布：原产南美洲，约1937年引进广东等地。

用途：作饲料。

狗骨柴 *Diplospora dubia*（Lindl.）Masam.

茜草科 Rubiaceae

狗骨柴属 *Diplospora*

鉴别特征：灌木或乔木，高1～12m。叶革质，少为厚纸质，卵状长圆形、长圆形、椭圆形或披针形，顶端短渐尖、骤然渐尖或短尖，尖端常钝，基部楔形或短尖，全缘而常稍背卷，有时两侧稍偏斜，干时常呈黄绿色而稍有光泽。花腋生密集成束或组成具总花梗、稠密的聚伞花序；花冠白色或黄色，花冠裂片长圆形。浆果近球形，有疏短柔毛或无毛，成熟时红色，顶部有萼檐残迹；种子4～8颗，近卵形，暗红色。花期4～8月，果期5月至次年2月。

分布：江苏、安徽、浙江、江西、福建、台湾、湖南、广东、香港、广西、海南、四川、云南。

用途：木材致密强韧，容易加工，可为器具及雕刻细工用材。

栀子 *Gardenia jasminoides* Ellis var. *jasminoides*

茜草科 Rubiaceae

栀子属 *Gardenia*

鉴别特征：灌木，高 0.3 ～ 3m；嫩枝常被短毛，枝圆柱形，灰色。叶对生，革质，稀为纸质，少为 3 枚轮生，叶形多样，通常为长圆状披针形、倒卵状长圆形、倒卵形或椭圆形，顶端渐尖、骤然长渐尖或短尖而钝，基部楔形或短尖。花芳香，通常单朵生于枝顶；花冠白色或乳黄色，高脚碟状。果卵形、近球形、椭圆形或长圆形，黄色或橙红色，有翅状纵棱 5 ～ 9 条；种子多数，扁，近圆形而稍有棱角。花期 3 ～ 7 月，果期 5 月至次年 2 月。

分布：产山东、江苏、安徽、浙江、江西、福建、台湾、湖北、湖南、广东、香港、广西、海南、四川、贵州和云南，河北、陕西和甘肃有栽培。

用途：广植于庭园供观赏；干燥成熟果实能入药；花可提制芳香浸膏。

白花蛇舌草 *Hedyotis diffusa* Willd.

茜草科 Rubiaceae

耳草属 *Hedyotis*

鉴别特征：一年生无毛纤细披散草本；茎稍扁，从基部开始分枝。叶对生，无柄，膜质，线形，顶端短尖，边缘干后常背卷，上面光滑，下面有时粗糙。花 4 数，单生或双生于叶腋；花冠白色，管形，喉部无毛，花冠裂片卵状长圆形，顶端钝。蒴果膜质，扁球形，成熟时顶部室背开裂；种子每室约 10 粒，具棱，干后深褐色，有深而粗的窝孔。花期春季。

分布：广东、香港、广西、海南、安徽、云南等地，多见于水田、田埂和湿润的旷地。

用途：全草入药，内服治肿瘤、蛇咬伤、小儿疳积，外用主治刀伤、跌打等症。

牛白藤 *Hedyotis hedyotidea*（DC.）Merr.

茜草科 Rubiaceae

耳草属 *Hedyotis*

鉴别特征：藤状灌木；嫩枝方柱形，被粉末状柔毛，老时圆柱形。叶对生，膜质，长卵形或卵形，顶端短尖或短渐尖，基部楔形或钝，上面粗糙，下面被柔毛；叶柄上面有槽。花序腋生和顶生，由 10 ～ 20 朵花集聚而成一伞形花序；花 4 数，有长约 2mm 的花梗；花萼被微柔毛；花冠白色，管形，裂片披针形，外反，外面无毛，里面被疏长毛。蒴果近球形；种子数粒，微小，具棱。花期 4 ～ 7 月。

分布：广东、广西、云南、贵州、福建、台湾等地。

用途：治疗风湿、感冒咳嗽和皮肤湿疹等疾病有一定疗效。

细梗耳草 *Hedyotis tenuipes* Hemsl.

茜草科 Rubiaceae

耳草属 *Hedyotis*

鉴别特征：直立铺散草本，除花冠和叶的中脉被毛外，几全株无毛；茎和枝圆柱形，节间延长。叶对生，具短柄或无柄，纸质，狭披针形，顶端长渐尖，基部楔形。聚伞花序圆锥式排列，柔弱，扩展，松散，顶生和腋生，与叶等长或过之；花冠白色或紫色，漏斗形，花冠裂片披针形，顶端微钝，外反，长约为冠管的 3 倍，里面全部被毛。蒴果近球形，脆壳质，成熟时开裂为两个果爿，每个果爿腹部直裂；种子多粒，具棱，干后黑色。花期 6 ～ 7 月。

分布：广东、福建等地。

龙船花 *Ixora chinensis* Lam.

茜草科 Rubiaceae

龙船花属 ***Ixora***

鉴别特征： 灌木；小枝初时深褐色，有光泽，老时呈灰色，具线条。叶对生，有时由于节间距离极短几成4枚轮生，披针形、长圆状披针形至长圆状倒披针形，顶端钝或圆形，基部短尖或圆形。花序顶生，多花，具短总花梗；花冠红色或红黄色，顶部4裂，裂片倒卵形或近圆形，扩展或外反，顶端钝或圆形。果近球形，双生，中间有1沟，成熟时红黑色；种子上面凸，下面凹。花期5～7月。

分布： 福建、广东、香港、广西。

粗叶木 *Lasianthus chinensis*（Champ.）Benth.

茜草科 Rubiaceae

粗叶木属 ***Lasianthus***

鉴别特征： 灌木，有时为高达8m的小乔木；枝和小枝均粗壮，被褐色短柔毛。叶薄革质或厚纸质，通常为长圆形或长圆状披针形，很少椭圆形，顶端常骤尖或有时近短尖，基部阔楔形或钝，下面中脉、侧脉和小脉上均被较短的黄色短柔毛；花无梗，常3～5朵簇生叶腋，无苞片；萼管卵圆形或近阔钟形；花冠通常白色，有时带紫色，近管状，被绒毛。核果近卵球形，成熟时蓝色或蓝黑色，通常有6个分核。花期5月，果期9～10月。

分布： 福建（中部和南部）、台湾、广东等地。

羊角藤 *Morinda umbellata* L. subsp. *obovata* Y. Z. Ruan

茜草科 Rubiaceae

巴戟天属 *Morinda*

鉴别特征：藤本或呈灌木状；嫩枝无毛，绿色，老枝具细棱，蓝黑色。叶纸质或革质，倒卵形、倒卵状披针形或倒卵状长圆形，全缘，上面常具蜡质，光亮，干时淡棕色至棕黑色，无毛。花序 3 ～ 11 伞状排列于枝顶；头状花序直径 6 ～ 10mm，具花 6 ～ 12 朵；花 4 ～ 5 基数，无花梗；花冠白色，稍呈钟状。聚花核果由 3 ～ 7 花发育而成，成熟时红色，近球形或扁球形；核果具分核 2 ～ 4；分核近三棱形，外侧弯拱，具种子 1 颗；种子角质，棕色，与分核同形。花期 6 ～ 7 月，果熟期 10 ～ 11 月。

分布：江苏、安徽、浙江、江西、福建、台湾、湖南、广东、香港、海南、广西等地。

玉叶金花 *Mussaenda pubescens* Ait. f.

茜草科 Rubiaceae

玉叶金花属 *Mussaenda*

鉴别特征：攀援灌木；小枝被柔毛。叶对生或轮生，上面近无毛或疏被柔毛，下面密被柔毛；叶柄被柔毛，托叶三角形，2 深裂，裂片线状。聚伞花序顶生，密花；花萼被柔毛，萼筒陀螺形，萼裂片线形，比萼筒长 2 倍以上；花冠黄色，被贴伏柔毛，喉部密被毛；花柱内藏。浆果近球形，疏被柔毛，干后黑色。花期 6 ～ 7 月。

分布：广东、香港、海南、广西、福建、湖南、江西、浙江、台湾。

用途：供药用或晒干代茶叶饮用。

华腺萼木 *Mycetia sinensis*（Hemsl.）Craib

茜草科 Rubiaceae

腺萼木属 ***Mycetia***

鉴别特征：灌木或亚灌木，高通常20～50cm，很少近1m。叶近膜质，长圆状披

针形或长圆形，有时近卵形或椭圆形，同一节上的叶多少不等大，通常干时苍白，淡灰绿色。聚伞花序顶生，单生或2个簇生或3个簇生，有花多朵；花冠白色，狭管状。果近球形，成熟时白色。花期7～8月，果期9～11月。

分布：我国特有树种，产湖南、江西、福建（南部）、云南（东南部和南部）、广西、广东、海南。

鸡矢藤 *Paederia scandens*（Lour.）Merr.

茜草科 Rubiacea

鸡矢藤属 ***Paederia***

鉴别特征：藤本，无毛或近无毛。叶对生，纸质或近革质，形状变化很大，卵形、卵状长圆形至披针形，顶端急尖或渐尖，基部楔形或近圆或截平，有时浅心形，两面无毛或近无毛，有时下面脉腋内有束毛；侧脉每边4～6条，纤细。圆锥花序式的聚伞花序腋生和顶生，扩展，分枝对生，末次分枝上着生的花常呈蝎尾状排列；花具短梗或无；花冠浅紫色，外面被粉末状柔毛，里面被绒毛，顶部5裂。果球形，成熟时近黄色；小坚果无翅，浅黑色。花期5～7月。

分布：陕西、甘肃、山东、江苏、安徽、江西、浙江、福建、台湾、河南、湖南、广东、香港、海南、广西、四川、贵州、云南。

用途：药用。

九节 *Psychotria rubra* (Lour.) Poir.

茜草科 Rubiaceae

九节属 *Psychotria*

鉴别特征： 灌木或小乔木。叶长圆形、椭圆状长圆形、倒披针状长圆形或长圆状倒卵形，脉腋有束毛；托叶膜质。伞房状或圆锥状聚伞花序顶生，花序梗极短，近基部3分歧；萼筒杯状，顶部近截平或不明显5齿裂；花冠白色，喉部被白色长柔毛，裂片近三角形。核果球形或宽椭圆形，有纵棱，红色；小核背面凸起，具纵棱，腹面平。花果期全年。

分布： 浙江、福建、台湾、湖南、广东、香港、海南、广西、贵州、云南。

用途： 嫩枝、叶、根可作药用。

六月雪 *Serissa japonica* (Thunb.) Thunb.

茜草科 Rubiaceae

白马骨属 *Serissa*

鉴别特征： 小灌木。叶革质，卵形或倒披针形，先端短尖或长尖，全缘，无毛；叶柄短。花单生或数朵簇生小枝顶部或腋生；苞片被毛，边缘浅波状。花萼裂片锥形，被毛；花冠淡红或白色，花冠筒比萼裂片长，花冠裂片扩展，先端3裂；雄蕊伸出冠筒喉部。花期5～7月。

分布： 江苏、安徽、江西、浙江、福建、广东、香港、广西、四川、云南。

钩藤 *Uncaria rhynchophylla* (Miq.) Miq. ex Havil.

茜草科 Rubiaceae

钩藤属 *Uncaria*

鉴别特征: 藤本；嫩枝较纤细，方柱形或略有4棱角，无毛。叶纸质，椭圆形或椭圆状长圆形，干时褐色或红褐色，下面有时有白粉，顶端短尖或骤尖，基部楔形至截形。头状花序不计花冠直径5～8mm，单生叶腋，总花梗具一节，苞片微小，或成单聚伞状排列，总花梗腋生；花冠管外面无毛，或具疏散的毛，花冠裂片卵圆形；小蒴果被短柔毛，宿存萼裂片近三角形，星状辐射。花果期5～12月。

分布: 广东、广西、云南、贵州、福建等地。

用途: 药用。

忍冬科

忍冬 *Lonicera japonica* Thunb.

忍冬科 Caprifoliaceae

忍冬属 *Lonicera*

鉴别特征: 半常绿藤本；幼枝暗红褐色，密被硬直糙毛、腺毛和柔毛，下部常无毛。叶纸质，卵形或长圆状卵形，有糙缘毛，小枝上部叶两面均密被糙毛，下部叶常无毛；叶柄密被柔毛。总花梗常单生小枝上部叶腋；苞片卵形或椭圆形；花冠白色，后黄色，唇形。果圆形，熟时蓝黑色。花期4～6月（秋季常开花），果期10～11月。

分布: 除黑龙江、内蒙古、宁夏、青海、新疆、海南和西藏无自然生长外，全国各地均有分布。

用途: 药用。

接骨木 *Sambucus williamsii* Hance var. *williamsii*

忍冬科 Caprifoliaceae

接骨木属 *Sambucus*

鉴别特征：落叶灌木或小乔木；老枝淡红褐色，具明显的长椭圆形皮孔，髓部淡褐色。羽状复叶有小叶2～3对，有时仅1对或多达5对，侧生小叶片卵圆形、狭椭圆形至倒矩圆状披针形，顶生小叶卵形或倒卵形，叶搓揉后有臭气；托叶狭带形，或退化成带蓝色的凸起。圆锥形聚伞花序顶生；花小而密；花冠蕾时带粉红色，开后白色或淡黄色，裂片矩圆形或长卵圆形。果实红色，极少蓝黑色，卵圆形或近圆形；分核2～3枚，卵圆形至椭圆形。花期一般4～5月，果熟期9～10月。

分布：黑龙江、吉林、辽宁、河北、山西、陕西、甘肃、山东、江苏、安徽、浙江、福建、河南、湖北、湖南、广东、广西、四川、贵州、云南等地。

南方荚蒾 *Viburnum fordiae* Hance

忍冬科 Caprifoliaceae

荚蒾属 *Viburnum*

鉴别特征：灌木或小乔木；幼枝、芽、叶柄、花序、萼和花冠外面均被由暗黄色或黄褐色簇状毛组成的绒毛；枝灰褐色或黑褐色。叶纸质至厚纸质，宽卵形或菱状卵形；无托叶。复伞形式聚伞花序顶生或生于具1对叶的侧生小枝之顶；花冠白色，辐状，裂片卵形。果实红色，卵圆形；核扁，有2条腹沟和1条背沟。花期4～5月，果熟期10～11月。

分布：安徽（南部）、浙江（南部）、江西（西部至南部）、福建、湖南（东南部至西南部）、广东、广西、贵州、云南。

珊瑚树 *Viburnum odoratissimum* Ker-Gawl.

忍冬科 Caprifoliaceae

荚蒾属 *Viburnum*

鉴别特征：常绿灌木或小乔木；枝灰色或灰褐色，有凸起的小瘤状皮孔。叶革质，椭圆形至矩圆形或矩圆状倒卵形至倒卵形，边缘上部有不规则浅波状锯齿或近全缘，上面深绿色有光泽，下面有时散生暗红色微腺点，脉腋常有集聚簇状毛和趾蹼状小孔。圆锥花序顶生或生于侧生短枝上；花芳香；萼筒筒状钟形；花冠白色，后变黄白色。果实先红色后变黑色，卵圆形或卵状椭圆形；核卵状椭圆形，浑圆。花期4～5月（有时不定期开花），果熟期7～9月。

分布：福建（东南部）、湖南（南部）、广东、海南、广西。

常绿荚蒾 *Viburnum sempervirens* K. Koch

忍冬科 Caprifoliaceae

荚蒾属 *Viburnum*

鉴别特征：常绿灌木；当年小枝四角状。叶革质，椭圆形至椭圆状卵形，较少宽卵形，有时矩圆形或倒披针形，顶端尖或短渐尖，基部渐狭至钝形，有时近圆形，全缘或上部至近顶部具少数浅齿，上面有光泽，下面全面有微细褐色腺点；叶柄带红紫色，无毛或散生少数簇状笔。复伞形式聚伞花序顶生，有红褐色腺点，萼筒筒状倒圆锥形；花冠白色，辐状，裂片近圆形，约与筒等长。果实红色，卵圆形；核扁圆形，腹面深凹陷，背面凸起。花期5月，果熟期10～12月。

分布：江西（南部）、广东、广西（南部）。

败酱科

败酱 *Patrinia scabiosaefolia* Fisch. ex Trev.

败酱科 Valerianaceae

败酱属 *Patrinia*

鉴别特征: 多年生草本；茎下部常被脱落性倒生白色粗毛或几无毛。基生叶丛生，花时枯落，卵形、椭圆形或椭圆状披针形，不裂或羽状分裂或全裂，具粗锯齿，两面被糙伏毛或几无毛；茎生叶对生，宽卵形或披针形，常羽状深裂或全裂，具 2 ～ 3（5）对侧裂片。聚伞花序组成伞房花序，具 5 ～ 6（7）级分枝；花序梗上方侧被开展白色粗糙毛；总苞片线形；小苞片果时不增大成翅状果苞；花冠钟形，黄色。瘦果长圆形；种子 1，椭圆形，扁平。花期 7 ～ 9 月。

分布: 除宁夏、青海、新疆、西藏和海南外，全国各地均有分布。

用途: 全草（药材名：败酱草）和根茎及根入药。

攀倒甑 *Patrinia villosa*（Thunb.）Juss.

败酱科 Valerianaceae

败酱属 *Patrinia*

鉴别特征: 多年生草本；根茎长而横走。基生叶丛生，卵形至长圆状披针形，具粗钝齿，基部楔形下延，不裂或大头羽状深裂，茎生叶对生，与基生叶同形，上部叶较窄小，向上渐近无柄。聚伞花序组成圆锥花序或伞房花序，分枝 5 ～ 6 级，萼齿浅波状或浅钝裂状，花冠钟形，白色，裂片异形；雄蕊 4，伸出。瘦果倒卵圆形。花期 8 ～ 10 月，果期 9 ～ 11 月。

分布: 台湾、江苏、浙江、江西、安徽、河南、湖北、湖南、广东、广西、贵州、四川。

用途: 全草与根茎及根作药用；民间以嫩苗食用，也作饲料。

菊科

藿香蓟 *Ageratum conyzoides* L.

菊科 Compositae

藿香蓟属 ***Ageratum***

鉴别特征: 一年生草本；茎枝被白色柔毛。叶对生，有时上部互生，常有腋生的不发育的叶芽；中部茎叶卵形或椭圆形或长圆形；自中部叶向上、向下及腋生小枝上的叶渐小或小，卵形或长圆形，有时植株全部叶小型，长仅 1cm，宽仅 0.6mm。全部叶边缘圆锯齿，两面被白色稀疏的短柔毛且有黄色腺点。头状花序 4 ～ 18 个在茎顶排成通常紧密的伞房状花序；花梗长 0.5 ～ 1.5cm；总苞钟状或半球形；花冠淡紫色。瘦果黑褐色，5 棱，有白色稀疏细柔毛。花果期全年。

分布: 广东、广西、云南、贵州、四川、江西、福建等地有栽培，也有归化野生分布的，在浙江和河北只见栽培。

用途: 用全草治感冒发热、疔疮、湿疹、外伤出血、烧烫伤等。

艾 *Artemisia argyi* Levl. et Van. var. *argyi*

菊科 Compositae

蒿属 ***Artemisia***

鉴别特征: 多年生草本或略成半灌木状，植株有浓烈香气。叶厚纸质，上面被灰白色短柔毛，并有白色腺点与小凹点，背面密被灰白色蛛丝状密绒毛。头状花序椭圆形，每数枚至 10 余枚在分枝上排成小型的穗状花序或复穗状花序，并在茎上通常再组成狭窄、尖塔形的圆锥花序；雌花 6 ～ 10 朵，紫色；两性花 8 ～ 12 朵，檐部紫色，花药狭线形。瘦果长卵形或长圆形。花果期 7 ～ 10 月。

分布: 除极干旱与高寒地区外，几遍全国。

用途: 全草入药，有温经、祛湿、散寒、止血、消炎、平喘、止咳、安胎、抗过敏等作用；嫩芽及幼苗作蔬菜。

三脉紫菀 *Aster ageratoides* Turcz.

菊科 Compositae

紫菀属 *Aster*

鉴别特征：多年生草本，根茎粗壮。茎直立，有棱及沟，被柔毛或粗毛。下部叶在花期枯落，叶片宽卵圆形；中部叶椭圆形或长圆状披针形，边缘有 3 ～ 7 对浅锯齿或深锯齿；上部叶渐小，有浅齿或全缘，全部叶纸质。头状花序排列成伞房状或圆锥伞房状；总苞片 3 层，线状长圆形，下部近革质或干膜质，上部绿色或紫褐色。舌状花十余个，线状长圆形，紫色、浅红色或白色；管状花黄色。瘦果倒卵状长圆形，灰褐色，被短粗毛。花果期 7 ～ 12 月。

分布：黑龙江、吉林、辽宁、内蒙古、河北、山东、山西、河南、陕西、甘肃、青海、四川、云南、广东。

用途：常用以煎洗无名肿毒和治风热感冒。

白花鬼针草 *Bidens pilosa* L. var. *radiata* Sch.-Bip.

菊科 Compositae

鬼针草属 *Bidens*

鉴别特征：一年生直立草本；茎钝四棱形。下部叶 3 裂或不分裂；中部叶具柄，三出，小叶 3 枚，椭圆形或卵状椭圆形，先端锐尖，基部近圆形或阔楔形，不对称，边缘具锯齿。头状花序有长 1～6cm（果时长 3～10cm）的花序梗；总苞苞片 7 ～ 8 枚，条状匙形；舌状花 5 ～ 7 枚，舌片椭圆状倒卵形，白色，先端钝或有缺刻。瘦果黑色，条形，先端芒刺 3 ～ 4 枚，具倒刺毛。

分布：华东、华中、华南、西南各地。

用途：我国民间常用草药，有清热解毒、散淤活血的功效。

东风草 *Blumea megacephala* (Randeria) Chang et Tseng

菊科 Compositae

艾纳香属 *Blumea*

鉴别特征： 攀援状草质藤本或基部木质；茎圆柱形，多分枝，有明显的沟纹。下部和中部叶卵形、卵状长圆形或长椭圆形；小枝上部的叶较小，椭圆形或卵状长圆形，边缘有细齿。头状花序疏散，通常 1 ～ 7 个在腋生小枝顶端排列成总状或近伞房状花序，再排成大型具叶的圆锥花序；总苞半球形；总苞片 5 ～ 6 层，外层厚质，卵形，中层质稍薄，带干膜质，线状长圆形；花托平，被白色密长柔毛。花黄色，雌花多数，细管状；两性花花冠管状。瘦果圆柱形。

分布： 云南、四川、贵州、广西、广东、湖南（南部）、江西（南部）、福建、台湾等地。

秋英 *Cosmos bipinnata* Cav.

菊科 Composita

秋英属 *Cosmos*

鉴别特征： 一年生或多年生草本；茎无毛或稍被柔毛。叶二回羽状深裂。头状花序单生；总苞片外层披针形或线状披针形，近革质，淡绿色，具深紫色条纹，内层椭圆状卵形，膜质。舌状花紫红色、粉红色或白色，舌片椭圆状倒卵形；管状花黄色。瘦果黑紫色，无毛，上端具长喙，有 2 ～ 3 尖刺。花期 6 ～ 8 月，果期 9 ～ 10 月。

分布： 我国栽培甚广。

用途： 观赏。

野茼蒿 *Crassocephalum crepidioides* (Benth.) S. Moore

菊科 Compositae

野茼蒿属 *Crassocephalum*

鉴别特征：直立草本；茎有纵条棱，无毛。叶膜质，椭圆形或长圆状椭圆形，顶端渐尖，基部楔形，边缘有不规则锯齿或重锯齿，或有时基部羽状裂，两面无或近无毛。头状花序数个在茎端排成伞房状，总苞钟状，有数枚不等长的线形小苞片；小花全部管状，两性，花冠红褐色或橙红色，檐部5齿裂。瘦果狭圆柱形，赤红色，有肋，被毛；冠毛极多数，白色，绢毛状，易脱落。花期7～12月。

分布：江西、福建、湖南、湖北、广东、广西、贵州、云南、四川、西藏。

用途：全草入药，有健脾、消肿之功效。

鱼眼草 *Dichrocephala auriculata* (Thunb.) Druce

菊科 Compositae

鱼眼草属 *Dichrocephala*

鉴别特征：一年生草本。叶卵形至披针形，中部茎生叶大头羽裂，顶裂片宽，侧裂片基部渐窄成具翅柄，基部叶不裂，卵形，有重粗锯齿或缺刻状，中下部叶腋通常有不发育叶簇或小枝。头状花序球形，在枝端或茎顶排成伞房状花序或伞房状圆锥花序；外围雌花多层，紫色，花冠线形，顶端具2齿，中央两性花黄绿色。瘦果倒披针形，边缘脉状加厚。花果期全年。

分布：云南、四川、贵州、陕西（南部）、湖北、湖南、广东、广西、浙江、福建、台湾。

用途：药用消炎、止泻，治小儿消化不良。

佩兰 *Eupatorium fortunei* Turcz.

菊科 Compositae

泽兰属 *Eupatorium*

鉴别特征： 多年生草本；茎直立，绿色或红紫色，分枝少，被稀疏的短柔毛，花序分枝及花序梗上的毛较密。中部茎生叶3全裂或3深裂，中裂片长椭圆形，先端渐尖，侧生裂片与中裂片同形较小，上部茎生叶不裂，披针形，茎生叶均两面无毛无腺点，或下面疏被柔毛，羽状脉，有粗齿或不规则细齿。头状花序多数在茎顶及枝端排成复伞房花序，花白色或带微红色。全株及花部揉之有香气。瘦果黑褐色，长椭圆形，5棱，无毛，无腺点。花果期7～11月。

分布： 山东、江苏、浙江、江西、湖北、湖南、云南、四川、贵州、广西、广东、陕西。

用途： 药用全草，性平，味辛，利湿，健胃，清暑热。

鼠麴草 *Gnaphalium affine* D. Don

菊科 Compositae

鼠麴草属 *Gnaphalium*

鉴别特征： 一年生草本；茎有沟纹，被白色厚绵毛。叶无柄，匙状倒披针形或倒卵状匙形，两面被白色绵毛。头状花序较多或较少数，在枝顶密集成伞房花序，花黄色至淡黄色；总苞片2～3层，金黄色或柠檬黄色，膜质，有光泽，外层倒卵形或匙状倒卵形，雌花多数，花冠细管状；两性花较少，管状。瘦果倒卵形或倒卵状圆柱形，有乳突。冠毛粗糙，污白色，易脱落。花期1～4月，8～11月。

分布： 华东、华南、华中、华北、西北、西南各地。

用途： 茎叶入药。

泥胡菜 *Hemistepta lyrata* (Bunge) Bunge

菊科 Compositae

泥胡菜属 *Hemistepta*

鉴别特征：一年生草本。基生叶长椭圆形或倒披针形，中下部茎叶与基生叶同形，全部叶大头羽状深裂或几全裂，侧裂片 2 ~ 6 对，全部裂片边缘三角形锯齿或重锯齿，侧裂片边缘通常稀锯齿，最下部侧裂片通常无锯齿。头状花序在茎枝顶端排成疏松伞房花序；总苞宽钟状或半球形，多层，覆瓦状排列；小花紫色或红色，深 5 裂。瘦果小，楔形或偏斜楔形，深褐色。冠毛异型，白色，宿存。花果期 3 ~ 8 月。

分布：除新疆、西藏外，遍布全国。

羊耳菊 *Inula cappa* (Buch.-Ham.) DC.

菊科 Compositae

旋覆花属 *Inula*

鉴别特征：亚灌木；根茎粗壮，多分枝；茎直立，粗壮，全部被污白色或浅褐色绢状或绵状密绒毛。叶多少开展，长圆形或长圆状披针形。头状花序倒卵圆形，多数密集于茎和枝端形成聚伞圆锥花序；被绢状密绒毛。小花长 4 ~ 5.5mm；边缘的小花舌片短小，有 3 ~ 4 裂片，或无舌片而有 4 个退化雄蕊；中央的小花管状，上部有三角卵圆形裂片。瘦果长圆柱形，被白色长绢毛。花期 6 ~ 10 月，果期 8 ~ 12 月。

分布：四川、云南、贵州、广西、广东、江西、福建、浙江等地。

假福王草 *Paraprenanthes sororia*（Miq.）Shih

菊科 Compositae

假福王草属 *Paraprenanthes*

鉴别特征：一年生草本，高50～150cm。茎直立，单生，上部圆锥状花序分枝，全部茎枝光滑无毛。基生叶花期枯萎；下部及中部茎叶大多羽状半裂或深裂或几全裂，边缘有大或小锯齿或重锯齿；全部叶两面无毛。头状花序多数，沿茎枝顶端排成圆锥状花序；舌状小花粉红色，约10枚。瘦果黑色，纺锤状。花果期5～8月。

分布：江苏、安徽、浙江、江西、福建、湖北、湖南、广东、广西、四川、贵州、西藏。

千里光 *Senecio scandens* Buch.-Ham. ex D. Don

菊科 Compositae

千里光属 *Senecio*

鉴别特征：多年生攀援草本，根茎木质。叶具柄，叶片卵状披针形至长三角形，顶端渐尖，基部宽楔形、截形、戟形或稀心形，通常具浅或深齿，稀全缘；上部叶变小，披针形或线状披针形，长渐尖。头状花序有舌状花，多数，在茎枝端排列成顶生复聚伞圆锥花序。舌状花8～10，舌片黄色，长圆形；管状花多数，花冠黄色，檐部漏斗状。瘦果圆柱形，被柔毛；冠毛白色。

分布：西藏、陕西、湖北、四川、贵州、云南、安徽、浙江、江西、福建、湖南、广东、广西、台湾等地。

金钮扣 *Spilanthes paniculata* Wall. ex DC.

菊科 Compositae

金钮扣属 *Spilanthes*

鉴别特征：一年生草本；茎多分枝，带紫红色，有明显的纵条纹，被短柔毛或近无毛。叶卵形、宽卵圆形或椭圆形，全缘，波状或具波状钝锯齿，侧脉细，2～3对，在下面稍明显，两面无毛或近无毛。头状花序单生，或圆锥状排列，卵圆形，有或无舌状花；总苞片约8个，2层，绿色，卵形或卵状长圆形，无毛或边缘有缘毛；花黄色，雌花舌状，舌片宽卵形或近圆形，顶端3浅裂；两性花花冠管状，有4～5个裂片。瘦果长圆形，稍扁压，暗褐色。花果期4月～11月。

分布：云南、广东、广西、台湾。

用途：全草供药用，但有小毒，用时应注意。

金腰箭 *Synedrella nodiflora*（L.）Gaertn.

菊科 Compositae

金腰箭属 *Synedrella*

鉴别特征：一年生草本；茎直立，高0.5～1m，二歧分枝，被贴生的粗毛或后脱毛。叶具柄，阔卵形至卵状披针形，近基三出主脉。头状花序常2～6簇生于叶腋，或在顶端成扁球状，稀单生；小花黄色；总苞卵形或长圆形；苞片数个，外层总苞片绿色，叶状，卵状长圆形或披针形，内层总苞片干膜质，鳞片状，长圆形至线形；舌状花舌片椭圆形。雌花瘦果倒卵状长圆形，扁平，深黑色；两性花瘦果倒锥形或倒卵状圆柱形，黑色。花期6～10月。

分布：我国东南至西南各地，东起台湾，西至云南。

万寿菊 *Tagetes erecta* L.

菊科 Compositae

万寿菊属 ***Tagetes***

鉴别特征： 一年生草本。叶羽状分裂，裂片长椭圆形或披针形，具锐齿，上部叶裂片齿端有长细芒，叶缘有少数腺体。头状花序单生，花序梗顶端棍棒状；总苞杯状，顶端具尖齿。舌状花黄或暗橙黄色，舌片倒卵形，基部成长爪，先端微弯缺；管状花花冠黄色，冠檐5齿裂。瘦果线形，被微毛；冠毛有1～2长芒和2～3短而钝鳞片。花期7～9月。

分布： 原产墨西哥，我国各地均有栽培。

用途： 观赏。

夜香牛 *Vernonia cinerea* (L.) Less.

菊科 Compositae

斑鸠菊属 ***Vernonia***

鉴别特征： 一年生或多年生草本；茎上部分枝，被灰色贴生柔毛，具腺。下部和中部叶具柄，菱状卵形、菱状长圆形或卵形，疏生具小尖头锯齿或波状，两面均有腺点。头状花序具19～23花，多数在枝端成伞房状圆锥花序；总苞钟状，4层，绿色或近紫色，背面被柔毛和腺；花淡红紫色。瘦果圆柱形，被密白色柔毛和腺点；冠毛白色，2层，外层多数而短，宿存。花期全年。

分布： 浙江、江西、福建、台湾、湖北、湖南、广东、广西、云南、四川等地。

用途： 全草入药。

南美蟛蜞菊 *Wedelia trilobata* (L.) Hitchc.

菊科 Asteraceeae

蟛蜞菊属 ***Wedelia***

鉴别特征：多年生草本，矮小，匍匐状，被短而压紧的毛。叶对生，矩圆状披针形，先端短尖或钝，基部狭而近无柄，叶型分单裂或三裂，边近全缘或有锯齿，主脉3条。头状花序，具长柄，腋生或顶生；总苞片2列，披针形或矩圆形，内列较小；花托扁平；边缘舌状花1列，雌性，黄色，10～12朵；中央管状花，两性，先端5裂齿。瘦果扁平。花期全年。

分布：原产美洲热带地区，我国各地有引种，然后逸生。

用途：园林绿化。

龙胆科

华南龙胆 *Gentiana loureirii* (G. Don) Griseb.

龙胆科 Gentianaceae

龙胆属 ***Gentiana***

鉴别特征：多年生草本；茎少数丛生，紫红色，直立，密被乳突，有少数分枝。基生叶缺无或发达，在花期不枯萎，莲座状，狭椭圆形，先端钝，边缘有不明显的软骨质，密生短睫毛，上面具细乳突；茎生叶疏离，远短于节间，椭圆形或椭圆状披针形。花数朵，单生于小枝顶端；花梗紫红色，密被乳突；花冠紫色，漏斗形，裂片卵形，边缘有不整齐不明显的细齿。蒴果倒卵形，先端圆形，有宽翅，两侧边缘有狭翅。花果期2～9月。

分布：福建、广东、广西、海南、湖南、江苏、江西、台湾、浙江。

报春花科

广西过路黄 *Lysimachia alfredii* Hance

报春花科 Primulaceae

珍珠菜属 *Lysimachia*

鉴别特征： 茎簇生，直立或有时基部倾卧生根，被褐色多细胞柔毛。叶对生，茎下部的较小，常呈圆形，上部茎叶较大，叶片卵形至卵状披针形，先端锐尖或钝，基部楔形或近圆形，边缘具缘毛，两面均被糙伏毛，密布黑色腺条和腺点；叶柄密被柔毛。总状花序顶生，缩短成近头状；苞片阔椭圆形或阔倒卵形；花萼裂片狭披针形，有黑色腺条；花冠黄色，裂片披针形，密布黑色腺条。蒴果近球形，褐色。花期 4～5 月；果期 6～8 月。

分布： 贵州、广西、广东、湖南、江西（南部）、福建（西南部）。

红根草 *Lysimachia fortunei* Maxim.

报春花科 Primulaceae

珍珠菜属 *Lysimachia*

鉴别特征： 多年生草本，全株无毛；具横走根茎。叶互生，近无柄；叶长圆状披针形、浅状披针形或窄椭圆形，长 4～11cm，先端渐尖或短渐尖；基部渐窄，两面均有黑色腺点，干后成粒状凸起。顶生总状花序，苞片披针形；花萼裂片卵状椭圆形，有黑色腺点；雄蕊内藏，花丝贴生花冠裂片下部，分离部分长约 1mm，花药卵圆形，背着，纵裂。蒴果球形。花期 6～8 月，果期 8～11 月。

分布： 华中、华南、华东各地。

用途： 药用。

白花丹科

白花丹 *Plumbago zeylanica* Linn.

白花丹科 Plumbaginaceae

白花丹属 *Plumbago*

鉴别特征：常绿亚灌木，多分枝，蔓状。叶卵形，先端渐尖，基部楔形，有时耳状。穗形总状花序具25～78花，被头状腺体，无毛；花冠白色或微带蓝色；雄蕊与花冠近等长，花药蓝色；子房椭圆形，具5棱，花柱无毛。蒴果长椭圆形，淡黄褐色；种子红褐色，先端尖。花期10月至次年3月，果期12月至次年4月。

分布：台湾、福建、广东、广西、贵州（南部）、重庆、云南、四川（西昌）。

用途：入药，治疗风湿跌打、筋骨疼痛、癣疥恶疮和蛇咬伤，并用以灭孑孓、蝇蛆。

车前科

车前 *Plantago asiatica* L.

车前科 Plantaginaceae

车前属 *Plantago*

鉴别特征：二年生或多年生草本，须根多数。叶基生呈莲座状，薄纸质或纸质，宽卵形或宽椭圆形，先端钝圆或急尖，基部宽楔形或近圆，多少下延，边缘波状、全缘或中部以下具齿。穗状花序3～10个，细圆柱状，紧密或稀疏，下部常间断，花冠白色，花冠筒与萼片近等长；雄蕊与花柱明显外伸，花药白色。蒴果纺锤状卵形、卵球形或圆锥状卵形。花期4～8月，果期6～9月。

分布：除西北外，遍布全国。

用途：全草和种子药用，有清热利尿作用。

桔梗科

金钱豹 *Campanumoea javanica* Bl.

桔梗科 Campanulaceae

金钱豹属 *Campanumoea*

鉴别特征: 草质缠绕藤本，具乳汁，具胡萝卜状根。茎无毛，多分枝。叶对生，极少互生，具长柄，叶片心形或心状卵形，边缘有浅锯齿，极少全缘的，无毛或有时背面疏生长毛。花单朵生叶腋，各部无毛，花萼与子房分离，5裂至近基部；花冠上位，白色或黄绿色，内面紫色，钟状，裂至中部；雄蕊5枚；柱头4～5裂，子房和蒴果5室。浆果黑紫色、紫红色，球状；种子不规则，常为短柱状，表面有网状纹饰。花期5～11月。

分布: 四川、贵州、湖北、湖南、广西、广东、江西、福建、浙江、安徽、台湾。

用途: 果实味甜，可食；根入药，有清热、镇静之效。

长叶轮钟草 *Campanumoea lancifolia* (Roxb.) Merr.

桔梗科 Campanulaceae

金钱豹属 *Campanumoea*

鉴别特征: 直立或蔓性草本，有乳汁，通常全部无毛。茎高可达3m，中空，分枝多而长。叶对生，偶有3枚轮生的，叶片卵形、卵状披针形至披针形，边缘具细尖齿，锯齿或圆齿。花通常单朵顶生兼腋生，有时3朵组成聚伞花序；花冠白色或淡红色，管状钟形，5～6裂至中部。浆果球状，熟时紫黑色；种子极多数，呈多角体。花期7～10月。

分布: 云南、四川、贵州、湖北、湖南、广西、广东、福建、台湾。

用途: 根药用，无毒，甘而微苦，有益气补虚、祛淤止痛之效。

半边莲 *Lobelia chinensis* Lour.

桔梗科 Campanulaceae

半边莲属 *Lobelia*

鉴别特征：多年生草本。叶互生，无柄或近无柄，椭圆状披针形至条形，全缘或顶部有明显的锯齿，无毛。花通常1朵，生分枝的上部叶腋；花萼筒倒长锥状，基部渐细而与花梗无明显区分，无毛，裂片披针形，约与萼筒等长，全缘或下部有1对小齿；花冠粉红色或白色，背面裂至基部，喉部以下生白色柔毛，裂片全部平展于下方，呈一个平面，2枚侧裂片披针形，较长，中间3枚裂片椭圆状披针形，较短。蒴果倒锥状；种子椭圆状，稍扁压，近肉色。花果期5～10月。

分布：长江中、下游及以南各地。

用途：全草可供药用。

线萼山梗菜 *Lobelia melliana* E. Wimm.

桔梗科 Campanulaceae

半边莲属 *Lobelia*

鉴别特征：叶多少镰状卵形至镰状披针形，叶边缘具睫毛状小齿。花萼裂片窄条形，长13～21mm，宽不足1mm，全缘，果期外展；花冠淡红色，长12～17mm。蒴果近球形，上举。

分布：广东、福建、江西、湖南、浙江。

用途：根、叶或带花全草入药。

铜锤玉带草 *Pratia nummularia* (Lam.) A. Br. et Aschers.

桔梗科 Campanulaceae

铜锤玉带属 *Pratia*

鉴别特征： 多年生草本，有白色乳汁。茎平卧，被开展的柔毛，不分枝或在基部有长或短的分枝，节上生根。叶互生，叶片圆卵形、心形或卵形，先端钝圆或急尖，基部斜心形，边缘有牙齿，两面疏生短柔毛，叶脉掌状至掌状羽脉。花单生叶腋；花萼筒坛状，花冠紫红色、淡紫色、绿色或黄白色。果为浆果，紫红色，椭圆状球形；种子多数，近圆球状，表面有小疣突。在热带地区整年可开花结果。

分布： 四川、广东、福建等地。

用途： 全草供药用。

紫草科

柔弱斑种草 *Bothriospermum tenellum* (Hornem.) Fisch. et Mey.

紫草科 Boraginaceae

斑种草属 *Bothriospermum*

鉴别特征： 一年生草本，高15～30cm。茎细弱，丛生，直立或平卧，多分枝，被向上贴伏的糙伏毛。叶椭圆形或狭椭圆形，被向上贴伏的糙伏毛或短硬毛。花序柔弱，细长；花冠蓝色或淡蓝色，裂片圆形。小坚果肾形，腹面具纵椭圆形的环状凹陷。花果期2～10月。

分布： 辽宁、福建、广东、四川等地。

基及树 *Carmona microphylla*（Lam.）G. Don

紫草科 Boraginaceae

基及树属 *Carmona*

鉴别特征：小乔木或灌木状，多分枝，幼枝疏被短硬毛。叶互生，簇生短枝；叶倒卵形或匙形，革质，先端骤尖或圆，基部渐窄楔形下延成短柄，上部叶缘具牙齿，两面疏被短硬毛。聚伞花序腋生或生于短枝；花萼5裂近基部，两面被毛；花冠钟状，白色或稍红色。核果近球形，内果皮骨质，具网状纹饰，种子4。花果期11月至次年4月。

分布：广东、海南、台湾。

用途：制作盆景。

小花琉璃草 *Cynoglossum lanceolatum* Forssk.

紫草科 Boraginaceae

琉璃草属 *Cynoglossum*

鉴别特征：多年生草本，高20～90cm。茎直立，由中部或下部分枝，分枝开展，密生基部具基盘的硬毛。基生叶及茎下部叶具柄，长圆状披针形，先端尖，基部渐狭，上面被具基盘的硬毛及稠密的伏毛，下面密生短柔毛；茎中部叶无柄或具短柄，披针形。花序顶生及腋生，分枝钝角叉状分开。小坚果卵球形，背面突，密生长短不等的锚状刺，边缘锚状刺基部不联合。花果期4～9月。

分布：福建、甘肃、广东、广西、贵州、海南、河南、湖南、江苏、江西、陕西、四川、台湾、云南、浙江。

用途：主治急性肾炎、月经不调，外用治痈肿疮毒及毒蛇咬伤。

长花厚壳树 *Ehretia longiflora* Champ. ex Benth.

紫草科 Boraginaceae

厚壳树属 *Ehretia*

鉴别特征：乔木；树皮深灰色至暗褐色，片状剥落；枝褐色，小枝紫褐色，均无毛。叶椭圆形、长圆形或长圆状倒披针形。聚伞花序生侧枝顶端，呈伞房状；花冠白色，筒状钟形，裂片卵形或椭圆状卵形。核果淡黄色或红色，核具棱，分裂成4个具单种子的分核。花期4月，果期6～7月。

分布：广西、广东、福建、台湾。

用途：嫩叶可代茶用。

茄科

鸳鸯茉莉 *Brunfelsia latifolia* Benth.

茄科 Solanaceae

鸳鸯茉莉属 *Brunfelsia*

鉴别特征：多年生常绿灌木；茎皮呈深褐色或灰白色，分枝力强，周皮纵裂。单叶互生，长披针形或椭圆形，先端渐尖，具短柄，纸质，叶缘略波皱。花单生或2～3朵簇生于叶腋，高脚碟状花，花冠五裂，花瓣锯齿明显；花初含苞待放时为蘑菇状、深紫色，初开时蓝紫色，以后渐成淡雪青色，最后变成白色，单花可开放3～5天。花香浓郁，香味也不同于普通的茉莉花香。

分布：华北、华南等地均有栽培。

用途：观赏。

夜香树 *Cestrum nocturnum* L.

茄科 Solanaceae

夜香树属 ***Cestrum***

鉴别特征: 直立或近攀援状灌木，高 2 ～ 3m，全体无毛；枝条细长而下垂。叶有短柄，叶片矩圆状卵形或矩圆状披针形，全缘。伞房式聚伞花序，腋生或顶生，疏散，有极多花；花绿白色至黄绿色，晚间极香。浆果矩圆状，有 1 颗种子；种子长卵状。

分布: 福建、广东、广西、云南有栽培。

用途: 可作园林绿化树种。

曼陀罗 *Datura stramonium* Linn.

茄科 Solanaceae

曼陀罗属 ***Datura***

鉴别特征: 草本或半灌木状，全体近于平滑或在幼嫩部分被短柔毛。茎粗壮，圆柱状，淡绿色或带紫色，下部木质化。叶广卵形，顶端渐尖，基部不对称楔形，边缘有不规则波状浅裂。花冠漏斗状，下半部带绿色，上部白色或淡紫色，檐部 5 浅裂。蒴果直立生，卵状，表面生有坚硬针刺或有时无刺而近平滑，成熟后淡黄色，规则 4 瓣裂。种子卵圆形，稍扁，黑色。花期 6 ～ 10 月，果期 7 ～ 11 月。

分布: 广布于世界各大洲，我国各地均有分布。

红丝线 *Lycianthes biflora* (Lour.) Bitter var. *biflora*

茄科 Solanaceae

红丝线属 *Lycianthes*

鉴别特征：灌木或亚灌木。上部叶常假双生，大小不相等；大叶片椭圆状卵形；小叶片宽卵形，两种叶均膜质，全缘。花序无柄，通常2～3朵，少4～5朵花着生于叶腋内；花冠淡紫色或白色，星形，顶端深5裂，裂片披针形。浆果球形，成熟果绯红色；种子多数，淡黄色，近卵形至近三角形，水平压扁，外面具凸起的网纹。花期5～8月，果期7～11月。

分布：云南、四川（南部）、广西、广东、江西、福建、台湾等地。

枸杞 *Lycium chinense* Mill.

茄科 Solanaceae

枸杞属 *Lycium*

鉴别特征：多分枝灌木；枝条细弱，弓状弯曲或俯垂，淡灰色，有纵条纹，有棘刺，生叶和花的棘刺较长，小枝顶端锐尖成棘刺状。叶纸质或栽培者质稍厚，单叶互生或2～4枚簇生，卵形、卵状菱形、长椭圆形、卵状披针形，顶端急尖，基部楔形。花在长枝上单生或双生于叶腋；花冠漏斗状，淡紫色，筒部向上骤然扩大。浆果红色，卵状，栽培者可呈长矩圆状或长椭圆状，顶端尖或钝；种子扁肾脏形，黄色。花果期6～11月。

分布：华中、华南、华东各地。

用途：果实（中药称枸杞子）药用功能与宁夏枸杞同。

碧冬茄 *Petunia hybrida* Vilm.

茄科 Solanaceae

碧冬茄属 *Petunia*

鉴别特征：一年生草本，植株被腺毛。叶卵形，先端渐尖，基部宽楔形或楔形，全缘，侧脉不显著，5～7对；具短柄或近无柄。花单生叶腋；花萼5深裂，裂片线形，先端钝，宿存；花冠白色或紫堇色，具条纹，漏斗状，长5～7cm，冠筒向上渐宽，冠檐开展，具折襞，5浅裂；雄蕊4长1短；花柱稍长于雄蕊。蒴果圆锥状，2瓣裂，裂瓣顶端2浅裂；种子近球形，褐色。

分布：我国南北城市公园中普遍栽培观赏。

用途：观赏。

苦蘵 *Physalis angulata* L.

茄科 Solanaceae

酸浆属 *Physalis*

鉴别特征：一年生草本，被疏短柔毛或近无毛；茎多分枝，分枝纤细。叶柄长1～5cm，叶片卵形至卵状椭圆形，顶端渐尖或急尖，基部阔楔形或楔形，全缘或有不等大的牙齿，两面近无毛。花冠淡黄色，喉部常有紫色斑纹；花药蓝紫色或有时黄色。果萼卵球状，薄纸质，浆果；种子圆盘状，长约2mm。花果期5～12月。

分布：华东、华中、华南、西南各地。

少花龙葵 *Solanum photeinocarpum* Nakamura et S. Odashima

茄科 Solanaceae

茄属 *Solanum*

鉴别特征： 纤弱草本。叶薄，卵形至卵状长圆形，先端渐尖，基部楔形下延至叶柄而成翅，叶缘近全缘，波状或有不规则的粗齿。花序近伞形，腋外生，纤细，具微柔毛，着生1～6朵花，花小，萼绿色；花冠白色，筒部隐于萼内。浆果球状，幼时绿色，成熟后黑色；种子近卵形，两侧压扁。几全年均开花结果。

分布： 广东、台湾等地。

用途： 叶可供蔬食，有清凉散热之功，并可兼治喉痛。

海桐叶白英 *Solanum pittosporifolium* Hemsl. var. *pittosporifolium*

茄科 Solanaceae

茄属 *Solanum*

鉴别特征： 无刺蔓生灌木，长达1m，植株光滑无毛；小枝纤细，具棱角。叶互生，披针形至卵圆状披针形，全缘，光滑无毛。聚伞花序腋外生，疏散；花冠白色，少数为紫色，先端深5裂，裂片长圆状披针形。浆果球状，成熟后红色；种子多数，扁平。花期6～8月，果期9～12月。

分布： 河北、安徽、浙江、江西、湖南、四川、贵州、云南、广西、广东等地。

牛茄子 *Solanum surattense* Burm. f.

茄科 Solanaceae

茄属 *Solanum*

鉴别特征: 直立草本至亚灌木；茎及小枝具淡黄色细直刺。叶阔卵形，先端短尖至渐尖，基部心形，5～7浅裂或半裂，裂片三角形或卵形，边缘浅波状。聚伞花序腋外生，短而少花，萼杯状，外面具细直刺及纤毛，先端5裂，花冠白色，筒部隐于萼内，冠檐5裂。浆果扁球状，初绿白色，成熟后橙红色，果柄具细直刺；种子干后扁而薄，边缘翅状。

分布: 云南、四川、贵州、广西、湖南、广东、海南等地。

用途: 果有毒，不可食，但色彩鲜艳，可供观赏。

水茄 *Solanum torvum* Swartz

茄科 Solanaceae

茄属 *Solanum*

鉴别特征: 灌木；小枝疏具基部宽扁的皮刺，皮刺淡黄色，基部疏被星状毛，尖端略弯曲。叶单生或双生，卵形至椭圆形，先端尖，基部心脏形或楔形，两边不相等。伞房花序腋外生，花梗被腺毛及星状毛；花白色；萼杯状，外面被星状毛及腺毛。浆果黄色，光滑无毛，圆球形，宿萼外面被稀疏的星状毛；种子盘状。全年均开花结果。

分布: 云南、广西、广东、台湾。

用途: 可明目；叶可治疮毒；嫩果煮熟可供蔬食。

旋花科

心萼薯 *Aniseia biflora*（L.）Choisy

旋花科 Convolvulaceae

心萼薯属 *Aniseia*

鉴别特征：攀援或缠绕草本；茎细长，有细棱，被灰白色倒向硬毛。叶心形或心状三角形，被长硬毛。花序腋生，通常着生2朵花，有时1朵或3朵；花冠白色，狭钟状，冠檐浅裂，裂片圆；花瓣中带被短柔毛。蒴果近球形，果瓣内面光亮；种子4，卵状三棱形。

分布：台湾、福建、江西、湖南、广东、广西、贵州、云南等地。

土丁桂 *Evolvulus alsinoides*（L.）L.

旋花科 Convolvulaceae

土丁桂属 *Evolvulus*

鉴别特征：多年生草本，平卧或上升。茎细长，被平伏柔毛。叶长圆形、椭圆形或匙形，先端钝具小尖头，基部圆或渐窄，两面疏被平伏柔毛，侧脉不明显；叶柄短或近无柄。花单生或几朵组成聚伞花序，花序梗丝状，被平伏毛。萼片披针形，被长柔毛；花冠幅状，蓝色或白色；雄蕊5，内藏。蒴果球形；种子4或较少，黑色，平滑。花期5～9月。

分布：湖南、江西、浙江、福建、广东、台湾等地。

用途：全草药用。

五爪金龙 *Ipomoea cairica*（L.）Sweet

旋花科 Convolvulaceae

番薯属 *Ipomoea*

鉴别特征：多年生缠绕草本，全体无毛，老时根上具块根。茎有时有小疣突。叶掌状 5 深裂或全裂，裂片卵状披针形、卵形或椭圆形，中裂片较大，两侧裂片稍小，全缘或不规则微波状，基部 1 对裂片通常再 2 裂；叶柄基部具小的掌状 5 裂的假托叶（腋生短枝的叶片）。聚伞花序腋生，具 1 ～ 3 朵花，或偶有 3 朵以上；花冠紫红色、紫色或淡红色，偶有白色，漏斗状。蒴果近球形，2 室，4 瓣裂；种子黑色，边缘被褐色柔毛。

分布：台湾、福建、广东、广西、云南。

用途：块根供药用，外敷热毒疮；叶治痈疮；果治跌打。

篱栏网 *Merremia hederacea*（Burm. f.）Hall. f.

旋花科 Convolvulaceae

鱼黄草属 *Merremia*

鉴别特征：缠绕或匍匐草本；茎细长，有细棱，无毛或疏生长硬毛。叶心状卵形，全缘或通常具不规则的粗齿或锐裂齿，有时为深或浅 3 裂，两面近于无毛或疏生微柔毛；叶柄细长，具小疣突。聚伞花序腋生，有 3 ～ 5 朵花，有时更多或偶为单生；花冠黄色，钟状。蒴果扁球形或宽圆锥形，4 瓣裂，果瓣有皱纹，内含种子 4 粒；种子三棱状球形，表面被锈色短柔毛。

分布：台湾、广东、海南、广西、江西、云南。

用途：全草及种子有消炎的作用。

茑萝松 *Quamoclit pennata* (Desr.) Boj.

旋花科 Convolvulaceae

茑萝属 ***Quamoclit***

鉴别特征：一年生柔弱缠绕草本，无毛。叶卵形或长圆形，羽状深裂至中脉，具 10 ～ 18 对线形至丝状的平展的细裂片；叶柄基部常具假托叶。花序腋生，由少数花组成聚伞花序；花直立，花柄较花萼长，在果时增厚成棒状；花冠高脚碟状，深红色，无毛，管柔弱，上部稍膨大，冠檐开展，直径 1.7 ～ 2cm，5 浅裂。蒴果卵形，4 室，4 瓣裂，隔膜宿存，透明；种子 4，卵状长圆形，黑褐色。

分布：我国广泛栽培。

用途：观赏。

玄参科

毛麝香 *Adenosma glutinosum* (L.) Druce

玄参科 Scrophulariaceae

毛麝香属 ***Adenosma***

鉴别特征：直立草本，密被毛。茎圆柱形，上部四方形，中空。叶对生，上部的多少互生；叶片披针状卵形至宽卵形，其形状、大小均多变异，先端锐尖，基部楔形至截形或亚心形，边缘具不整齐的齿，有时为重齿，两面被毛，并有稠密的黄色腺点。花单生叶腋或在茎、枝顶端集成较密的总状花序；花冠紫红色或蓝紫色，上唇卵圆形，先端截形至微凹，下唇 3 裂，有时偶有 4 裂。蒴果卵形，先端具喙，有 2 纵沟；种子矩圆形，褐色至棕色，有网纹。花果期 7 ～ 10 月。

分布：江西（南部）、福建、广东、广西、云南等地。

用途：全草药用。

白花泡桐 *Paulownia fortunei*（Seem.）Hemsl.

玄参科 Scrophulariaceae

泡桐属 ***Paulownia***

鉴别特征： 乔木，高达30m，树冠圆锥形，树皮灰褐色；幼枝、叶、花序各部和幼果均被黄褐色星状绒毛。叶片长卵状心脏形，有时为卵状心脏形，顶端长渐尖或锐尖头。小聚伞花序有花3～8朵，花冠管状漏斗形，白色仅背面稍带紫色或浅紫色。蒴果长圆形或长圆状椭圆形，果皮木质。花期3～4月，果期7～8月。

分布： 安徽、浙江、福建、台湾、江西、湖北、湖南、四川、云南、贵州、广东、广西，野生或栽培，在山东、河北、河南、陕西等地近年有引种。

用途： 根皮研细拌甜酒敷治肿毒，泡酒喝治气痛。

炮仗竹 *Russelia equisetiformis*

玄参科 Scrophulariaceae

炮仗竹属 ***Russelia***

鉴别特征： 直立灌木，高约1m；茎绿色，轮生，细长，具纵棱。叶小，对生或轮生，退化成披针形的小鳞片。聚伞圆锥花序，花红色，花冠长筒状，长约2cm。花期春、夏季。

分布： 广东、福建等地。

用途： 观赏。

紫斑蝴蝶草 *Torenia fordii* Hook. f.

玄参科 Scrophulariaceae

蝴蝶草属 *Torenia*

鉴别特征： 草本，全体被柔毛。叶片宽卵形至卵状三角形，上面疏被白色柔毛，边缘具三角状急尖的粗锯齿，先端略尖，基部突然收狭成宽楔形。总状花序顶生；苞片长卵形，边缘具缘毛；萼倒卵状纺锤形，具5翅，翅宽彼此不等，其中有2枚较宽，翅上被缘毛；花冠黄色，浅裂或微凹。蒴果圆柱状，两侧扁，具4槽。花果期7～10月。

分布： 广东、江西、湖南、福建等地。

兰猪耳 *Torenia fournieri* Linden

玄参科 Scrophulariaceae

蝴蝶草属 *Torenia*

鉴别特征： 一年生草本，株高15～30cm，株形整齐而紧密。方茎，分枝多，呈披散状。叶对生，卵形或卵状披针形，边缘有锯齿，叶柄长为叶长之半，秋季叶色变红。花腋生或顶生总状花序，唇形花冠，花萼膨大，萼筒上有5条棱状翼；花冠超出其萼齿部分长1～2.3cm，通常排列成总状花序，花色有紫青色、桃红色、蓝紫色、深桃红色及紫色等。种子小，黄色，圆球形或扁圆球形，表面有细小的凹窝。花果期6～12月。

分布： 我国南方常见栽培。

用途： 观赏。

爬岩红 *Veronicastrum axillare* (Sieb. et Zucc.) Yamazaki

玄参科 Scrophulariaceae

腹水草属 *Veronicastrum*

鉴别特征：根茎短而横走。茎弓曲，顶端着地生根，圆柱形，中上部有条棱，无毛或极少在棱处有疏毛。叶互生，叶片纸质，无毛，卵形至卵状披针形，边缘具偏斜的三角状锯齿。花序腋生，极少顶生于侧枝上；花冠紫色或紫红色。蒴果卵球状；种子矩圆状，有不甚明显的网纹。花期 7～9 月。

分布：江苏（南部）、安徽、浙江、江西、福建、广东、台湾。

用途：药用，对血吸虫病引起的腹水有一定疗效。

列当科

野菰 *Aeginetia indica* L.

列当科 Orobanchaceae

野菰属 *Aeginetia*

鉴别特征：一年生寄生草本。根稍肉质，具树状细小分枝。茎黄褐色或紫红色，不分枝或自近基部处有分枝，偶尔自中部以上分枝。叶肉红色，卵状披针形或披针形。花常单生茎端，稍俯垂；花梗粗壮，常直立，常具紫红色的条纹；花萼紫红色、黄色或黄白色，具紫红色条纹，先端急尖或渐尖，两面无毛；花冠带黏液，常与花萼同色。蒴果圆锥状或长卵球形，2 瓣开裂；种子多数，细小，椭圆形，黄色，种皮网状。花期 4～8 月，果期 8～10 月。

分布：广东、广西、四川等地。

用途：根和花可供药用。

苦苣苔科

椭圆线柱苣苔 *Rhynchotechum ellipticum* (Wall. ex D. F. N. Dietr.) A. DC.

苦苣苔科 Gesneriaceae

线柱苣苔属 ***Rhynchotechum***

鉴别特征：小灌木；茎顶部与叶柄密被贴伏褐色绒毛，下部变无毛，不分枝或分枝。叶对生，具柄；叶片厚纸质，椭圆形或长椭圆形，顶端急尖或短渐尖，基部宽楔形，边缘有小牙齿，平行侧脉每侧10～17条，中部以下的与中脉成钝角展出。聚伞花序2个或较多簇生叶腋，具梗，约3回分枝，有15朵或更多花。浆果白色，宽卵圆形，无毛。花期6～10月。

分布：西藏（墨脱）、广东。

紫葳科

黄花风铃木 *Handroanthus chrysanthus* (Jacq.) S.O.Grose

紫葳科 Bignoniaceae

风铃木属 ***Handroanthus***

鉴别特征：落叶乔木，树皮有深刻裂纹。叶对生，纸质有疏锯齿，掌状复叶，柄长，小叶4～5枚，五叶轮生，卵状椭圆形，全缘或疏齿缘，全叶被褐色细绒毛，先端尖，叶面粗糙。圆锥花序，顶生，花两性，萼筒管状，花冠金黄色，漏斗形，也像风铃状，5裂，花缘皱曲，但为两侧对称花，甜香，子房二室。蓇葖果，长条形向下开裂，有许多绒毛；种子具翅。先花后叶，春季3～4月间开花，花期较短，10～15天。

分布：我国仅适合热带、亚热带地区栽培。

用途：观赏。

蓝花楹 *Jacaranda mimosifolia* D. Don

紫葳科 Bignoniaceae

蓝花楹属 *Jacaranda*

鉴别特征： 乔木。叶对生，为2回羽状复叶，羽片通常在16对以上，每1羽片有小叶16～24对；小叶椭圆状披针形至椭圆状菱形，顶端急尖，基部楔形，全缘。花蓝色，花序长达30cm；花冠筒细长，蓝色，下部微弯，上部膨大。蒴果木质，扁卵圆形，中部较厚，四周逐渐变薄，不平展。花期5～6月。

分布： 广东、海南、广西、福建、云南（西双版纳），栽培供庭园观赏。

用途： 木材黄白色至灰色，质软而轻，纹理通直，容易加工，可作家具用材。

吊灯树 *Kigelia africana*（Lam.）Benth.

紫葳科 Bignoniaceae

吊灯树属 *Kigelia*

鉴别特征： 乔木。奇数羽状复叶交互对生或轮生；小叶7～9枚，长圆形或倒卵形，顶端急尖，基部楔形，全缘，叶面光滑，亮绿色，背面淡绿色，被微柔毛，近革质，羽状脉明显。圆锥花序生于小枝顶端，花序轴下垂，长50～100cm；花稀疏，6～10朵；花冠橘黄色或褐红色，裂片卵圆形，上唇2片较小，下唇3片较大，开展，花冠筒外面具凸起纵肋。果下垂，圆柱形，坚硬，肥硕，不开裂，果柄长8cm；种子多数，无翅，镶于木质的果肉内。

分布： 广东、海南、福建（厦门）、台湾、云南（西双版纳）均有栽培。

用途： 观赏；果肉可食；树皮入药可治皮肤病。

炮仗花 *Pyrostegia venusta* (Ker-Gawl.) Miers

紫葳科 Bignoniaceae

炮仗藤属 *Pyrostegia*

鉴别特征：藤本；小枝顶端具3叉丝状卷须。叶对生，小叶2～3，卵形，先端渐尖，基部近圆，两面无毛，下面疏生细小腺穴，全缘。圆锥花序生于侧枝顶端；花萼钟状；花冠筒状，橙红色，裂片5，长椭圆形，花蕾时镊合状排列，花后反折，边缘有被白色柔毛。果瓣革质，舟状；种子多列，种翅薄膜质。花期1～6月。

分布：我国各地广泛栽培。

用途：观赏。

火焰树 *Spathodea campanulata* Beauv.

紫葳科 Bignoniaceae

火焰树属 *Spathodea*

鉴别特征：乔木。奇数羽状复叶，对生；叶片椭圆形至倒卵形，顶端渐尖，基部圆形，全缘，背面脉上被柔毛，基部具2～3条脉；叶柄短，被微柔毛。伞房状总状花序，顶生，密集；花序轴具有明显的皮孔；花萼佛焰苞状，外面被短绒毛，顶端外弯并开裂，基部全缘；花冠一侧膨大，基部紧缩成细筒状，橘红色，具紫红色斑点，内面有凸起条纹，裂片5，阔卵形，不等大，具纵褶纹，外面橘红色，内面橘黄色。蒴果黑褐色；种子具周翅，近圆形。花期4～5月。

分布：广东、福建、台湾、云南（西双版纳）均有栽培。

用途：观赏。

爵床科

穿心莲 *Andrographis paniculata* (Burm. f.) Nees

爵床科 Acanthaceae

穿心莲属 ***Andrographis***

鉴别特征： 一年生草本；茎4棱，下部多分枝，节膨大。叶卵状矩圆形至矩圆状披针形，顶端略钝。花序轴上叶较小，总状花序顶生和腋生，集成大型圆锥花序；苞片和小苞片微小，长约1mm；花萼裂片三角状披针形，有腺毛和微毛；花冠白色而小，下唇带紫色斑纹，外有腺毛和短柔毛，二唇形，上唇微2裂，下唇3深裂，花冠筒与唇瓣等。蒴果扁，中有一沟，疏生腺毛；种子12粒，四方形，有皱纹。

分布： 福建、广东、海南、广西、云南常见栽培，江苏、陕西亦有引种。

用途： 茎、叶极苦，有清热解毒之效。

虾衣花 *Calliaspidia guttata* (Brandegee) Bremek.

爵床科 Acanthaceae

麒麟吐珠属 ***Calliaspidia***

鉴别特征： 多分枝的草本；茎圆柱状，被短硬毛。叶卵形，顶端短渐尖，基部渐狭而成细柄，全缘，两面被短硬毛。穗状花序紧密，稍弯垂，长6～9cm；苞片砖红色，被短柔毛；萼白色，长约为冠管的1/4；花冠白色，在喉凸上有红色斑点，长3.2cm，伸出苞片之外，冠檐深裂至中部，被短柔毛。蒴果未见。

分布： 我国南部。

用途： 观赏。

黄猄草 *Championella tetrasperma*（Champ. ex Benth.）Bremek.

爵床科 Acanthaceae

黄猄草属 *Championella*

鉴别特征：直立或匍匐草本；茎细瘦，近无毛。叶纸质，卵形或近椭圆形，顶端钝，基部渐狭或稍收缩，边缘具圆齿，穗状花序短而紧密，通常仅有花数朵；苞片叶状，倒卵形或匙形；花萼5裂；花冠淡红色或淡紫色，外面被短柔毛，内有长柔毛。蒴果顶部被柔毛。花期为秋季。

分布：广东、香港、海南、广西等地。

狗肝菜 *Dicliptera chinensis*（L.）Juss.

爵床科 Acanthaceae

狗肝菜属 *Dicliptera*

鉴别特征：草本，高30～80cm；茎外倾或上升，具6条钝棱和浅沟，节常膨大膝曲状，近无毛或节处被疏柔毛。叶卵状椭圆形，纸质，绿深色，近无毛或背面脉上被疏柔毛。花序腋生或顶生，由3～4个聚伞花序组成，每个聚伞花序有1至少数花；花冠淡紫红色，被柔毛，二唇形，上唇阔卵状近圆形，有紫红色斑点，下唇长圆形，3浅裂。蒴果被柔毛，开裂时由蒴底弹起，具种子4粒。

分布：福建、台湾、广东、广西、香港、澳门、云南、贵州、四川。

用途：可药用，清热解毒、生津利尿。

小驳骨 *Gendarussa vulgaris* Nees

爵床科 Acanthaceae

驳骨草属 *Gendarussa*

鉴别特征: 多年生草本或亚灌木，直立，无毛，高约 1m；茎圆柱形，节膨大，枝多数，对生，嫩枝常深紫色。叶纸质，狭披针形至披针状线形，全缘。穗状花序顶生，下部间断，上部密花；花冠白色或粉红色，上唇长圆状卵形，下唇浅 3 裂。蒴果长 1.2cm，无毛。花期春季。

分布: 台湾、福建、广东、香港、海南、广西、云南。

用途: 茎叶煎水，趁热洗涤筋骨患处，闻有舒筋活络之效。

爵床 *Rostellularia procumbens*（L.）Nees var. *procumbens*

爵床科 Acanthaceae

爵床属 *Rostellularia*

鉴别特征: 草本，高20～50cm。叶椭圆形至椭圆状长圆形，先端锐尖或钝，基部宽楔形或近圆形，两面常被短硬毛。穗状花序顶生或生上部叶腋；花冠粉红色。蒴果上部具 4 粒种子，下部实心似柄状；种子表面有瘤状皱纹。

分布: 秦岭以南，东至江苏、台湾，南至广东，海拔 1500m 以下；西南至云南、西藏（吉隆），海拔 2200 ～ 2400m。

用途: 全草入药，治腰背痛、创伤等。

黄脉爵床 *Sanchezia nobilis* Hook. f.

爵床科 Acanthaceae

黄脉爵床属 *Sanchezia*

鉴别特征：灌木。叶长圆形或倒卵形，先端渐尖或尾尖，基部楔形或宽楔形，下延，边缘有波状圆齿，侧脉每边 7 ～ 12 条；叶柄长 1 ～ 2.5cm。顶生穗状花序小，苞片大，长 1.5cm；花萼长 2.2cm，花冠长 5cm，花冠筒长 4.5cm，冠檐裂片长 5 ～ 6mm；发育雄蕊花丝细长，伸出冠外，疏被长柔毛，花药密被白色毛，背着，基部稍叉开；花柱细长，柱头伸出，高于花药。

分布：广东、海南、香港、云南等地植物园有栽培。

马鞭草科

紫珠 *Callicarpa bodinieri* Levl.

马鞭草科 Verbenaceae

紫珠属 *Callicarpa*

鉴别特征：灌木；小枝、叶和花序均被粗糠状星状毛及暗红色或红色腺点。叶片卵状长椭圆形至椭圆形，顶端长渐尖，基部楔形，具细锯齿，两面有柔毛。聚伞花序 4 ～ 5 次分歧，花萼萼齿钝三角形，花冠紫色。果实球形，熟时紫色，无毛。花期 6 ～ 7 月，果期 8 ～ 11 月。

分布：河南、江苏、安徽、浙江、江西、湖南、湖北、广东、广西、四川、贵州、云南。

用途：根或全株入药。

杜虹花 *Callicarpa formosana* Rolfe

马鞭草科 Verbenaceae

紫珠属 *Callicarpa*

鉴别特征： 灌木；小枝、叶柄和花序均密被灰黄色星状毛和分枝绒毛。叶片卵状椭圆形或椭圆形，顶端通常渐尖，基部钝或浑圆，边缘有细锯齿，表面被短硬毛，稍粗糙，背面被灰黄色星状毛和细小黄色腺点。聚伞花序；苞片细小；花萼杯状，被灰黄色星状毛，萼齿钝三角形；花冠紫色或淡紫色，无毛，裂片钝圆。果实近球形，紫色，径约2mm。花期5～7月，果期8～11月。

分布： 江西（南部）、浙江（东南部）、台湾、福建、广东、广西、云南（东南部）。

用途： 叶入药。

枇杷叶紫珠 *Callicarpa kochiana* Makino

马鞭草科 Verbenaceae

紫珠属 *Callicarpa*

鉴别特征： 灌木；小枝、叶柄及花序密被黄褐色分枝绒毛。叶长椭圆形、卵状椭圆形或长椭圆状披针形，具细锯齿，上面脉被毛，下面密被黄褐色星状毛及分枝绒毛，两面被不明显淡黄色腺点。聚伞花序；花近无梗；花萼管状，被绒毛；花冠淡红色或紫红色，裂片密被绒毛；雄蕊伸出花冠，药室纵裂。核果或浆果状，球形，为宿萼全包。花期7～8月，果期9～12月。

分布： 台湾、福建、广东、浙江、江西、湖南、河南（南部）。

用途： 根治慢性风湿性关节炎及肌肉风湿症；叶可作外伤止血药，并治风寒咳嗽、头痛，也可提取芳香油。

兰香草 *Caryopteris incana* (Thunb.) Miq. var. *incana*

马鞭草科 Verbenaceae

莸属 *Caryopteris*

鉴别特征：亚灌木；幼枝被灰白色短柔毛，后脱落。叶披针形、卵形或长圆形，具粗齿，两面被黄色腺点及柔毛。伞房状聚伞花序密集，无苞片及小苞片；花萼杯状，被柔毛；花冠淡蓝或淡紫色，被柔毛。蒴果倒卵状球形，被粗毛，果瓣具宽翅。花果期6～10月。

分布：江苏、安徽、浙江、江西、湖南、湖北、福建、广东、广西。

用途：全草药用。

灰毛大青 *Clerodendrum canescens* Wall.

马鞭草科 Verbenaceae

大青属 *Clerodendrum*

鉴别特征：灌木；幼枝稍四棱，密被长柔毛。叶心形或宽卵形，具齿，两面被长柔毛。聚伞花序密集成头状，常2～5枝顶生；苞片卵形或椭圆形；花萼具5棱，疏被腺点，5深裂，裂片卵形或宽卵形，边缘重叠；花冠白色或淡红色，被柔毛。核果近球形，绿色，成熟时深蓝色或黑色，藏于红色增大的宿萼内。花果期4～10月。

分布：浙江、江西、湖南、福建、台湾、广东、广西、四川、贵州、云南。

用途：用全草治毒疮、风湿病，有退热止痛的功效。

大青 *Clerodendrum cyrtophyllum* Turcz. var. *cyrtophyllum*

马鞭草科 Verbenaceae

大青属 *Clerodendrum*

鉴别特征：灌木或小乔木，高 1 ～ 10m；幼枝被短柔毛，枝黄褐色，髓坚实。叶片纸质，椭圆形、卵状椭圆形、长圆形或长圆状披针形，背面常有腺点。伞房状聚伞花序，生于枝顶或叶腋；花小，有橘香味；花冠白色，外面疏生细毛和腺点，顶端 5 裂，裂片卵形。果实球形或倒卵形，绿色，成熟时蓝紫色，为红色的宿萼所托。花果期 6 月至次年 2 月。

分布：华南、西南（四川除外）各地。

用途：根、叶有清热、泻火、利尿、凉血、解毒的功效。

白花灯笼 *Clerodendrum fortunatum* L.

马鞭草科 Verbenaceae

大青属 *Clerodendrum*

鉴别特征：灌木；小枝、叶柄、花序梗及苞片密被黄褐色柔毛。叶长椭圆形或倒卵状披针形，先端渐尖，基部楔形，全缘或波状，下面密被黄色腺点，沿脉被柔毛。聚伞花序腋生，具花 3 ～ 9 朵；苞片线形；花萼紫红色，具 5 棱，膨大，疏被柔毛，5 深裂，裂片宽卵形；花冠淡红色或白色带紫色，被毛，裂片长圆形。核果近球形，深蓝绿色，为宿萼所包。花果期 6 ～ 11 月。

分布：产江西（南部）、福建、广东、广西，其他各地温室有栽培。

用途：根或全株入药。

苦郎树 *Clerodendrum inerme*（L.）Gaertn.

马鞭草科 Verbenaceae

大青属 *Clerodendrum*

鉴别特征：攀援状灌木，高可达2m；根、茎、叶有苦味；幼枝四棱形，黄灰色，被短柔毛；小枝髓坚实。叶对生，薄革质，卵形、椭圆形或椭圆状披针形、卵状披针形，常略反卷，两面都散生黄色细小腺点。聚伞花序通常由3朵花组成，少为2次分歧，着生于叶腋或枝顶叶腋；花很香；花冠白色，顶端5裂，裂片长椭圆形。核果倒卵形，多汁液，外果皮黄灰色，花萼宿存。花果期3～12月。

分布：福建、台湾、广东、广西。

用途：可为沿海防沙造林树种；木材可做火柴棒；根入药，有清热解毒、散淤除湿、舒筋活络的功效；枝叶有毒。

赪桐 *Clerodendrum japonicum*（Thunb.）Sweet

马鞭草科 Verbenaceae

大青属 *Clerodendrum*

鉴别特征：灌木；小枝被柔毛或近无毛。叶心形，先端尖，基部心形，疏生尖齿，上面疏被柔毛，脉基被较密锈色柔毛，下面密被锈黄色盾状腺体；叶柄密被黄褐色柔毛。圆锥状二歧聚伞花序，长15～34cm；苞片宽卵形或线状披针形，小苞片线形；花萼红色，疏被柔毛及盾状腺体；花冠红色，稀白色，裂片长圆形。核果近球形，蓝黑色，宿萼裂片反折呈星状。花果期5～11月。

分布：江苏、浙江（南部）、江西（南部）、湖南、福建、台湾、广东、广西、四川、贵州、云南。

用途：全株药用。

臭茉莉 *Clerodendrum philippinum* Schauer var. *simplex* Moldenke

马鞭草科 Verbenaceae

大青属 *Clerodendrum*

鉴别特征: 灌木；小枝钝四棱形或近圆形，幼枝被柔毛。叶片宽卵形或近于心形，顶端渐尖，基部截形、宽楔形或浅心形，边缘疏生粗齿，两表面有毛，沿脉更密或有时两面毛较少，基部三出脉，脉腋有数个盘状腺体，叶片揉之有臭味；叶柄被短柔毛，有时密似绒毛。伞房状聚伞花序紧密，顶生；花萼钟状，被短柔毛和少数疣状或盘状腺体；花冠红色、淡红色或白色，有香味，花冠管短，裂片卵圆形，雄蕊常变成花瓣而使花成重瓣。

分布: 福建、台湾、广东、广西、云南，多栽培。

用途: 根药用，主治风湿；观赏。

龙吐珠 *Clerodendrum thomsonae* Balf.

马鞭草科 Verbenaceae

大青属 *Clerodendrum*

鉴别特征: 攀援状灌木；幼枝四棱形，被黄褐色短绒毛，老时无毛，小枝髓部嫩时疏松，老后中空。叶片纸质，狭卵形或卵状长圆形，顶端渐尖，基部近圆形，全缘，表面被小疣毛，略粗糙，近无毛，基脉三出。聚伞花序腋生或假顶生，二歧分枝；花萼白色，基部合生，中部膨大，有5棱脊，顶端5深裂，外被细毛，裂片三角状卵形，顶端渐尖；花冠深红色，外被细腺毛。核果近球形，内有2～4分核，外果皮光亮，棕黑色；宿存萼不增大，红紫色。花期3～5月。

分布: 原产西非，我国各地温室栽培。

用途: 观赏。

马缨丹 *Lantana camara* L.

马鞭草科 Verbenaceae

马缨丹属 *Lantana*

鉴别特征：直立或蔓性的灌木，有时藤状；茎枝均呈四方形，有短柔毛，通常有短而倒钩状刺。单叶对生，揉烂后有强烈的气味，叶片卵形至卵状长圆形，边缘有钝齿，表面有粗糙的皱纹和短柔毛，背面有小刚毛。花冠黄色或橙黄色，开花后不久转为深红色。果圆球形，成熟时紫黑色。全年开花。

分布：原产美洲热带地区，现在我国台湾、福建、广东、广西见有逸生。

用途：花美丽，我国各地庭园常栽培供观赏；根、叶、花作药用，有清热解毒、散结止痛、祛风止痒的功效。

豆腐柴 *Premna microphylla* Turcz.

马鞭草科 Verbenaceae

豆腐柴属 *Premna*

鉴别特征：直立灌木；幼枝有柔毛，老枝变无毛。叶揉之有臭味，卵状披针形、椭圆形、卵形或倒卵形，顶端急尖至长渐尖，全缘至有不规则粗齿，无毛至有短柔毛。聚伞花序组成顶生塔形的圆锥花序；花萼杯状，绿色，有时带紫色，密被毛至几无毛，但边缘常有睫毛，近整齐的5浅裂；花冠淡黄色，外有柔毛和腺点，花冠内部有柔毛，以喉部较密。核果紫色，球形至倒卵形。花果期5～10月。

分布：广东、福建、四川、贵州、云南、江西、河南等地。

用途：叶可制豆腐；根、茎、叶入药。

柚木 *Tectona grandis* L. f.

马鞭草科 Verbenaceae

柚木属 ***Tectona***

鉴别特征: 大乔木；小枝被灰黄色或灰褐色星状绒毛。叶卵状椭圆形或倒卵形，长 15 ～ 45（70）cm，先端钝或渐尖，基部楔形下延，上面粗糙，下面密被灰褐色或黄褐色星状绒毛，侧脉 7 ～ 12 对；叶柄粗，长 2 ～ 4cm。花序长 25 ～ 40cm；花有香味，花萼筒被白色星状绒毛；花冠白色，裂片被毛及腺点。果球形，深褐色，被细绒毛。花期 8 月，果期 10 月。

分布: 云南、广东、广西、福建、台湾等地普遍引种。

用途: 世界著名的木材之一，质坚硬，易施工，适于造船、车辆和家具，建筑，雕刻之用；木屑浸水可治皮肤病或煎水治咳嗽；花和种子利尿。

黄荆 *Vitex negundo* L.

马鞭草科 Verbenaceae

牡荆属 ***Vitex***

鉴别特征: 小乔木或灌木；小枝四棱形，密被灰白色绒毛。掌状复叶，小叶 5 片，少有 3 片；小叶长圆状披针形或披针形，全缘或每边有少数粗锯齿，下面密被绒毛。若具 5 片小叶时，中间 3 片小叶有柄，最外侧的 2 片小叶无柄或近于无柄。聚伞圆锥花序顶生，花序梗密被灰色绒毛；花萼钟状，顶端有 5 裂齿；花冠淡紫色，被绒毛，顶端 5 裂，二唇形。核果近球形；宿萼接近果实的长度。花期 4 ～ 5 月，果期 6 ～ 10 月。

分布: 长江以南各地，北达秦岭淮河。

用途: 茎皮可造纸；茎叶治久痢；种子为清凉性镇静、镇痛药；根可以驱烧虫；花和枝叶可提取芳香油。

唇形科

风轮菜 *Clinopodium chinense* (Benth.) O. Ktze.

唇形科 Labiatae

风轮菜属 *Clinopodium*

鉴别特征：多年生草本；茎基部匍匐生根，四棱形，具细条纹，密被短柔毛及腺微柔毛。叶卵圆形，不偏斜，先端急尖或钝，基部圆形呈阔楔形，边缘具大小均匀的圆齿状锯齿，坚纸质，上面榄绿色，密被平伏短硬毛，下面灰白色，被疏柔毛。轮伞花序多花密集，半球状；花萼狭管状，常染紫红色；花冠紫红色。小坚果倒卵形，黄褐色。花期5～8月，果期8～10月。

分布：广东、广西等地。

五彩苏 *Coleus scutellarioides* (L.) Benth.

唇形科 Labiatae

鞘蕊花属 *Coleus*

鉴别特征：草本；茎分枝，带紫色，被微柔毛。叶卵形，先端钝或短渐尖，基部宽楔形或圆，具圆齿状锯齿或圆齿，黄色、深红色、紫色及绿色，两面被微柔毛，下面疏被红褐色腺点。轮伞花序具多花，组成圆锥花序，被微柔毛；花萼钟形，10脉，被细糙硬毛及腺点，上唇中裂片宽卵形，果时反折，与下唇2裂片等长或较长，侧裂片卵形，下唇长方形，裂片靠合；花冠紫或蓝色，被微柔毛，上唇直伸，下唇舟形。小坚果褐色，宽卵球形或球形，扁。花期7月。

分布：我国各地园圃普遍栽培。

用途：观赏。

紫花香薷 *Elsholtzia argyi* Levl.

唇形科 Labiatae

香薷属 *Elsholtzia*

鉴别特征：草本，高 0.5 ～ 1m。茎四棱形，具槽，紫色，槽内被疏生或密集的白色短柔毛。叶卵形至阔卵形，被疏柔毛。穗状花序生于茎、枝顶端，由具 8 花的轮伞花序组成；花冠玫瑰红紫色，外面被白色柔毛，在上部具腺点。小坚果长圆形，深棕色，外面具细微疣突。花果期 9 ～ 11 月。

分布：浙江、江苏、安徽、福建、江西、广东、广西、湖南、湖北、四川、贵州。

活血丹 *Glechoma longituba*（Nakai）Kupr

唇形科 Labiatae

活血丹属 *Glechoma*

鉴别特征：多年生草本，具匍匐茎，上升，逐节生根。茎高 10 ～ 30cm，四棱形，基部通常呈淡紫红色，几无毛，幼嫩部分被疏长柔毛。叶草质，下部者较小，心形或近肾形；上部者较大，心形。轮伞花序通常 2 花，稀具 4 ～ 6 花；花冠淡蓝色、蓝色至紫色，下唇具深色斑点，冠筒直立，上部渐膨大成钟形。成熟小坚果深褐色，长圆状卵形，顶端圆，基部略呈三棱形，无毛。花期 4 ～ 5 月，果期 5 ～ 6 月。

分布：除青海、甘肃、新疆及西藏外，全国各地均产。

用途：全草或茎叶入药，治膀胱结石或尿路结石有效，外敷治跌打损伤、骨折、外伤出血、疮疖痈肿、丹毒、风癣，内服治伤风咳嗽、流感、吐血、咯血、小儿支气管炎、口疮、胎毒、惊风、肺结核、糖尿病及风湿关节炎等症。

益母草 *Leonurus artemisia*（Laur.）S. Y. Hu

唇形科 Labiatae

益母草属 *Leonurus*

鉴别特征：一年生或二年生草本，有于其上密生须根的主根。茎直立，钝四棱形，微具槽，有倒向糙伏毛。叶轮廓变化很大，茎下部叶轮廓为卵形，基部宽楔形，掌状3裂，裂片呈长圆状菱形至卵圆形；茎中部叶轮廓为菱形，较小。轮伞花序腋生，轮廓为圆球形，多数远离而组成长穗状花序；花冠粉红色至淡紫红色。小坚果长圆状三棱形，基部楔形，淡褐色，光滑。花期通常在6～9月，果期9～10月。

分布：全国各地。

用途：全草入药，有效成分为益母草素。

石荠苎 *Mosla scabra*（Thunb.）C. Y. Wu et H. W. Li

唇形科 Labiatae

石荠苎属 *Mosla*

鉴别特征：一年生草本；茎、枝均四棱形，具细条纹，密被短柔毛。叶卵形或卵状披针形，先端急尖或钝，基部圆形或宽楔形，边缘近基部全缘，自基部以上为锯齿状，纸质，上面榄绿色，被灰色微柔毛，下面灰白色，密布凹陷腺点。总状花序生于主茎及侧枝上；花萼钟形，花冠粉红色，冠筒向上渐扩大，冠檐二唇形。小坚果黄褐色，球形，具深雕纹。花期5～11月，果期9～11月。

分布：广东、广西等地。

用途：民间用全草入药。

显脉香茶菜 *Rabdosia nervosa*（Hemsl.）C. Y. Wu et H. W. Li

唇形科 Labiatae

香茶菜属 *Rabdosia*

鉴别特征：多年生草本，高达1m；根茎稍增大呈结节块状，其上生出细根和多数纤细须根。茎直立，四棱形，明显具槽。叶交互对生，披针形至狭披针形，边缘有具胼胝尖的粗浅齿，薄纸质。聚伞花序3～15花，于茎顶组成疏散的圆锥花序；花萼紫色，钟形；花冠蓝色；花盘盘状。小坚果卵圆形。花期7～10月，果期8～11月。

分布：陕西、河南、湖北、江苏、浙江、安徽、江西、广东、广西、贵州、四川。

用途：茎叶入药，治急性传染性肝炎、毒蛇咬伤、脓疱疮、湿疹及皮肤瘙痒等症。

溪黄草 *Rabdosia serra*（Maxim.）Hara

唇形科 Labiatae

香茶菜属 *Rabdosia*

鉴别特征：多年生草本；根茎肥大，有时呈疙瘩状，向下密生纤细的须根。茎直立，钝四棱形，有细条纹，带紫色；上部多分枝。茎叶对生，卵圆形或卵圆状披针形或披针形，先端近渐尖，基部楔形，边缘具粗大内弯的锯齿，草质，上面暗绿色，下面淡绿色，两面仅脉上密被微柔毛，散布淡黄色腺点，叶柄上部具渐宽大的翅。圆锥花序生于茎及分枝顶上，花萼钟形；花冠紫色。成熟小坚果阔卵圆形，顶端圆，具腺点及白色髯毛。花果期8～9月。

分布：黑龙江、吉林、辽宁、山西、河南、陕西、甘肃、四川、贵州、广西、广东、湖南、江西、安徽、浙江、江苏、台湾。

用途：全草入药，治急性肝炎、急性胆囊炎、跌打淤肿等症。

一串红 *Salvia splendens* Ker-Gawl.

唇形科 Labiatae

鼠尾草属 *Salvia*

鉴别特征: 亚灌木状草本；茎钝四棱形，具浅槽，无毛。叶卵圆形，边缘具锯齿，两面无毛，下面具腺点。轮伞花序 2 ～ 6 花，组成顶生总状花序；苞片卵圆形，红色，大，在花开前包裹着花蕾；花萼钟形，红色，二唇形，上唇三角状卵圆形，下唇比上唇略长，深 2 裂，裂片三角形，先端渐尖；花冠红色，外被微柔毛，内面无毛。小坚果椭圆形，暗褐色，顶端具不规则极少数的皱褶凸起，边缘或棱具狭翅，光滑。花期 3 ～ 10 月。

分布: 原产巴西，我国各地庭园中广泛栽培。

用途: 观赏。

韩信草 *Scutellaria indica* L.

唇形科 Labiatae

黄芩属 *Scutellaria*

鉴别特征: 多年生草本；根茎短，向下生出多数簇生的纤维状根，向上生出 1 至多数茎。茎上升直立，四棱形，通常带暗紫色。叶草质至近坚纸质，心状卵圆形或圆状卵圆形至椭圆形，边缘密生整齐圆齿，两面被微柔毛或糙伏毛，尤以下面为甚。花对生，总状花序；花冠蓝紫色，外疏被微柔毛，内面仅唇片被短柔毛；冠檐二唇形，上唇盔状，下唇中裂片圆状卵圆形，具深紫色斑点，两侧裂片卵圆形。成熟小坚果栗色或暗褐色，卵形，具瘤，腹面近基部具一果脐。花果期2～6月。

分布: 江苏、浙江、安徽、江西、福建、台湾、广东、广西、湖南、河南、陕西、贵州、四川、云南等地。

血见愁 *Teucrium viscidum* Bl.

唇形科 Labiatae

香科科属 *Teucrium*

鉴别特征：多年生草本；茎下部无毛或近无毛，上部被腺毛及柔毛。叶卵形或卵状长圆形，具重圆齿，两面近无毛或疏被柔毛。轮伞花序具2花，密集成穗状花序，苞片披针形；花萼钟形；花冠白色、淡红色或淡紫色，中裂片圆形，侧裂片卵状三角形；子房顶端被泡状毛。小坚果扁球形，黄褐色。花期长江流域7～9月，广东及云南（南部）6～11月。

分布：江苏（南部）、浙江、福建、台湾、江西、湖南、广东、广西、云南、四川（西南部）、西藏（东南部）。

用途：全草入药。

泽泻科

大花皇冠 *Echinodorus grandiflorus*

泽泻科 Alismataceae

泽泻属 *Echinodorus*

鉴别特征：多年生，稀一年生，沼生或水生草本；具根茎、匍匐茎、球茎、珠芽。叶基生，直立，挺水、浮水或沉水；叶片条形、披针形、卵形、椭圆形或箭形，全缘。总状、圆锥状或呈圆锥状聚伞花序，稀1～3花单生或散生；花两性、单性或杂性，辐射对称；花被片6枚，排成2轮，覆瓦状。瘦果两侧压扁，或为小坚果；种子通常褐色、深紫色或紫色。

分布：云南（腾冲）、四川、贵州、广西、广东、台湾、江西、湖北、江苏、安徽、浙江、河南、陕西。

用途：全草供药用，能清热、解毒、利尿，治疮毒、湿疹、喉炎。

鸭跖草科

鸭跖草 *Commelina communis*

鸭跖草科 Commelinaceae

鸭跖草属 *Commelina*

鉴别特征：一年生披散草本；茎匍匐生根，多分枝，下部无毛，上部被短毛。叶披针形。总苞片佛焰苞状，与叶对生，折叠状，展开后心形，顶端短尖，基部心形，边缘常有硬毛；聚伞花序，下面一枝有 1 花，不孕；上面一枝具 3 ～ 4 花，具短梗，几不伸出总苞片；花瓣深蓝色，内面 2 枚具爪。蒴果椭圆形，2 室；种子 4，棕黄色，一端截平，腹面平，有不规则窝孔。

分布：除青海、新疆和西藏外，全国各地均有分布。

用途：药用。

聚花草 *Floscopa scandens*

鸭跖草科 Commelinaceae

聚花草属 *Floscopa*

鉴别特征：具极长的根茎，根茎节上密生须根。植株全体或仅叶鞘及花序各部分被多细胞腺毛。茎高 20 ～ 70cm，不分枝。叶片椭圆形至披针形，上面有鳞片状凸起。圆锥花序多个，顶生并兼有腋生，组成扫帚状复圆锥花序；花瓣蓝色或紫色，少白色，倒卵形。蒴果卵圆状，侧扁；种子半椭圆状，灰蓝色。花果期 7 ～ 11 月。

分布：浙江、福建、江西、湖南、广东、海南、广西、云南、四川、西藏、台湾。

用途：全草药用，有清热解毒、利尿消肿之效，可治疮疖肿毒、淋巴结肿大、急性肾炎。

小蚌兰 *Rhoeo spathaceo* cv 'Compacta'

鸭跖草科 Commelinaceae

紫露草属 *Tradescantia*

鉴别特征：多年生草本。叶小而密生，叶背淡紫红色，叶簇密集；叶簇生于短茎，剑形，硬挺质脆，叶面绿色，叶背紫色。荫蔽处叶面呈淡绿色，叶背淡紫红色，强光下叶面渐转红色，叶背紫红色。花序腋生于叶的基部，佛焰苞呈蚌壳状，淡紫色，花瓣3片。

分布：我国南方均有栽培。

用途：适合庭园美化或盆栽。

吊竹梅 *Tradescantia zebrina* Bosse

鸭跖草科 Commelinaceae

紫露草属 *Tradescantia*

鉴别特征：多年生草木；茎稍柔弱，半肉质，分枝，披散或悬垂。叶互生，无柄；叶片椭圆形、椭圆状卵形至长圆形，先端急尖至渐尖或稍钝，基部鞘状抱茎，叶鞘被疏长毛，腹面紫绿色而杂以银白色，中部和边缘有紫色条纹，背面紫色，通常无毛，全缘。花聚生于1对不等大的顶生叶状苞内；花瓣裂片3，玫瑰紫色。果为蒴果。花期6～8月。

分布：原产墨西哥，我国分布于福建、浙江、广东、海南、广西等地。

用途：常用于栽培观赏。

芭蕉科

芭蕉 *Musa basjoo*

芭蕉科 Musaceae

芭蕉属 *Musa*

鉴别特征： 植株高 2.5～4m。叶片长圆形，长 2～3m，宽 25～30cm，先端钝，基部圆形或不对称，叶面鲜绿色，有光泽；叶柄粗壮。花序顶生，下垂；苞片红褐色或紫色；雄花生于花序上部，雌花生于花序下部。浆果三棱状，长圆形，肉质，内具多数种子；种子黑色，具疣突及不规则棱角。

分布： 秦岭淮河以南可以露地栽培，多栽培于庭园及农舍附近。

用途： 假茎煎服可解热；假茎、叶利尿，治水肿、肛胀；花干燥后煎服治脑出血；根与生姜、甘草一起煎服，可治淋症及消渴症；根治感冒、胃痛及腹痛。

姜科

山姜 *Alpinia japonica*（Thunb.）Miq.

姜科 Zingiberaceae

山姜属 *Alpinia*

鉴别特征： 根茎横生、分枝。叶片通常 2～5 片，叶片披针形、倒披针形或狭长椭圆形，两端渐尖，顶端具小尖头，两面，特别是叶背被短柔毛，近无柄至具长达 2cm 的叶柄。总状花序顶生，花通常 2 朵聚生，在 2 朵花之间常有退化的小花残迹可见。果球形或椭圆形，被短柔毛，熟时橙红色，顶有宿存的萼筒；种子多角形，有樟脑味。花期 4～8 月，果期 7～12 月。

分布： 我国东南部、南部至西南部各地。

用途： 果实供药用。

箭秆风 *Alpinia stachyoides* Hance

姜科 Zingiberaceae

山姜属 *Alpinia*

鉴别特征： 株高约1m。叶片披针形或线状披针形；叶舌长约2mm，2裂，具缘毛。穗状花序直立，小花常每3朵一簇生于花序轴上，花序轴被绒毛，小苞片极小；花冠裂片长圆形，外被长柔毛。蒴果球形，被短柔毛，顶冠以宿存的萼管；种子5～6颗。花期4～6月，果期6～11月。

分布： 广东、广西、湖南、江西、四川、贵州、云南。

用途： 民间常用于治风湿痹痛。

花叶艳山姜 *Alpinia zerumbet* 'Variegata'

姜科 Zingiberaceae

山姜属 *Alpinia*

鉴别特征： 多年生草本，具发达的地上茎。叶具鞘，长椭圆形，两端渐尖，叶有金黄色纵斑纹，十分艳丽。圆锥花序呈总状花序式，花序下垂，花蕾包藏于总苞片中，花白色，边缘黄色，顶端红色，唇瓣广展，花大而美丽并具有香气；花序轴紫红色，被绒毛；花萼近钟形，白色，顶粉红色；花冠管较花萼为短，乳白色，顶端粉红色。蒴果卵圆形；种子有棱角。夏季6～7月开花。

分布： 原产亚热带地区，我国东南部至南部有分布，各地城市均有栽培。

用途： 药用。

姜花 *Hedychium coronarium* Koen.

姜科 Zingiberaceae

姜花属 ***Hedychium***

鉴别特征：茎高达 2m。叶长圆状披针形或披针形，长 20 ～ 40cm，先端长渐尖，基部尖，上面光滑，下面被柔毛；无柄，叶舌薄膜质，长 2 ～ 3cm。穗状花序顶生；苞片覆瓦状排列，紧密，卵圆形，每苞片有 2 ～ 3 花；花白色；唇瓣倒心形，长和宽约为 6cm，白色，基部稍黄，先端 2 裂；子房被绢毛。花期 8 ～ 12 月。

分布：四川、云南、广西、广东、湖南、台湾。

用途：花常栽培供观赏，亦可浸提姜花浸膏，用于调和香精中；根茎能解表、散风寒，治头痛、身痛、风湿痛及跌打损伤等症。

百合科

吊兰 *Chlorophytum comosum* (Thunb.) Baker

百合科 Liliaceae

吊兰属 ***Chlorophytum***

鉴别特征：根茎短，根稍肥厚。叶剑形，绿色或有黄色条纹，向两端稍变狭。花葶比叶长，有时可长达 50cm，常变为匍匐枝而在近顶部具叶簇或幼小植株；花白色，常 2 ～ 4 朵簇生，排成疏散的总状花序或圆锥花序。蒴果三棱状扁球形，每室具种子 3 ～ 5 颗。花期 5 月，果期 8 月。

分布：我国各地均有栽培。

用途：观赏；广州民间取全草煎服。

山菅 *Dianella ensifolia* (L.) DC.

百合科 Liliaceae

山菅属 ***Dianella***

鉴别特征：草本；根茎圆柱状，横走。叶狭条状披针形，基部稍收狭成鞘状，套叠或抱茎，边缘和背面中脉具锯齿。顶端圆锥花序，分枝疏散；花常多朵生于侧枝上端；花被片条状披针形，绿白色、淡黄色至青紫色，5 脉。浆果近球形，深蓝色，具 5～6 颗种子。花果期 3～8 月。

分布：广西、广东、江西（南部）、浙江、福建、台湾。

用途：有毒植物；根茎可药用。

萱草 *Hemerocallis fulva* (L.) L.

百合科 Liliaceae

萱草属 ***Hemerocallis***

鉴别特征：多年生草本；根茎粗短，具肉质纤维根，多数膨大呈窄长纺锤形。叶基生成丛，条状披针形，背面被白粉。夏季开橘黄色大花，花葶长于叶，高达 1m 以上；圆锥花序顶生，有花 6～12 朵，有小的披针形苞片；花长 7～12cm，花被基部粗短漏斗状，长达 2.5cm，花被片 6 片，开展，向外反卷，边缘稍作波状。

分布：我国各地均有栽培。

用途：药用；观赏。

百合 *Lilium brownii* var. *viridulum* Baker

百合科 Liliaceae

百合属 *Lilium*

鉴别特征：鳞茎球形；鳞片披针形，无节，白色。茎有的有紫色条纹，有的下部有小乳突。叶散生，通常自下向上渐小，叶倒披针形至倒卵形，具5～7脉，全缘，两面无毛。花单生或几朵排成近伞形；花喇叭形，有香气，乳白色，外面稍带紫色，无斑点，向外张开或先端外弯而不卷。蒴果矩圆形，有棱，具多数种子。花期5～6月，果期9～10月。

分布：广东、广西、湖南、湖北、江西、安徽、福建、浙江、四川、云南、贵州、陕西、甘肃、河南。

用途：鳞茎含丰富淀粉，可食，亦作药用。

麦冬 *Ophiopogon japonicus*

百合科 Liliaceae

沿阶草属 *Ophiopogon*

鉴别特征：草本；根较粗，中间或近末端常膨大成椭圆形或纺锤形的小块根；小块根长1～1.5cm，或更长些，宽5～10mm，淡褐黄色。地下走茎细长，节上具膜质的鞘。茎很短，叶基生成丛，禾叶状，具3～7条脉，边缘具细锯齿。花葶长6～27cm，通常比叶短得多，总状花序，具几朵至十几朵花；花单生或成对着生于苞片腋内；苞片披针形；花被片白色或淡紫色；花药三角状披针形，长2.5～3mm。种子球形。花期5～8月，果期8～9月。

分布：广东、广西、福建、台湾、浙江、江苏、江西、湖南、湖北、四川、云南、贵州、安徽、河南、陕西（南部）、河北。

用途：药用。

华重楼 *Paris polyphylla* var. *chinensis* (Franch.) Hara

百合科 Liliaceae

重楼属 *Paris*

鉴别特征： 叶 5 ～ 8 枚轮生，通常 7 枚，倒卵状披针形、矩圆状披针形或倒披针形。内轮花被片狭条形，通常中部以上变宽，宽 1 ～ 1.5mm，长 1.5 ～ 3.5cm，长为外轮的 1/3 至近等长或稍超过；雄蕊 8 ～ 10 枚，花药长 1.2 ～ 1.5（2）cm，长为花丝的 3 ～ 4 倍，药隔凸出部分长 1 ～ 1.5（2）mm。花期 5 ～ 7 月，果期 8 ～ 10 月。

分布： 江苏、浙江、江西、福建、台湾、湖北、湖南、广东、广西、四川、贵州、云南。

多花黄精 *Polygonatum cyrtonema*

百合科 Liliaceae

黄精属 *Polygonatum*

鉴别特征： 根茎肥厚，通常连珠状或结节成块。茎高 50 ～ 100cm，通常具 10 ～ 15 枚叶。叶互生，椭圆形、卵状披针形至矩圆状披针形。花序具(1)2 ～ 7(14) 花，伞形；花被黄绿色。浆果黑色，具 3 ～ 9 颗种子。花期 5 ～ 6 月，果期 8 ～ 10 月。

分布： 四川、贵州、湖南、湖北、河南、江西、安徽、江苏、浙江、福建、广东、广西。

用途： 我国南方地区作黄精用。

雨久花科

凤眼蓝 *Eichhornia crassipes*

雨久花科 Pontederiaceae

凤眼蓝属 ***Eichhornia***

鉴别特征：浮水草本；须根发达，棕黑色。茎极短，匍匐枝淡绿色或带紫色。叶在基部丛生，莲座状排列，一般 5 ～ 10 片；叶片圆形、宽卵形或宽菱形，顶端钝圆或微尖，基部宽楔形或在幼时为浅心形，全缘；叶柄中部膨大成囊状或纺锤形。花葶从叶柄基部的鞘状苞片腋内伸出，穗状花序，花被裂片 6 枚，花瓣状，卵形、长圆形或倒卵形，紫蓝色，三色即四周淡紫红色，中间蓝色，在蓝色的中央有 1 黄色圆斑。蒴果卵形。花期 7 ～ 10 月，果期 8 ～ 11 月。

分布：现广泛分布于我国长江流域、黄河流域及华南各地。

用途：全草为家畜、家禽饲料，也可供药用；嫩叶及叶柄可作蔬菜。

梭鱼草 *Pontederia cordata* L.

雨久花科 Pontederiaceae

梭鱼草属 ***Pontederia***

鉴别特征：多年生挺水或湿生草本植物；根茎为须状不定根，具多数根毛。地下茎粗壮，黄褐色，有芽眼。叶柄绿色，圆筒形，叶片较大，深绿色，叶形多变，大部分为倒卵状披针形。上方两花瓣各有两个黄绿色斑点，花葶直立，通常高出叶面。穗状花序顶生，小花密集，在 200 朵以上，蓝紫色带黄色斑点，花被裂片 6 枚，近圆形，裂片基部连接为筒状。果实初期绿色，成熟后褐色，果皮坚硬；种子椭圆形。花果期 5 ～ 10 月。

分布：原产美洲热带和温带，我国广东等地有引种栽培。

用途：用于家庭盆栽、池栽及园林美化。

菝葜科

菝葜 *Smilax china*

菝葜科 Smilacaceae

菝葜属 *Smilax*

鉴别特征: 攀援灌木；根茎粗厚，坚硬，为不规则的块状。茎疏生刺。叶薄革质或坚纸质，圆形、卵形或其他形状，下面通常淡绿色，较少苍白色；叶柄几乎都有卷须。伞形花序生于叶尚幼嫩的小枝上，具十几朵或更多的花，常呈球形；花绿黄色；雄花中花药比花丝稍宽，常弯曲；雌花与雄花大小相似，有 6 枚退化雄蕊。浆果熟时红色，有粉霜。花期 2 ～ 5 月，果期 9 ～ 11 月。

分布: 山东、江苏、浙江、福建、台湾、江西、安徽、河南、湖北、四川、云南、贵州、湖南、广西、广东。

用途: 根茎可以提取淀粉和栲胶，或用来酿酒；有些地区将菝葜作土茯苓或萆薢混用，也有祛风活血作用。

土茯苓 *Smilax glabra*

菝葜科 Smilacaceae

菝葜属 *Smilax*

鉴别特征: 攀援灌木；根茎粗厚，块状，常由匍匐茎相连接。叶薄革质，狭椭圆状披针形至狭卵状披针形，先端渐尖；脱落点位于近顶端。伞形花序通常具 10 余朵花；花序托膨大，连同多数宿存的小苞片多少呈莲座状，花绿白色，六棱状球形，浆果熟时紫黑色，具粉霜。花期 7 ～ 11 月，果期 11 月至次年 4 月。

分布: 江西、浙江、福建、广东、台湾、甘肃、海南、云南等地。

用途: 粗厚的根茎入药。

粉背菝葜 *Smilax hypoglauca*

菝葜科 Smilacaceae

菝葜属 *Smilax*

鉴别特征：攀援灌木；枝条有时具 4 纵棱，无刺。叶革质，卵状长圆形、卵形或窄椭

圆形，下面粉白色，主脉 5，上面网脉明显；叶柄长 0.8 ～ 1.4cm，脱落点位于近叶柄顶端，常有卷须，鞘长为叶柄 1/2 或稍长，鞘前伸成披针形耳。伞形花序腋生，有 10 ～ 20 花；花绿黄色；雌花与雄花近等大，退化雄蕊 3。浆果，成熟时暗红色。花期 7 ～ 8 月，果期 12 月。

分布：江西（南部）、福建（中部至南部）、广东、贵州（南部）。

天南星科

石菖蒲 *Acorus tatarinowii*

天南星科 Araceae

菖蒲属 *Acorus*

鉴别特征：多年生草本；根茎芳香，外部淡褐色，根肉质，具多数须根，根茎上部分枝甚密，植株因而呈丛生状，分枝常被纤维状宿存叶基。叶无柄，叶片薄，叶片暗绿色，线形。花序柄腋生，三棱形；叶状佛焰苞稀近等长；肉穗花序圆柱状，上部渐尖，直立或稍弯；花白色。幼果绿色，果成熟时黄绿色或黄白色。花果期 2 ～ 6 月。

分布：黄河以南各地。

海芋 *Alocasia macrorrhiza*

天南星科 Araceae

海芋属 *Alocasia*

鉴别特征: 大型常绿草本植物，具匍匐根茎，有直立的地上茎。叶多数，叶柄绿色或污紫色，螺状排列，粗厚；叶片亚革质，草绿色，箭状卵形，边缘波状，幼株叶片联合较多；前裂片三角状卵形，先端锐尖，长胜于宽，Ⅰ级侧脉9～12对，下部的粗如手指，向上渐狭。佛焰苞管部绿色，卵形或短椭圆形；肉穗花序芳香。浆果红色，卵状，种子1～2。花期四季，但在密阴的林下常不开花。

分布: 江西、福建、台湾、湖南、广东、广西、四川、贵州、云南等地。

用途: 根茎供药用，外用治疗疮肿毒、蛇虫咬伤、烧烫伤。

磨芋 *Amorphophallus rivieri* Durieu

天南星科 Araceae

磨芋属 *Amorphophallus*

鉴别特征: 块茎扁球形，暗红褐色；颈部周围生多数肉质根及纤维状须根。叶片绿色，3裂，Ⅰ次裂片二歧分裂，Ⅱ次裂片二回羽状分裂或二回二歧分裂。佛焰苞漏斗形，苍绿色，杂以暗绿色斑块，边缘紫红色；檐部心状圆形，边缘折波状，外面变绿色，内面深紫色。肉穗花序比佛焰苞长1倍；附属器伸长的圆锥形，中空，深紫色。浆果球形或扁球形，成熟时黄绿色。花期4～6月，果8～9月成熟。

分布: 陕西、甘肃、宁夏、广东等地。

用途: 块茎可加工成磨芋豆腐（又称褐腐）供食用；磨芋干片可用作浆纱、造纸、瓷器或建筑等的胶黏剂。

大薸 *Pistia stratiotes*

天南星科 Araceae

大薸属 *Pistia*

鉴别特征： 水生飘浮草本，有长而悬垂的根多数，须根羽状，密集。叶簇生成莲座状，叶片常因发育阶段不同而形异，呈倒三角形、倒卵形、扇形，以至倒卵状长楔形，先端截头状或浑圆，基部厚，两面被毛，基部尤为浓密；叶脉扇状伸展，背面明显隆起成褶皱状。佛焰苞白色，外被绒毛。花期 5 ～ 11 月。

分布： 全球热带及亚热带地区广布。

用途： 全株作猪饲料；入药外敷，煎水内服。

石柑子 *Pothos chinensis* var. *chinensis*

天南星科 Araceae

石柑属 *Pothos*

鉴别特征： 附生藤本；茎亚木质，淡褐色，近圆柱形，具纵条纹，节上常束生气生根；分枝，枝下部常具鳞叶 1 枚；鳞叶线形。叶片纸质，披针状卵形至披针状长圆形。花序腋生，基部具苞片 4 ～ 5（6）枚；佛焰苞卵状，绿色；肉穗花序短，椭圆形至近圆球形，淡绿色、淡黄色。浆果黄绿色至红色，卵形或长圆形。花果期四季。

分布： 台湾、湖北、广东、广西、四川、贵州、云南各地。

犁头尖 *Typhonium divaricatum* (L.) Decne.

天南星科 Araceae

犁头尖属 *Typhonium*

鉴别特征: 块茎近球形，褐色，具环节，节间有黄色根迹，颈部生长1～4cm的黄白色纤维状须根，散生疣突状芽眼。幼株叶1～2枚，叶片深心形、卵状心形至戟形，多年生植株有叶4～8枚，基部鞘状、莺尾式排列；叶片戟状三角形。佛焰苞管部绿色，卵形；檐部绿紫色，卷成长角状盛花时展开，内面深紫色，外面绿紫色。肉穗花序无柄，雌花序圆锥形；中性花序淡绿色；雄花序橙黄色；附属器深紫色，具强烈的粪臭。花期5～7月。

分布: 浙江、江西、福建、湖南、广东、广西、四川、云南。

用途: 块茎入药。

石蒜科

文殊兰 *Crinum asiaticum* L. var. *sinicum* (Roxb. ex Herb.) Baker

石蒜科 Amaryllidaceae

文殊兰属 *Crinum*

鉴别特征: 多年生粗壮草本；鳞茎长柱形。叶20～30枚，多列，带状披针形，长可达1m，边缘波状。花茎直立，伞形花序有花10～24朵，佛焰苞状总苞片披针形，膜质，小苞片狭线形；花高脚碟状，芳香。蒴果近球形；通常种子1枚。花期夏季。

分布: 福建、台湾、广东、广西等地。

用途: 叶与鳞茎药用，有活血散淤、消肿止痛之效，治跌打损伤、风热头痛、热毒疮肿等症。

朱顶红 *Hippeastrum rutilum* (Ker-Gawl.) Herb.

石蒜科 Amaryllidaceae

朱顶红属 ***Hippeastrum***

鉴别特征： 多年生草本；鳞茎近球形并有匍匐枝。叶6～8枚，花后抽出。花茎中空，稍扁，具有白粉；花2～4朵；佛焰苞状总苞片披针形；花被管绿色，圆筒状，花被裂片长圆形，顶端尖，洋红色，略带绿色，喉部有小鳞片；雄蕊6，长约8cm，花丝红色，柱头3裂。花期夏季。

分布： 我国引种栽培。

用途： 观赏。

水鬼蕉 *Hymenocallis littoralis* (Jacq.) Salisb.

石蒜科 Amaryllidaceae

水鬼蕉属 ***Hymenocallis***

鉴别特征： 多年生草本。叶10～12枚，剑形，顶端急尖，基部渐狭，深绿色，多脉，无柄。花茎扁平；佛焰苞状总苞片长5～8cm，基部极阔；花茎顶端生花3～8朵，白色；花被管纤细，长短不等，长者可达10cm以上，花被裂片线形，通常短于花被管；杯状体（雄蕊杯）钟形或阔漏斗形，有齿；花柱约与雄蕊等长或更长。花期夏末秋初。

分布： 我国引种栽培。

用途： 观赏。

忽地笑 *Lycoris aurea* （L' Her.）Herb.

石蒜科 Amaryllidaceae

石蒜属 *Lycoris*

鉴别特征： 多年生草本；鳞茎卵形，直径约5cm。秋季出叶，叶剑形，向基部渐狭，顶端渐尖，中间淡色带明显。花茎高约60cm；总苞片2枚，披针形；伞形花序有花4～8朵；花黄色；雄蕊略伸出花被外，比花被长1/6左右，花丝黄色；花柱上部玫瑰红色。蒴果具3棱，室背开裂；种子少数，近球形，黑色。花期8～9月，果期10月。

分布： 福建、台湾、湖北、湖南、广东、广西、四川、云南。

用途： 鳞茎为提取治疗小儿麻痹后遗症的药物加兰他敏的良好原料。

韭莲 *Zephyranthes grandiflora* Lindl.

石蒜科 Amaryllidaceae

葱莲属 *Zephyranthes*

鉴别特征： 多年生草本；鳞茎卵球形，直径2～3cm。基生叶常数枚簇生，线形，扁平。花单生于花茎顶端，下有佛焰苞状总苞，总苞片常带淡紫红色，下部合生成管；花玫瑰红色或粉红色；花被裂片6，裂片倒卵形，顶端略尖。蒴果近球形；种子黑色。花期夏秋。

分布： 我国引种栽培。

用途： 观赏。

龙舌兰科

朱蕉 *Cordyline fruticosa*（L.）A. Cheval.

龙舌兰科 Agavaceae

朱蕉属 *Cordyline*

鉴别特征：灌木状，直立，高1～3m。叶聚生于茎或枝的上端，矩圆形至矩圆状披针形，绿色或带紫红色，叶柄有槽，长10～30cm，基部变宽，抱茎。圆锥花序长30～60cm，侧枝基部有大的苞片，每朵花有3枚苞片；花淡红色、青紫色至黄色，长约1cm；花梗通常很短；外轮花被片下半部紧贴内轮而形成花被筒，上半部在盛开时外弯或反折；雄蕊生于筒的喉部，稍短于花被；花柱细长。花期11月至次年3月。

分布：广东、广西、福建、台湾等地常见栽培。

用途：我国广西民间曾用来治咯血、尿血、细菌性痢疾等症；观赏。

酒瓶兰 *Beaucarnea recurvata* Lem.

龙舌兰科 Agavaceae

酒瓶兰属 *Beaucarnea*

鉴别特征：常绿植物，可以长到5m高，具有明显的庞大的茎，地下根肉质；茎干直立，下部肥大，状似酒瓶，可以储存水分。膨大茎干具有厚木栓层的树皮，呈灰白色或褐色。老株表皮会龟裂，状似龟甲，颇具特色。单一的茎干顶端长出丛生的带状内弯的革质叶片。叶线形，全缘或细齿缘，软垂状，革质而下垂，叶缘具细锯齿。

分布：长江流域广泛栽培，北方多作盆栽。

用途：观赏。

棕榈科

假槟榔 *Archontophoenix alexandrae* (F. Muell.) H. Wendl. et Drude

棕榈科 Palmae

假槟榔属 *Archontophoenix*

鉴别特征：乔木状，高达10～25m。叶羽状全裂，生于茎顶，羽片呈2列排列，线状披针形，叶面绿色，叶背面被灰白色鳞秕状物。花序生于叶鞘下，呈圆锥花序式，多分枝，具2个鞘状佛焰苞；花雌雄同株，白色。果实卵球形，红色；种子卵球形。花期4月，果期4～7月。

分布：福建、台湾、广东、海南、广西、云南等热带亚热带地区的园林单位有栽培。

三药槟榔 *Areca triandra* Roxb.

棕榈科 Palmae

槟榔属 *Areca*

鉴别特征：茎丛生，高3～4m或更高，具明显的环状叶痕。叶羽状全裂，长1m或更长，约17对羽片，顶端1对合生，羽片长35～60cm或更长，具2～6条肋脉，下部和中部的羽片披针形，镰状渐尖，上部及顶端羽片较短而稍钝，具齿裂；叶柄长10cm或更长。佛焰苞1个，革质，压扁，光滑，开花后脱落；花序和花与槟榔相似，但雄花更小，只有3枚雄蕊。果实比槟榔小，卵状纺锤形，顶端变狭，具小乳突，果熟时由黄色变为深红色。种子椭圆形至倒卵球形，胚基生。果期8～9月。

分布：台湾、广东、云南等地有栽培。

用途：观赏。

毛鳞省藤 *Calamus thysanolepis* Hance

棕榈科 Palmae

省藤属 *Calamus*

鉴别特征：几无茎，丛生，高 2 ～ 3m。叶羽状全裂，顶端不具纤鞭；羽片多数，两面黄绿色，每 2 ～ 6 片成组聚生于叶轴两侧，并指向不同方向，剑形，先端渐尖，3 条叶脉上及边缘疏被微刺；叶轴背面具稍短的单生的爪状刺；叶柄下部近圆柱形，上部三棱形，疏被强壮的带黑尖的直刺。果实阔卵状椭圆形，具短的圆锥状的喙，鳞片 18 ～ 21 纵列；种子椭圆形，稍扁，背面略有小瘤突，种脊面有深的合点孔穴，胚乳均匀，胚基生。花期 6 ～ 7 月，果期 9 ～ 10 月。

分布：浙江、江西、福建、广东等地。

用途：藤茎质地柔韧，可供编织各种藤器、家具，是手工业的重要原料。

短穗鱼尾葵 *Caryota mitis* Lour.

棕榈科 Palmae

鱼尾葵属 *Caryota*

鉴别特征：丛生，小乔木状，高 5 ～ 8m；茎绿色，表面被微白色的毡状绒毛。叶长 3 ～ 4m；羽片呈楔形或斜楔形，外缘笔直，内缘 1/2 以上弧曲成不规则的齿缺。佛焰苞与花序被糠秕状鳞秕，花序短，具密集穗状的分枝花序；雄花花瓣狭长圆形，淡绿色；雌花花瓣卵状三角形。果球形，成熟时紫红色，具 1 颗种子。花期 4 ～ 6 月，果期 8 ～ 11 月。

分布：海南、广东、广西等地。

用途：茎的髓心含淀粉，可供食用；花序液汁含糖分，供制糖或酿酒。

散尾葵 *Chrysalidocarpus lutescens* H. Wendl.

棕榈科 Palmae

散尾葵属 *Chrysalidocarpus*

鉴别特征：丛生灌木。叶羽状全裂，平展而稍下弯，羽片 40 ～ 60 对，2 列，黄绿色，表面有蜡质白粉，披针形。花序生于叶鞘之下，呈圆锥花序式；花小，卵球形，金黄色，螺旋状着生于小穗轴上。果实略为陀螺形或倒卵形，鲜时土黄色，干时紫黑色；种子略为倒卵形。花期 5 月，果期 8 月。

分布：原产马达加斯加，我国南方一些园林单位常见栽培。

用途：树形优美，是很好的庭园绿化树种。

兰科

见血青 *Liparis nervosa*（Thunb. ex A. Murray）Lindl.

兰科 Orchidaceae

羊耳蒜属 *Liparis*

鉴别特征：草本；茎或假鳞茎圆柱状，肉质，有数节，常包于叶鞘之内。叶 2 ～ 5，卵形或卵状椭圆形，膜质或草质。花葶生于茎顶；花序具数朵至 10 余朵花；苞片三角形；花紫色；中萼片线形或宽线形，花瓣丝状，唇瓣长圆状倒卵形，长约 6mm，先端截平，微凹，基部具 2 近长圆形胼胝体。蒴果倒卵状长圆形或窄椭圆形。花期 2 ～ 7 月，果期 10 月。

分布：浙江（南部）、江西、福建、台湾、湖南（南部）、广东、广西、四川（南部）、贵州、云南和西藏（东南部）。

苞舌兰 *Spathoglottis pubescens* Lindl.

兰科 Orchidaceae

苞舌兰属 *Spathoglottis*

鉴别特征： 假鳞茎扁球形，被革质鳞片状鞘，顶生1～3枚叶。叶带状或狭披针形，先端渐尖，基部收窄为细柄，两面无毛。花葶纤细或粗壮，长达50cm，密布柔毛，下部被数枚紧抱于花序柄的筒状鞘；总状花序长2～9cm，疏生2～8朵花；花苞片披针形或卵状披针形，长5～9mm，被柔毛；花梗和子房密布柔毛；花黄色；萼片椭圆形。花期7～10月。

分布： 浙江、江西、福建、湖南、广东、香港、广西、四川、贵州、云南。

用途： 观赏。

绶草 *Spiranthes sinensis*（Pers.）Ames

兰科 Orchidaceae

绶草属 *Spiranthes*

鉴别特征： 植株高13～30cm。根数条，指状，肉质，簇生于茎基部。茎较短，近基部生2～5枚叶。叶片宽线形或宽线状披针形，极罕为狭长圆形，直立伸展，先端急尖或渐尖，基部收狭，具柄状抱茎的鞘。花茎直立，上部被腺状柔毛至无毛；总状花序具多数密生的花，长4～10cm，呈螺旋状扭转；花瓣斜菱状长圆形，先端钝，与中萼片等长但较薄；唇瓣宽长圆形，凹陷，先端极钝，前半部上面具长硬毛且边缘具强烈皱波状啮齿，唇瓣基部凹陷呈浅囊状。花期7～8月。

分布： 我国各地。

用途： 民间作草药用。

莎草科

浆果薹草 *Carex baccans* Nees

莎草科 Cyperaceae

薹草属 *Carex*

鉴别特征：根茎木质。秆密丛生，直立而粗壮，三棱形，无毛，中部以下生叶。叶基生和秆生，长于秆，平张，下面光滑，上面粗糙，基部具红褐色，分裂成网状的宿存叶鞘。圆锥花序复出；支圆锥花序3～8个，单生，轮廓为长圆形；果囊倒卵状球形或近球形，肿胀，近革质，成熟时鲜红色或紫红色，有光泽；花柱基部不增粗，柱头3个。小坚果椭圆形、三棱形，成熟时褐色。花果期8～12月。

分布：福建、台湾、广东、广西、海南、四川、贵州、云南。

香附子 *Cyperus rotundus* L.

莎草科 Cyperaceae

莎草属 *Cyperus*

鉴别特征：匍匐根茎长，具椭圆形块茎。叶较多，短于秆，平张；鞘棕色，常裂成纤维状。叶状苞片2～3（5）枚，常长于花序，或有时短于花序；长侧枝聚伞花序简单或复出，具（2）3～10个辐射枝；辐射枝最长达12cm；穗状花序轮廓为陀螺形，稍疏松，具3～10个小穗；小穗斜展开，线形，具8～28朵花。小坚果长圆状倒卵形，三棱形，长为鳞片的1/3～2/5，具细点。花果期5～11月。

分布：陕西、甘肃、山西、河南、河北、山东、江苏、浙江、江西、安徽、云南、贵州、四川、福建、广东、广西、台湾等地。

用途：其块茎名为香附子，可供药用，除能作健胃药外，还可以治疗妇科各症。

风车草 *Cyperus alternifolius* L. subsp. *flabelliformis*（Rottb.）KüKenth.

莎草科 Cyperaceae

莎草属 *Cyperus*

鉴别特征：根茎短，粗大，须根坚硬。秆稍粗壮，近圆柱状，上部稍粗糙，基部包裹以无叶的棕色鞘。苞片20枚，长几相等，向四周展开，平展；多次复出长侧枝聚伞花序具多数第一次辐射枝，每个第一次辐射枝具4～10个第二次辐射枝；小穗密集于第二次辐射枝上端，椭圆形或长圆状披针形，压扁，具6～26朵花；小穗轴不具翅；鳞片紧密地复瓦状排列，膜质，卵形，顶端渐尖，苍白色，具锈色斑点，或为黄褐色，具3～5条脉。小坚果椭圆形，近于三棱形，褐色。

分布：我国南北各地均见栽培。

用途：观赏。

畦畔莎草 *Cyperus haspan* L.

莎草科 Cyperaceae

莎草属 *Cyperus*

鉴别特征：多年生草本，根茎短缩，或有时为一年生草本，具许多须根。秆丛生或散生，稍细弱，扁三棱形，平滑。叶短于秆，或有时仅剩叶鞘而无叶片。苞片2枚，叶状；长侧枝聚伞花序复出或简单，少数为多次复出，具多数细长松散的第一次辐射枝；小穗通常3～6个呈指状排列，线形或线状披针形，具6～24朵花；鳞片密复瓦状排列，膜质，长圆状卵形。小坚果宽倒卵形、三棱形，淡黄色，具小疣突。花果期很长，随地区而改变。

分布：福建、台湾、广西、广东、云南、四川。

黑莎草 *Gahnia tristis*

莎草科 Cyperaceae

黑莎草属 *Gahnia*

鉴别特征：丛生，须根粗，具根茎。秆粗壮，圆柱状，坚实，空心，有节。叶基生和秆生，具鞘，叶片狭长，极硬，硬纸质或几革质，边缘及背面具刺状细齿。苞片叶状，具长鞘；圆锥花序紧缩成穗状；小苞片鳞片状，卵状披针形小穗排列紧密，纺锤形；鳞片螺旋状排列。小坚果倒卵状长圆形、三棱形，骨质，未成熟时为白色或淡棕色，成熟时为黑色。花果期 3 ～ 12 月。

分布：福建、海南、广东、广西、湖南。

鳞籽莎 *Lepidosperma chinense*

莎草科 Cyperaceae

鳞籽莎属 *Lepidosperma*

鉴别特征：多年生草本，具匍匐根茎和须根。秆丛生，圆柱状或近圆柱状，直立，坚挺，基部被枯萎的叶鞘；叶鞘紫黑色、淡紫黑色或麦秆黄色。叶圆柱状，基生，平滑，坚挺，无毛。圆锥花序紧缩成穗状；小穗密集，纺锤状长圆形，具 5 片鳞片，有 1 ～ 2 朵花；鳞片卵形或卵状披针形。小坚果椭圆形，褐黄色，平滑，有光泽，无喙，基部为硬化的鳞片所包。花果期 7 ～ 12 月，有时在 5 月抽穗。

分布：福建、湖南、广东。

砖子苗 *Mariscus sumatrensis* (Retz) T. Koyama

莎草科 Cyperaceae

砖子苗属 ***Mariscus***

鉴别特征: 多年生草本；根茎短。秆疏丛生，高 10 ～ 50cm，锐三棱形，基部膨大。叶生秆的下部，与秆近等长；叶鞘褐色或红棕色。苞片叶状，5 ～ 8 片，长过花序；长侧枝聚伞花序简单，有 6 ～ 12 个辐射枝；穗状花序圆柱状或长圆形；小穗多数密生，平展或稍下垂，线状披针形；小穗轴有白色宽翅；鳞片膜质，长圆形，顶端钝，边缘常内卷，淡黄色或绿白色，背面有多数脉，中间 3 脉明显，绿色。小坚果狭长圆形，有 3 棱，表面有微凸起细点。花果期 5 ～ 9 月。

分布: 陕西、湖北、湖南、江苏、浙江、安徽、江西、福建、台湾、广东、海南等地。

用途: 可入药。

水葱 *Scirpus validus* Vahl var. *validus*

莎草科 Cyperaceae

藨草属 ***Scirpus***

鉴别特征: 匍匐根茎粗壮，具许多须根。秆高大，圆柱状，膜质，最上面一个叶鞘具叶片。叶片线形。苞片 1 枚，为秆的延长，钻状；辐射枝长可达 5cm，一面凸，一面凹，边缘有锯齿；小穗单生或 2 ～ 3 个簇生于辐射枝顶端，卵形或长圆形，具多数花；鳞片椭圆形或宽卵形，膜质，棕色或紫褐色。小坚果倒卵形或椭圆形，双凸状，少有三棱形。花果期 6 ～ 9 月。

分布: 黑龙江、吉林、辽宁、内蒙古、山西、陕西、甘肃、新疆、河北、江苏、贵州、四川、云南、广东等地。

用途: 在北京有栽培作观赏用；云南一带常取其秆作为编席子的材料。

禾本科

佛肚竹 *Bambusa ventricosa* McClure

禾本科 Gramineae

簕竹属 *Bambusa*

鉴别特征： 竿二型：正常竿高 8 ～ 10m，节间圆柱形，下部略微肿胀；分枝常自竿基部第三、四节开始，小枝有时短缩为软刺。畸形竿通常高 25 ～ 50cm，节间短缩而其基部肿胀，呈瓶状；分枝习性稍高，且常为单枝，均无刺，其节间稍短缩而明显肿胀。箨鞘早落；箨耳不相等，边缘具弯曲缕毛，大耳狭卵形至卵状披针形，小耳卵形；箨片直立或外展，易脱落，卵形至卵状披针形。叶鞘无毛；叶耳卵形或镰形，边缘具数条波曲缕毛；叶舌极矮，近截形；叶片线状披针形至披针形。假小穗单生或以数枚簇生于花枝各节，线状披针形，稍扁。颖果未见。

分布： 产广东，现我国南方各地均有引种栽培。

用途： 本种常作盆栽，施以人工截顶培植，形成畸形植株以供观赏。

白茅 *Imperata cylindrica*（L.）Beauv.

禾本科 Gramineae

白茅属 *Imperata*

鉴别特征： 多年生草本植物，秆直立，高可达 80cm，节无毛。叶鞘聚集于秆基，叶舌膜质，秆生叶片窄线形，通常内卷，顶端渐尖呈刺状，下部渐窄，质硬，基部上面具柔毛。圆锥花序稠密，第一外稃卵状披针形，第二外稃与其内稃近相等，卵圆形，顶端具齿裂及纤毛；花柱细长，紫黑色。颖果椭圆形。花果期 4 ～ 6 月。

分布： 安徽、福建、广东、广西、贵州等地。

用途： 根茎入药。

淡竹叶 *Lophatherum gracile*

禾本科 Gramineae

淡竹叶属 *Lophatherum*

鉴别特征：多年生，具木质根茎，须根中部膨大具纺锤形小块根。叶鞘平滑或外侧边缘具纤毛；叶舌质硬，褐色，背有糙毛；叶片披针形，具横脉，有时被柔毛或疣基小刺毛，基部收窄成柄状。圆锥花序分枝斜升或开展；小穗线状披针形，具极短柄；不育外稃向上渐狭小，互相密集包卷；雄蕊2枚。颖果长椭圆形。花果期6～10月。

分布：广东、广西、四川、云南等地。

用途：叶为清凉解热药；小块根作药用。

五节芒 *Miscanthus floridulus*（Lab.）Warb. ex Schum. et Laut.

禾本科 Gramineae

芒属 *Miscanthus*

鉴别特征：多年生草本，具发达根茎。秆高大似竹，高2～4m，无毛，节下具白粉，叶鞘无毛，鞘节具微毛，长于或上部者稍短于其节间；叶片条状披针形，边缘粗糙。圆锥花序，主轴长达花序的2/3以上；总状花序的节间与小穗柄都无毛；小穗卵状披针形，黄色；第一颖无毛，侧脉内折呈2脊，脊间中脉不明显，上部及边缘粗糙；第二颖等长于第一颖，具3脉，中脉呈脊，粗糙，边缘具短纤毛，第一外稃稍短于颖，顶端钝圆，边缘具纤毛；第二外稃无毛或下部边缘具少数短纤毛，芒长7～10mm，微粗糙；雄蕊3枚，花药橘黄色；花柱极短，柱头紫黑色，自小穗中部之两侧伸出。花果期5～10月。

分布：江苏、浙江、福建、台湾、广东、海南、广西等地。

用途：叶作饲料；秆可作造纸原料；根茎有利尿之效。

竹叶草 *Oplismenus compositus*（L.）Beauv.

禾本科 Gramineae

求米草属 ***Oplismenus***

鉴别特征： 秆较纤细，基部平卧地面，节着地生根。叶鞘短于或上部者长于节间，近无毛或疏生毛；叶片披针形至卵状披针形，基部多少包茎而不对称，近无毛或边缘疏生纤毛，具横脉。圆锥花序，主轴无毛或疏生毛；分枝互生而疏离；小穗孪生（有时其中 1 个小穗退化），稀上部者单生；颖草质，近等长，长约为小穗的 1/2 ～ 2/3，边缘常被纤毛。花果期 9 ～ 11 月。

分布： 江西、四川、贵州、台湾、广东、云南等地。

稗荩 *Sphaerocaryum malaccense*（Trin.）Pilger

禾本科 Gramineae

稗荩属 ***Sphaerocaryum***

鉴别特征： 一年生；秆下部卧伏地面，于节上生根，上部稍斜升，具多节。叶鞘短于节间，被基部膨大的柔毛；叶舌短；叶片卵状心形，基部抱茎，边缘粗糙，疏生硬毛。圆锥花序卵形；小穗含 1 小花；颖透明膜质，无毛；外稃与小穗等长，被细毛，内稃与外稃同质且等长，稍内卷。颖果卵圆形，棕褐色。花果期秋季。

分布： 安徽、浙江、江西、福建、台湾、广东、广西、云南。

第七章

梅州地区维管植物名录

梅州位于广东省东北部，地处北纬 23°23′～24°56′，东经 115°18′～116°56′，东北邻福建的武平县、上杭县、永定县、平和县四县，西北接江西寻乌县、会昌县，西面连河源市的龙川县、紫金县，西南、南面与汕尾市的陆河县，揭阳的揭东区、揭西县相接，东南面和潮州市的潮安区、饶平县相连。其行政区划辖梅江区、梅县区、兴宁市、五华县、平远县、蕉岭县、大埔县、丰顺县。该区总面积 15 835.7km^2，地处五岭山脉以南，地势北高南低，境内 85% 左右的面积为海拔 500m 以下的丘陵山地，海拔千米以上的山峰有 9 座，其中铜鼓嶂为最高峰，海拔 1559.5m。梅州属亚热带季风气候区，是南亚热带和中亚热带气候区的过渡地带，年降雨量 1692.5mm，年均温 21.3℃，7 月均温 28.5℃，1 月均温 11.2℃。

梅州境内植物不乏前人研究，如中南林业大学调查过大埔丰溪省级自然保护区植物，陈伟球 1986 年研究过丰溪省级自然保护区的植物概况，华南农业大学在平远县做过植物资源和植物群落调查，华南师范大学张金泉 1991 年研究过广东阴那山省级自然保护区植物，华南农业大学林学院在五华县七目嶂进行了植物区系研究工作，广东省林业勘测设计院 2001 年做过广东长潭省级自然保护区总体规划，中山大学 2002 年考察过广东长潭省级自然保护区植物资源，韩山师范学院陈蔚辉 2008 年编著有《粤东植物名录》，曾宪锋 2008 年编著有《粤东植物多样性编目》，等等。笔者利用相关课题研究和历年学生植物学野外实习的机会反复实地调查过境内植物资源，结合前人的研究工作，系统整理、考证、修订和补充了梅州境内植物种类。经统计，梅州地区记载有维管植物 240 科 1098 属 2888 种（包括种以下等级），其中野生维管植物 218 科 906 属 2488 种，栽培植物 94 科 276 属 400 种；记载的维管植物中，蕨类植物 43 科 91 属 233 种，裸子植物 10 科 22 属 34 种，被子植物 187 科 985 属 2621 种。

本名录的科名排序，蕨类植物按秦仁昌系统排列，裸子植物按郑万钧系统排列，被子植物按哈钦松（J. Hutchinson）系统排列；属与种名按拉丁字母顺序排列。为方便读者查阅，以下二维码附有梅州地区维管植物名录，含中文名和拉丁名；栽培植物前加“*”号标注。

中文名索引

拉丁名索引

B

C

D

E

F